Theory of Urban and Infrastructure Management in the Era of Declining Population

人口減少時代の都市・インフラ整備論

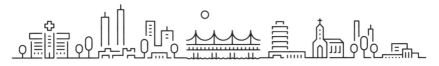

Masaaki UTO, Yasushi ASAMI and Keiichi KITAZUME eds.
宇都正哲＋浅見泰司＋北詰恵一 [編]

東京大学出版会

Theory of Urban and Infrastructure Management
in the Era of Declining Population

Masaaki UTO, Yasushi ASAMI and Keiichi KITAZUME Editors

University of Tokyo Press, 2024
ISBN978-4-13-062847-1

はじめに

　本書は，本格的な人口減少時代を迎えた日本において，都市・インフラ整備のあるべき姿と将来像を持続可能性，公平性，効率性の3側面と計画論，技術論，ファイナンス論，主体論，リスク分担論の5つの視点について，異分野の専門家が協働して包括的に論じたものである．

　日本の人口減少は地方の過疎化や衰退問題として発生しており，大都市圏のインフラクライシスはそこまで顕在化していない．しかし，そろそろ顕在化の動きが出てくると感じている．本書は，前著『人口減少下のインフラ整備』（宇都ら，2013）への書評や前著出版後11年間の変化を踏まえて，新しく都市の要素を加えてさらに包括的な著作となっている．前著から新たに加えた論点として大きく4点が挙げられる．1点目は，前著に対していただいた書評等（たとえば，太田，2014; 谷口，2014; 中井，2013）で指摘されていた諸点に対する対応である．2点目は，都市のあるべき姿と将来像に関する論点追加である．3点目は，前著から11年間に起きた社会環境変化への対応である．4点目は，都市・インフラの将来におけるトレンド仮説の提示である．

　1点目の書評への対応については，たとえば「具体的な処方箋とインフラ診断を解剖的に付加されればなおよかったのではないか（谷口，2014）」，「本書を材料として，現場の意思決定者・インフラ技術者も交えた議論を，著者らで今後ぜひ展開してほしい（中井，2013）」などの意見が寄せられていた．さらに，インフラ整備と社会保障の仕組みのリンク，エネルギーの問題として指摘されている都市ガス・プロパンガスの関係や，系統電力と地域分散型の小水力・太陽光の関係について前著では触れていないとの指摘もあった．前著ではインフラを，点，点・ネットワーク，ネットワークの3つのタイプに分類 (Buhr, 2007) し，指摘されている都市ガス・プロパンや

系統電力と分散型発電（小水力・太陽光発電）の関係は，流域下水道と簡易浄化槽の関係と同等であり，筆者らとしてはその違いを本質的に考慮して議論していたつもりだったが，読者から指摘されるということは筆者らの説明が不十分であったことの証左であり，本書ではエネルギーインフラについても明示的に取り上げて議論していく必要があると考えている．

　さらに，日本勢の海外インフラビジネスや海外勢の日本国内ビジネスについて，前者は，特に第二次安倍政権で海外インフラ展開が促進されているが，鉄道事業等の一部の事例を除いて，相当数の日本企業が順調にビジネスを行っているとは必ずしも言い切れない状況にある（宇都ら，2010a, 2010b; 宇都，2014a, 2015b, 2019a, 2019b, 2019c, 2021, 2022）．一方で，「2018 年 12 月の出入国管理及び難民認定法及び法務省設置法の一部を改正する法律」の改正により「特定技能」外国人の受け入れが可能になり，建設業では重要な役割を果たしつつある．これらの「特定技能」外国人は一定期間日本で働いたのち，日本に在留することもあれば，出身国に帰国し，日本の技能を活用していくことも考えられる．これらの人的交流によって，日本のインフラ関連企業の海外インフラビジネスは中長期的に恩恵を享受することができるであろう．後者の海外勢の日本のインフラ整備への進出について，従来は 10% の株式保有が出資の事前審査の要件であったのに対し，2019 年の「外国為替及び外国貿易法（外為法）」改正により，原子力等の安全保障上重要な日本企業への外資企業による出資の際に，1% 以上の出資には事前審査を必要とし，外資企業による役員選任の提案や事業譲渡の内容も国が審査することとなった．「安全保障上重要な日本企業」について，OECD 資本移動自由化コードに適合する形で規制を行っている業種として「電気業」，「ガス業」，「熱供給業」，「通信事業」，「水道業」，「鉄道業」，「旅客運送業」が含まれており，主要なインフラ事業は事前届け出の対象になっている．このほかにも，日本電信電話株式会社等に関する法律によって NTT に対して，また，航空法によって航空運送事業者に対して，議決権比率 1/3 以上の投資が規制されている．この外為法等による外資の出資規制は，実際に，適用された事例が存在する．2008 年 1 月にザ・チルドレンズ・インベストメント・マスターファンド (TCI) が電源開発に最大 20% の株式取得を届け出たが，2008 年 4 月に財務大臣および経済産業大臣は，外

為法に基づき，TCI に対して株式の取得中止命令を出した．このことからも，外資企業が，直接的に，日本の主要なインフラビジネスに実質的に参加するのは困難である．この点については，ファイナンス論で取り上げている．

2点目の都市とインフラの関わりについては，インフラは都市活動を支える，まさしく「インフラ」であり，今後の都市のあり様がインフラの行く末も規定すると考えるのが自然である．すなわち，都市の変化がインフラの変化を促し，インフラがそれに対応する．因果律で考えると，都市の変化が「原因」であり，その影響を受けた「結果」がインフラの将来である．無論，前著でもまったく考慮していないわけではなく，暗黙の前提として取り扱っていたが，本書ではインフラを議論する前提として，都市の変化を明示的に切り出すこととした．その方がより包括的かつ深い理解が得られるため，インフラの行く末を議論するためにも必須と考えた．都市の人口減少はより顕著になり，毎年ニュースで 100 万人単位の人口減少が報道されるようになっている．前著のときと比較して，空家・空き地に関連する法制度や政策も導入されつつあり，人が活動する都市の縮退 (Shrinking Cities) は顕著になりつつある．このようなインフラサービスの需要空間としての都市の変化についても考察している．

3点目は，2013 年から 2024 年にかけての社会環境変化，さらには将来動向への考察追加である．特に都市政策は大きく変化したといえる．おそらく人口減少時代の都市に関して，政策的には世界でも最先端の整備状況になったといっても過言ではないだろう．代表的な政策である「立地適正化計画」だけでなく，さまざまな制度改正が行われており，関連すると考えられるものはできるだけ体系的に把握したいと考えているが，あまりの量の多さに抜け漏れが生じている可能性も高い．おそらく網羅的にこれらの政策体系を説明できる研究者，官庁役職者すらいないであろう．そのため，最善は尽くしたものの至らない点については多方面からの読者コメントに期待したい．

4点目は，都市・インフラに対する現状の正しい理解をベースに，今後起きうると考えられる事象について多面的な観点から論じている．これは第 5 章において，都市・インフラを取り巻くグローバルな環境変化やデジタル化の進展などといった外部環境の変化を概観したうえで，11 事例のケースス

タディをもとに，筆者らの考える都市・インフラ整備論を論考している．これは著者が異分野の専門家であることを活かした集合知として位置づけている．

　なお，本書をより深く理解するための留意点がある．本書の議論は前著を踏まえて，この11年間の変化を考慮して，実施されている．つまり，随所に前著との比較検討が行われている．問題は，前著の在庫がなくなっていることである．本書は，前著の内容を発展させているが，前著の記述を転載しているわけではない．もし，読者が，本書を読んで前著についても関心を持っていただいても，古本屋以外で手に入れることは難しいであろう．2024年3月時点で，CiNiiによると，日本全国で163館の大学図書館が前著を所蔵しているとのことである．また，国立国会図書館サーチによると全国で39館の国公立図書館にも所蔵されているとのことである．前著に関心がある読者は，ぜひ，これらの図書館システムを活用していただきたい．

　本書のフレームとして，持続可能性，公平性，効率性の3側面と，計画論，技術論，ファイナンス論，主体論，リスク分担論の5つの視点との関わりを示したものが，図1である．都市とインフラの動向と社会環境変化がインプットであり，将来における都市・インフラのあるべき姿を論じた都市・インフラ整備論がアウトプットである．都市とインフラの動向は，両者が表裏一体の関係であることから，双方のトレンドに着目する必要がある．都市活動によってインフラ需要が生まれるのであり，インフラはその活動を支える大黒柱である．都市の将来を見通すことは今後のインフラを考えるうえで，必要不可欠な視点である．また，2013年からの11年間で多くの変わらないこと（不易），変わったこと（流行）が生じている．高度経済成長，低成長，バブル経済，バブル経済崩壊後の低成長や経済のグローバル化などの社会環境の変化に合わせて，都市・インフラ整備における持続可能性，公平性，効率性は重点の置かれ方が変化してきたと考えられる．持続可能性が現代的な概念であるとするならば，効率性・公平性は戦後のインフラ整備を貫く思想であった．人口減少社会に，これらの持続可能性，効率性，公平性の位置づけがどのように変化していくかは，今後更に議論していく必要があるだろうが，この3つの側面が，今後も引き続き重要であることは間違いないだろう．

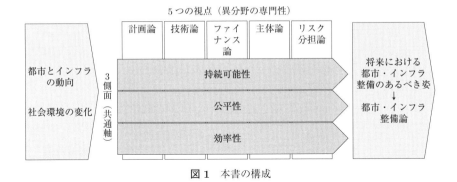

図1 本書の構成

　本書の構成について要約すると以下のとおりである．
　第1章は，環境変化や政策的な進展に関する事実確認の部分であり，以降の議論について，問題に関する筆者らの認識を等しく情報提供する章となっている．読者の専門分野は多岐にわたることが想定され，また，さまざまな面で制度改正等が行われており，それらが複雑に絡み合っている．経済成長時代，人口増加時代が，「分化」の時代であり，専門特化することにより，技術が高度化し，社会が豊かになったとすれば，人口減少時代は「統合」の時代であり，分化した複数の分野の再統合の必要がある．つまり，自分の専門以外の学際分野についても一定の知識や課題認識を持つ必要がある．この観点から，現時点における都市・インフラ整備を取り巻く社会変化を幅広く理解しておくことは重要であると考えている．
　第2章は，本書における理論編であり，人口減少時代において都市とインフラのあるべき「かたち」について議論している．前著と比較して「サービス水準」に関する議論を増やしている．この理由として，前著では明示的に言及していないが，前著は，基本的に，インフラサービス「供給」について議論を展開しており，インフラサービス「需要」について，明示的に議論をしていなかったためである．しかしながら，昨今のX-aaS（X-アズ・ア・サービス）の議論や，前著の技術論における「ダウンサイジング」や第7章における「タイムマネジメント」の必要性について読み返すなかで，改めて，「供給すべきインフラサービスとは何か」を再確認する必要性を感じた．「供給すべきインフラ」はすなわち「インフラのサービス需要」である．

この章では，この点をもとに論を起こしている．

　第3章は，今後の都市・インフラ整備を考える論点として，持続可能性，公平性，効率性の3側面の考え方について再整理を行っている．人口減少時代におけるインフラ整備では，この3つのポイントをバランスよく考慮していかなくてはならない．しかもすべてが同じベクトルを向いているわけではなく，トレードオフの関係となることもある．その際には，持続可能性を担保することを前提に，どのように公平性と効率性を両立させていくのか，という視点で整理を行った．そのため，ここでの考えは筆者らの都市・インフラ整備における基本的な姿勢を示している．

　第4章は，今後の都市・インフラ整備を考えるうえで，複数の異分野専門家の意見を集約する場となった．計画論，技術論，ファイナンス論，主体論，リスク分担論といった5つの視点を提示し，それらが人口減少時代にどのような方向に向かっているのかを整理している．今後，多様な形態のインフラ事業運営が進むことが予想されるなか，改めて論点整理をしておくことは重要であると考えられる．特に，主体論，リスク分担論については，2018年にPFI法が改正されており，法改正の内容についても時点更新する必要があった（内閣府，2018a）．

　第5章では，これまでの議論を総括し，要はどのようなことを今後考えていく必要があるのかについて，改めて整理を行っている．ここで追加している論点は，都市・インフラのトレンド仮説である．筆者らの集合知として，今後どのようなトレンドが生まれてくるのかといった点を整理し，1つの仮説として提示している．ここは，前著において，それでは今後はどのように都市・インフラ整備を行っていけばいいのか？　といったシンプルな問いに答えるため，グローバルな視点も加えながら，筆者らの考えを整理している．また，今後の都市・インフラ整備において留意した方がよい論点についても付記している．

目 次

はじめに i

第1章 都市・インフラを取り巻く社会環境の変化　　1

1.1　なぜ都市にも着目するのか 1

　　1.1.1　都市縮退の現状 4

　　1.1.2　人口減少が都市に与えるインパクト 15

　　1.1.3　都市とインフラの関わり 17

1.2　変わらぬ都市・インフラを取り巻く環境 20

　　1.2.1　インフラの本質的役割 20

　　1.2.2　人口・世帯減少の継続 24

　　1.2.3　厳しい財政事情 28

　　1.2.4　インフラのストックの増加と老朽化 33

1.3　変化してきた都市・インフラを取り巻く環境 37

　　1.3.1　インフラクライシスの顕在化 37

　　1.3.2　国際競争力強化の観点から見直される都市・インフラ
　　　　　 整備 39

　　1.3.3　都市縮退に関する法改正と強まる自己責任 41

　　1.3.4　料金体系の変化 44

　　1.3.5　揺れ戻しがみられる欧米の官民連携 45

　　1.3.6　災害の頻発 48

　　1.3.7　労働者不足対策としての特定技能労働者の受け入れ . 48

　　1.3.8　X-aaS の登場 51

　　1.3.9　G7 都市大臣会合コミュニケにみる世界動向 52

　　1.3.10　 脱炭素社会へ向けたグローバルな取り組み 54

viii 目次

第2章		求められる都市・インフラの「かたち」	**57**
2.1		求められる都市の「かたち」	57
	2.1.1	都市の「かたち」	57
	2.1.2	都市の提供するサービス	60
	2.1.3	都市の集約化における諸問題	61
	2.1.4	人口減少時代に求められる都市のあり方	62
2.2		求められるインフラの「かたち」	69
	2.2.1	インフラの「かたち」	69
	2.2.2	インフラサービス提供水準の考え方	72
	2.2.3	人口減少時代のサービス水準	80
	2.2.4	人口減少時代に求められるインフラのあり方	83
第3章		人口減少時代の都市・インフラを議論する3側面	**85**
3.1		持続可能性	85
	3.1.1	持続可能性の定義	85
	3.1.2	人口減少時代における持続可能性	86
3.2		公平性	91
	3.2.1	インフラに関する公平性を議論するフレームワーク	91
	3.2.2	公平なインフラ費用負担を進めるための方向性 . . .	104
	3.2.3	世代間公平性を解決する手段としての世代会計モデル	106
	3.2.4	人口減少時代における公平性	107
3.3		効率性	109
	3.3.1	効率性の概念	109
	3.3.2	インフラの効率性を上げる方法	110
	3.3.3	インフラ効率指標	112
	3.3.4	社会政策と効率性	115
	3.3.5	人口減少時代における効率性	117
第4章		人口減少時代の都市・インフラ整備の5つの視点	**121**
4.1		計画論	121
	4.1.1	都市・インフラ整備計画の目標と体系	121
	4.1.2	都市・インフラ整備計画の到達点	122
	4.1.3	持続可能性・効率性・公平性と計画論	123

		目　次　ix

4.1.4　人口減少時代における計画論の考察 127

4.2　技術論 130

4.2.1　技術と持続可能性 130

4.2.2　技術と公平性 133

4.2.3　技術と効率性 134

4.2.4　人口減少時代における技術論の考察 135

4.3　ファイナンス論 136

4.3.1　従来型の公共ファイナンス 136

4.3.2　インフラプロジェクトと民間ファイナンス 139

4.3.3　民間ファイナンスの留意点と近年の動向 148

4.3.4　持続可能性・公平性・効率性とファイナンス論 . . . 160

4.3.5　人口減少時代におけるファイナンス論の考察 165

4.4　主体論 168

4.4.1　多様化するインフラ整備のスキーム 168

4.4.2　インフラ整備の主体の問題点 174

4.4.3　公権力の行使 178

4.4.4　公物管理権 181

4.4.5　持続可能性・公平性・効率性と主体論 182

4.4.6　主体論の本質的な解釈と近年の動向 185

4.4.7　人口減少時代における主体論の考察 190

4.5　リスク分担論 192

4.5.1　リスク分担の基本的な考え方 192

4.5.2　持続可能性・公平性・効率性とリスク分担論 199

4.5.3　人口減少時代におけるリスク分担論の考察 203

第 5 章　人口減少時代の都市・インフラ整備論　　211

5.1　複雑化する都市・インフラの将来 211

5.1.1　グローバル経済における日本の立ち位置の変化 . . . 211

5.1.2　無視できない資産デフレの影響 219

5.1.3　都市・インフラのデジタル化は救世主となるか . . . 229

5.2　将来における都市・インフラのトレンド仮説 234

5.2.1　コンパクト化による都市・インフラサービスの充実 . 236

	5.2.2	都市・インフラの異業種参入によるイノベーション	239
	5.2.3	都市・インフラのサービス産業化	247
	5.2.4	都市・インフラの収益化	249
	5.2.5	仮説の妥当性についての考察	255
5.3	これからの都市・インフラ整備における留意点		256
	5.3.1	脱・ハード思想の重要性	256
	5.3.2	人口変動の安定期まで見据えた都市・インフラ整備の必要性	257
	5.3.3	余剰ストック活用に向けた私権保護の緩和	258

おわりに	261
参考文献	263
索引	281
執筆者紹介	287

第1章 都市・インフラを取り巻く社会環境の変化

1.1 なぜ都市にも着目するのか

前著からの大きな変化の1つとして，都市縮退の問題がより顕在化しており，空家・空地・所有者不明土地の問題が社会問題として認知され，「空家対策特別措置法」などの形で法制化されたことであろう．インフラ整備の将来のあり方を考える際に，都市の将来動向を見ることは非常に重要である．都市活動がインフラ需要を生み出すため，都市の今後の行く末がインフラ整備のあり方にも影響を与えるためである．そこで以下では，人口減少時代の都市の変容について概観する．

世界的にみると都市縮退の問題に関する多くの研究が存在し，主に北米，ヨーロッパ，日本で行われてきた (Hasse *et al.*, 2017, 2021; Hartt, 2018a, 2018b, 2020)．これまでの研究では，都市縮小の問題点，その特徴や歴史的背景，コンパクトシティに関する政策論議などに焦点が当てられてきた．たとえば，Hollander (2018) は，マサチューセッツ州北中部に位置する人口4万人の都市フィッチバーグにおけるデトロイトの縮小の歴史と都市再生の取り組みを都市計画の観点から紹介している．Miyauchi *et al.* (2021) は，理論的枠組みを構築し，都市計画区域の適正規模を定量的に分析した．この分析から，人口減少に伴うコンパクトシティの適正規模が示唆されている．その後，都市の縮退が起こるメカニズムが研究された．それは，産業構造，世帯規模，家計，移民，空家などの動向に依存することが強調された．たとえば，Hartt and Hackworth (2020) は，都市縮退が生じると高齢者世帯が増加するため，高齢者世帯の動向にもっと注目すべきであると論じている．また，Baba and Asami (2017) は，空家と都市縮退の関係に着目し，統計分

析によって空家のパターンから将来の都市縮退の傾向を予測できると主張している.

日本では人口減少と都市縮小の問題に着目した研究は多い.たとえば,藤井・大江 (2005, 2006) は,人口構造を世代バランスから分析し,首都圏の市町村を分類する研究を行った.その結果,郊外の戸建て住宅地,マンション,駅周辺の開発・商業地区で人口バランスが極端に崩れていることが確認された.また,1980 年から 2020 年までのコーホート間の比較分析も引き続き行われた.1960 年代と 1970 年代に最も急速に都市化した郊外は,大部分が都市レベルの空き地となりうることが,研究によって検証されている.その結果,郊外の住宅地は,やがて空家を取り囲むようになることが指摘されている.人口減少問題に関連して,縮小する都市・インフラについての持続可能性の議論がある(宇都,2012, 2014b, 2018; Kim and Uto, 2021).これらは,人口減少時代における都市・インフラマネジメントのあり方について考察したものである.さらに,人口減少時代における都市の効率性や都市サービスの公平性だけでなく,持続可能性をいかに維持するかという視点が重要であると指摘している.

一方,コンパクトシティを推進する政策を批判する研究者もいる.2000 年代以降,家族のニーズを満たすために郊外に建設される住宅は減少している (Hirayama and Izuhara, 2018).Kubo (2020) が指摘するように,東京都心部と郊外自治体との格差は,都市スプロールや地価高騰の時期よりも拡大している.東京都心部や副都心部では,政府やデベロッパーによる再投資が行われている.しかし,地方自治体は高齢者世帯への介護サービスの必要性から財政的に制約を受けており,地方自治体は都市を改修するための十分な予算を持っていない.そのため,人口減少時代のコンパクトシティを目指した都市生産の再集約化は,自治体間格差の拡大という負の側面もあることに留意すべきである.しかし,人口減少自治体への援助が増えれば増えるほど,財政支出は増大し,都市構造の非効率性は改善されない.政治家は,国全体の視点と地方自治体の視点のバランスを考えなければならないという難しい都市政策の選択を迫られる.コンパクトシティを推進する上での政治的な課題が指摘されている.

日本の都市縮退の現状をみると,たとえば夕張市では人口減少に伴い

DID（人口集中地区）がすでに消滅しているが，2023年時点で，多くの都市は人口・世帯減少にもかかわらず市街地の拡大は進んでいる．現時点で起きている日本の都市縮退は，スポンジ化（虫喰い化）に代表されるような市街地の低密度化である．コンパクトシティ政策の推進や都市中心部の再開発，利便性向上によって，大都市圏郊外の高齢者（特に，後期高齢者）の都心回帰の動きが継続している．現段階の都市縮退は市街地の縮小化ではなく低密度化が先行しているが，今後，人口の都心回帰が継続すれば，特に，大都市圏郊外に立地している都市の郊外住宅地の非市街地化が進むことが予想される．一方で，住宅・土地統計調査（総務省）によると2018年時点の空家数は約849万戸（別荘や一時的空家を除くその他の空家では349万戸）で空家率は上昇を続けている一方で，空家の除却は進んでいない．人口でみると既に始まっている都市縮退であるが，都市の観点からみると，それがどのように顕在化しているのだろうか．以下では，現時点での影響を整理してみたい．

　人口減少は都市にどのような影響を与えるのであろうか？　住宅の空家が800万戸を超え，地方部における地価下落が続く一方で，都心部ではオフィスビルの再開発が進み，REIT (Real Estate Investment Trust) 指数はリーマンショック前の過去最高水準まで上昇している．2021年の東京オリンピックで，都心部を中心にオフィス市場は非常に堅調に推移した．COVID-19の影響で市場が低迷したが，その後，オフィス市場の需要は他の先進国と比較しても底堅い動きをみせている．ただ，これは将来にわたって楽観できる状況ではない．進行している人口減少と少子高齢化は長期にわたってボディブローのように効いてくる．2010年から人口減少が始まっており，既に10年以上経過をしている．これから先は，どのような影響がでるのであろうか．一般的に人口減少は都市や不動産市場にはマイナスのイメージがある．しかし，それは本当であろうか？　逆にチャンスはないのだろうか．

　人口減少時代における都市や不動産市場の一般的な認識としては以下のような指摘がある．

- 人口が減少すると住宅が余り，地価や賃料の低下，空室や空家が増大するのではないか

- オフィスにしても就業者が減少するので需要が減退するのではないか
- 大都市はいいとしても地方は壊滅的な打撃を受けるのではないか
- 不動産市場に投資するのは止めた方がいいのではないか

など

これらの認識が正しいのか，間違っているのか．都市縮退下にある日本の都市や不動産市場の現実をみていき，その影響を考察してみたい．

1.1.1　都市縮退の現状

都市縮退の影響をまず，不動産投資市場についてみてみる．不動産市場ではなく，「不動産投資市場」としているのは，収益不動産に限定しているという意味である．不動産市場全体でみると経済合理性のない動きも包含してしまうため，人口減少時代における不動産市場のベクトルを見るためには，不動産投資市場に着目した方が正しい理解が得られる．不動産投資市場は取得額ベースで年間2兆円規模，オフィス，住宅，商業，物流，ホテルで86.4%を占める．リーマンショック後は低迷したが，ここ数年は約2～2.5兆円の投資規模まで回復している．不動産投資市場の全体をみると，

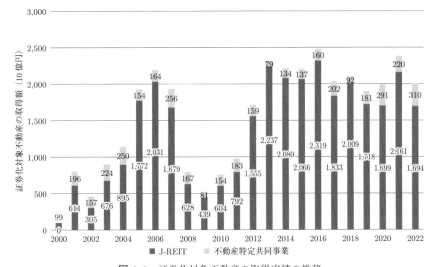

図 1.1　証券化対象不動産の取得実績の推移

出所）国土交通省 (2022a),「不動産証券化の実態調査」より作成．

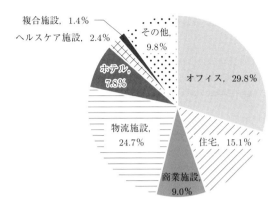

図 1.2 過去 5 年間の用途別証券化対象不動産の取得実績 (2018〜2022)
出所) 国土交通省 (2022a),「不動産証券化の実態調査」より作成.

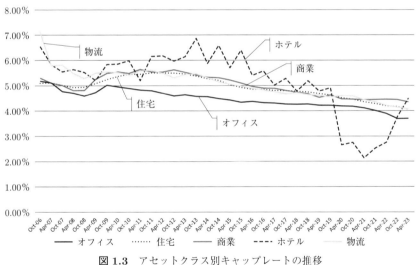

図 1.3 アセットクラス別キャップレートの推移
出所) 不動産証券化協会 (2024),「ARES Japan Property Index」より作成.

オフィスが約 30%, 住宅が約 15%, 商業が約 9%, 物流が約 25%, ホテルが約 8% という構成である. 近年では e コマースの進展による物流投資や COVID-19 の影響で一時は低迷したもののインバウンドの急増によるホテ

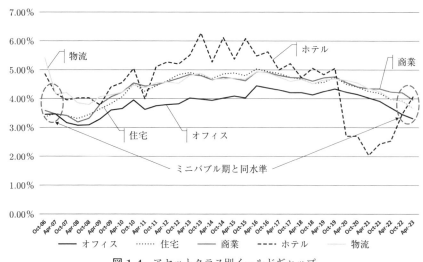

図 1.4 アセットクラス別イールドギャップ

注）イールドギャップ＝キャップレート − JGB10 年利回り．
出所）不動産証券化協会 (2024),『ARES Japan Property Index』,
財務省 (2024a),「国債金利情報」より作成．

ル投資も主たる投資対象用途として定着している（図 1.1, 図 1.2）．

　人口減少が進行している日本で不動産投資市場がこのように活況を呈しているのは，なぜだろうか．その鍵となるのは，実は金利動向である．キャップレートは低下傾向が継続し，オフィスと商業は 3％台後半，住宅，物流施設，ホテルは 4％台で安定している（図 1.3）．同時期における米国不動産のキャップレートは 5〜7％程度なので，米国のほうが不動産への投資リターンは高い．一方，イールドギャップは日本の国債利回りが日本銀行の異次元の金融緩和政策のため先進国としては異常に低いため，3〜4％と比較的高い水準で推移しており，ミニバブル期である 2007 年前後とほぼ同水準にある（図 1.4）．米国のイールドギャップは 2％程度（2024 年 1Q）であり，国際比較でみると日本のほうが投資リターンは相対的に高くなる．グローバルでみると日本の不動産投資は利回りが依然として高いのである．近年，日本銀行が政策金利を上昇させているが，この状況を変化させるには不十分な水準である．そのため，グローバルマネーが日本の不動産投資市場に流入してくる．これが REIT 指数や都心部地価などを押し上げている要

因である．不動産投資市場では，不動産自体の実需に加えて，金利など金融市場の動向が大きな影響を与える市場とへ変化している．

1）オフィス市場の動向

日本のオフィス市場は，東京都区部が延床面積ベースで約 56% のシェア

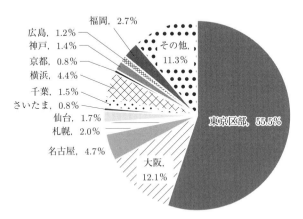

図 1.5 賃貸オフィスビルの地域別シェア

出所）日本不動産研究所 (2023a)，「全国オフィスビル調査」より作成．

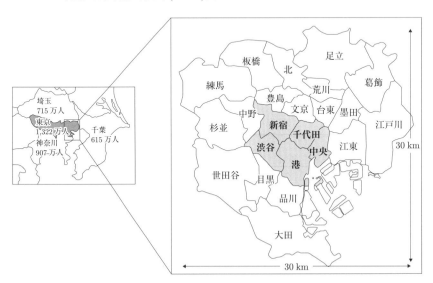

図 1.6 東京都心 5 区の位置関係

出所）野村総合研究所．

8　第 1 章　都市・インフラを取り巻く社会環境の変化

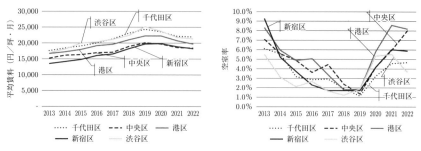

図 1.7　東京都心 5 区のオフィス賃料，空室率の推移
出所）三鬼商事 (2023)，「MIKI OFFICE REPORT」より作成．

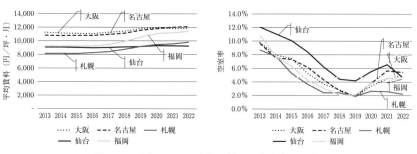

図 1.8　地方オフィス市場の賃料，空室率の推移
出所）三鬼商事 (2023)，「MIKI OFFICE REPORT」より作成．

を持つ（図 1.5）．都区部のなかでも主要オフィスは，千代田区・中央区・港区・渋谷区・新宿区の都心 5 区に集積している．地図で確認すると，およそ 5 km 四方という非常に狭いエリアに集中しており，日本のオフィス市場は，この都心 5 区のオフィス動向が鍵を握っているのである（図 1.6）．

オフィス賃料は 2013 年ごろから上昇局面に入り，都心 5 区（千代田区，中央区，港区，新宿区，渋谷区）のいずれの区でも賃料は上昇している．なかでも千代田区，港区，渋谷区が 2〜2.5 万円/坪・月程度まで上昇し，空室率も 2% を割り込む水準まで低下している．その後，COVID-19 の影響からオフィス賃料の下落，空室率の増加が見られるが，近年では安定した動きとなってきている（図 1.7）．一方，地方オフィス市場の賃料水準は横ばい傾向が続いており，空室率も COVID-19 以前は低下傾向にあったが，その

後は上昇傾向にある（図1.8）．東京都心5区は，地方都市のオフィス賃料の2倍ほどの水準を維持しており，地方都市との賃料格差は依然として高い．今後，地方都市では就業人口の減少が見込まれており，今の賃料水準を維持できるかが重要なポイントとなる．人口減少→就業者の減少→オフィス需要の低下といった負のサイクルが顕在化してくると，賃料下落，空室率の増加に陥る危険性がある．

2）住宅市場の動向

住宅市場のメインは，持家である分譲戸建てと分譲マンションであり，全体の約6割を占める．一方で，賃貸マンション（民営借家・共同住宅（非木造））に居住する世帯は，1988年は242万世帯（全世帯の約24%）であったが，2018年には約2倍の453万世帯（全世帯の約53%）まで増加している（図1.9，図1.10）．

すなわち日本における住宅市場の主軸は，戦後から一貫して分譲事業戸建て，マンションであり，市場全体の63%を占めている．ただし，近年では賃貸マンションのウェイトが上昇してきており，市場全体の29%を占め，無視できない存在となっている．

そこで賃貸マンションの動向をみると，賃料水準は直近では落ち着いた動

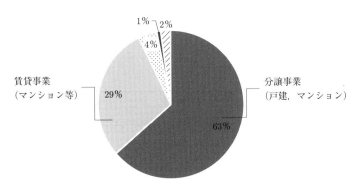

図1.9 住宅の所有関係別居住形態の推移
注）空家を除いた住宅総数の比率．
出所）総務省(2018)．「住宅・土地統計調査」より作成．

10　第 1 章　都市・インフラを取り巻く社会環境の変化

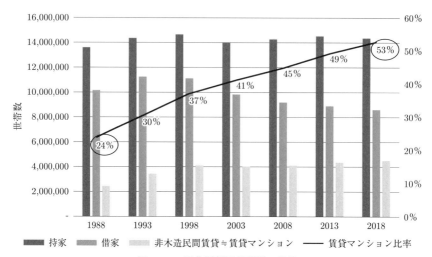

図 1.10　居住形態別世帯数の推移
注）雇用者である普通世帯を抽出．
出所）総務省 (2018),「住宅・土地統計調査」より作成．

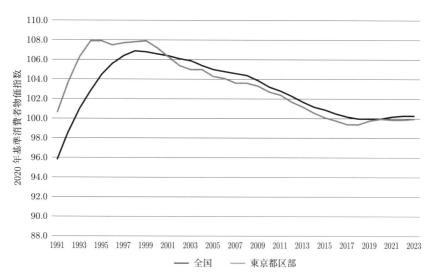

図 1.11　全国および東京 23 区における民営家賃（年平均）の推移
出所）総務省 (2024),「消費者物価指数」より作成．

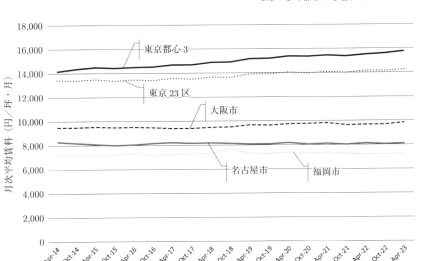

図 1.12 REIT 組入れ物件の住宅賃料の推移
出所）不動産証券化協会 (2024),「ARES Japan Property Index」より作成.

きをしているものの全国的に見れば低下傾向にある（図 1.11）．これは東京 23 区でも同様な傾向となっている．一方で，比較的中・高額な賃貸マンションが多い，REIT 組入物件のみを見てみると東京都心 3 区，23 区ともに微増傾向にある．また，名古屋，大阪，福岡といった地方大都市圏においてもほぼ横ばいで推移している（図 1.12）．賃貸マンション市場は，中・高額物件は賃料が上昇ないし横ばいで維持できているが，それ以外は人口減少に伴う賃料低下に歯止めが掛からない状況にある．

3）商業施設の動向

東京圏でみても，賃料水準を高く維持できているのは，銀座，表参道，新宿，渋谷の 4 エリアのみであり，商業エリアの集約が進んでいる．この 4 エリアは丸の内オフィスの約 2～3 倍の賃料水準と非常に高い商業ブランドを維持している．一方，大阪圏，名古屋圏はほぼ横ばいで，賃料水準は 2～3 万円/坪・月程度で年次によるバラツキはあるもののそれほど変わらない傾向にある（図 1.13）．

リーマンショック以前までは堅調だった郊外における大規模小売店舗の

12　第 1 章　都市・インフラを取り巻く社会環境の変化

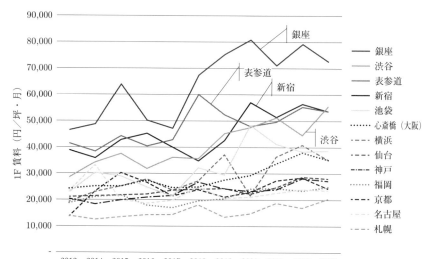

図 1.13　主要繁華街 13 エリアの 1F 賃料の推移

出所）（一社）日本不動産研究所，（株）ビーエーシー・アーバンプロジェクト，スタイルアクト（株）(2023b)，「店舗賃料トレンド」．

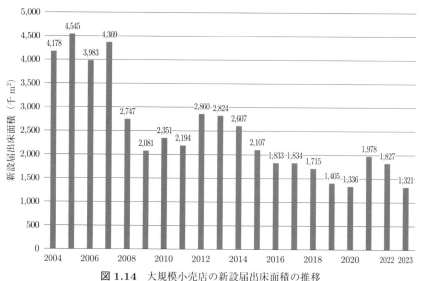

図 1.14　大規模小売店の新設届出床面積の推移

出所）経済産業省 (2023)，「大店立地法届出の概要表」より作成．

1.1 なぜ都市にも着目するのか　13

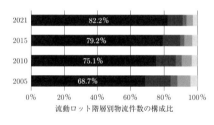
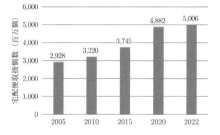

図 1.15 ロット階層別物流量
出所) 国土交通省 (2021a),「物流センサス」および国土交通省 (2022b),「宅配便・メール便取扱実績について」より作成.

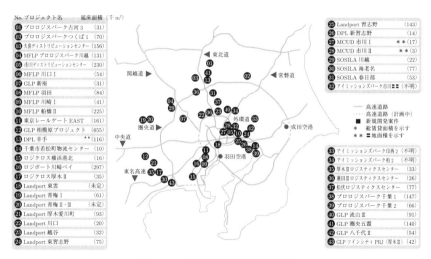

図 1.16 物流施設の新規立地計画
出所) 野村総合研究所 (2018),「不動産投資市場の動向 2018」.

新設は急減しており，商業は都心集約の傾向にある．Amazon 等に代表される e コマース拡大による購買行動の変化により，街やエリア自体に集客力のあるエリアは生き残るが，それ以外は低迷を余儀なくされている（図 1.14）．

4）物流施設の動向

物流量の小ロット化の進展が顕著であり，これが物流量の拡大に寄与している．今や全体の約 8 割が 100 kg 未満の小ロット物流ニーズに支えられ

ている.この背景にはeコマースによる宅配ニーズ増大の影響が大きい（図1.15）.物流量の増大に対応するため,東京圏では3環状道路や湾岸エリアを中心に物流施設の新設計画が相次いでいる.特にCOVID-19の影響によるeコマース利用の増大がこれに拍車をかけている（図1.16）.

このように物流施設は,eコマース台頭による小ロット化による物流増大が顕著であり,人口減少時代でも新設計画が相次ぎ,かなりの活況を呈している.

5) ホテル施設の動向

訪日外国人数は円安やビザ緩和を受けて急増し,2019年には約3,200万人に達している.その後はCOVID-19の影響もあり,訪日客も出国日本人数も急減している.しかし2022年は増加傾向にあり,COVID-19後の需要回復が期待されている（図1.17）.

訪日客の増加に伴い,リゾートホテルの需要も伸びてきているが,ビジネスホテルの宿泊者数も増加傾向にある（図1.18）.特に中国からの訪日客は,ビジネスホテルを利用する傾向がある.九州において顕著であるが,ビ

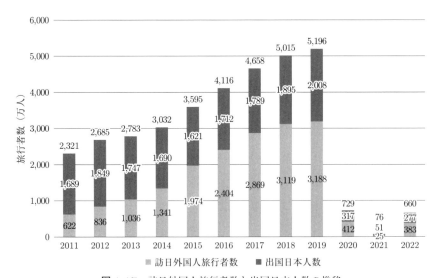

図1.17 訪日外国人旅行者数と出国日本人数の推移
出所）観光庁（2023a）,「訪日外国人旅行者数・出国日本人数の推移」より作成.

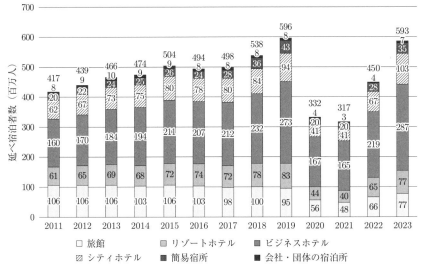

図 1.18 国内のべ宿泊数の推移
出所）観光庁 (2023b),「宿泊旅行統計」より作成.

ジネスホテルにランドリー設備を設けたビジネスホテルが増加しており，長期滞在の訪日需要を比較的安く提供できるため，リゾートホテルとともにビジネスホテルも利用されている．このようにホテルは，国内需要の変化よりインバウンド需要の取り込みが鍵を握っている．

1.1.2 人口減少が都市に与えるインパクト

　これまでアセットクラスごとに人口減少がどのように都市に影響しているのかを見てきたが，ここでそれらを整理してみたい．人口が減少すれば都市は縮小するため，数十年単位の長期的かつマクロな見方をすれば，都市活動需要ベースに人口が影響しているのは誰の目から見ても明らかであろう．ただ，もう少しミクロな視点でみると，人口減少が都市に与える影響としては，別な要因が作用していそうである．アセットクラスごとにみると，人口減少の影響をダイレクトに反映しているのは，住宅市場が最も大きく，次いでオフィス市場といえる．一方で，商業施設，物流施設，ホテルは人口減少というよりは別な要因の方が大きく影響しているといえよう（表 1.1）．す

16　第 1 章　都市・インフラを取り巻く社会環境の変化

表 1.1　人口減少が都市に与える影響の考察

分類	内容	人口減少の影響
オフィス	オフィス市場は都心 5 区に集中しており，このエリアの市況は好調．これを如何に継続させるかがキーとなる．ただし，就業者減少による地方部のオフィスは地方中枢都市でも横ばい．その他は低迷．	○
住宅	住宅市場のメインは分譲（戸建て，マンション）であるが，これは人口減少の影響をもろに受ける．ここでは居住選択行動の変化にあわせた戦略がキーとなる．近年増加している賃貸マンションは，中・高額物件は堅調だか，それ以外は低迷．	◎
商業	e コマースの台頭による購買行動の変化により郊外型大規模小売店舗は減少傾向．一方，大都市の街・エリア自体に集客力のある商業ビルはオフィスよりも堅調であり，街の魅力を維持できるかどうかがキーとなる．	△
物流	e コマースの台頭による物流量の増加と小ロット化が進展．今や 8 割の物流需要を小ロットが占める．今後も e コマース市場は成長していくことが見通され人口減少よりも e コマースの動向がキーとなる．	×
ホテル	訪日外国人の増加によるビジネスホテル需要が増加．今後もインバウンドは増加が見込まれ，人口減少の影響よりもインバウンド需要の取り込みがキーとなる．	×

なわち，人口減少が都市に与える影響は一様ではなく，アセットクラスごとに異なるということである．

　住宅市場は，人口減少が住宅需要の減退にダイレクトに影響していることから，人口減少の激しい地方部では空家発生，地価下落など，想像通りの負の影響が出ている．ただ，都心部では中・高額物件の分譲マンションや賃貸マンションは堅調であり，人口が減少している局面でも共働き世帯の増加が都心部の住宅需要を牽引している．

　オフィス市場は，そもそも日本の主要オフィスがかなり狭い都心 5 区の CBD エリアに集中しているという構造的な側面があり，人口減少時代においても堅調に推移している．ただし，地方部におけるオフィス需要は厳しく，地方中枢都市レベルでも横ばいを維持するのが精一杯の状況にある．商業施設は，エリアごとの生き残り競争が激化してきている．4,000 万人を抱える東京大都市圏の消費市場においても堅調に推移しているのは，銀座，表参道，新宿，渋谷の 4 エリアのみであり，e コマースの台頭で単なる買い物

であればわざわざ商業地に行く必要はなく，その場所で意味ある時間消費ができる魅力があるかどうかが重要な要素となってきている．物流施設は，人口減少時代でも活況を呈している．その要因はeコマースによる小ロット物流ニーズの増大である．小売市場におけるeコマースの占める割合は，まだ1割未満であるため，今後も物流需要は増大することが見込まれている（経済産業省，2022）．最後にホテルであるが，これは訪日外国人の動向に大きく依存している構図となっている．インバウンドが増大していくのであれば，人口減少時代でもリゾートホテルやビジネスホテルを中心に需要が高まることが予見される．

このように人口減少が不動産市場に与える影響を考察すると，住宅やオフィスのように世帯人口や就業人口の減少が市場を低迷させるリスクがあるアセットクラスがある一方で，人口減少ではなく，eコマースの進展による物流需要増大，あるいは買い物消費より時間消費（いわゆるコト消費）への価値観の変容による商業エリア間の競争激化，訪日外国人のインバウンド増加といった別な要素が大きい商業や物流，ホテルがある．

いずれにしてもこれまでのトレンドや延長線上ではなく，人口，世帯，就業者といった人口構造以外にも新しい付加価値の提供やビジネスモデル，グローバル化といった外部環境の変化に対応するイノベーションが必要となっていることは確かである．すなわち，都市や不動産は物理的なハコモノの提供だけでは競争力を持たなくなってきており，住宅は「住むサービス」を提供するサービス業へと転換していくことが必要となっているのである．また商業は，"時間"を楽しむ空間サービスづくり，オフィスは，知的生産を支える創造的空間サービスの提供といった新しい価値提供が求められる新たな局面に突入しているのである．こう考えると人口減少が都市機能の変化を促しつつあるともいえる．

1.1.3　都市とインフラの関わり

ここで，改めて都市とインフラを同時に議論する必要性について考えてみたい．まず，これまで老朽化インフラの問題と都市縮退の問題は別個の課題と捉えられ，それぞれ個別に議論がなされてきた．老朽化インフラの問題を議論する際に都市の将来トレンドを明示した政府見解や報告書，学術論文は

少ない．もともとインフラは都市活動を支えるものであり，都市活動自体が変わればインフラのあり方も変わるし，インフラの効率化をしたくても都市自体が縮退しなければ意味がない．このように別々に議論することがそもそも合理的ではないはずである．一例として，宇都 (2014b) では，東京のインフラ問題と今後のあり方について言及している．結論のみを端的に述べると，東京のインフラは，

- 老朽インフラへの対応
- 高齢大都市に向けたインフラ再構築
- 国際間都市競争に打ち勝つためのインフラ強化
- 首都直下地震対策へ向けたインフラ強靭化

といった4重構造の課題を抱えている．これらはいずれも今後の東京におけるインフラ整備に求められる重要な課題といえるが，これらを同時に解決する手段が容易に見当たらないのもまた事実であろう．このように東京はインフラ老朽化だけでなく，国際都市に求められる新たな課題などを重層的に抱えた大都市なのである．

　また，人口減少や少子高齢化の観点からは，将来的に高齢者がこれほど多く住む大都市は世界でも東京だけである．東京は暗黙の前提として就業者のために鉄道や道路等のインフラ整備をメインに行ってきた．しかし今後は社会福祉施設や医療機関，地域内移動を支援する短距離交通体系（コミュニティバス等）の整備など，高齢大都市を支えるために新規に整備，強化しなければならないインフラも多い．また，都心に通勤して就業することを前提とするのではなく，居住地におけるコミュニティで生活する高齢者が増加することを念頭に置かなければならない．そのため，コミュニティでの生活を支えるインフラが重要となる．これを見ると気づくように，将来に向けた都市の変化や生活者のニーズを踏まえないとインフラ問題の本質は見えないのである．一方で，都市側の議論もインフラ整備と表裏一体の関係にあるため，インフラ問題を無視することはできない．このように都市とインフラは実像と鏡像のようなパリティ（3次元空間の反転に対する）対称性を持ち，空間上に出現する物質と反物質のように対生成，対消滅するような関係に似ている．

　そのなかでも，特に都市とインフラの連携が必要なものに「立地適正化計

○市町村マスタープランにコンパクトシティを位置づけている都市が増えています．一方で，多くの都市ではコンパクトシティという目標のみが示されるにとどまっているのが一般的で，何をどう取り組むのかという具体的な施策まで作成している都市は少ないのが現状です．
○また，コンパクトシティ形成に向けた取組については，都市全体の観点から，居住機能や都市機能の立地，公共交通の充実等に関し，公共施設の再編，国公有財産の最適利用，医療・福祉，中心市街地活性化，空き家対策の推進等のまちづくりに関わる様々な関係施策と連携を図り，それらの関係施策との整合性や相乗効果等を考慮しつつ，総合的に検討することが必要です．
○そこで，より具体的な施策を推進するため，平成 26 年 8 月に「立地適正化計画」が制度化されました．これは，都市計画法を中心とした従来の土地利用の計画に加えて，居住機能や都市機能の誘導によりコンパクトシティ形成に向けた取組を推進しようとしているものです．

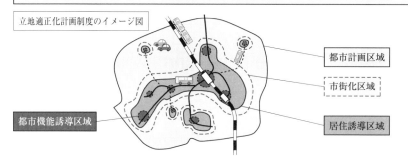

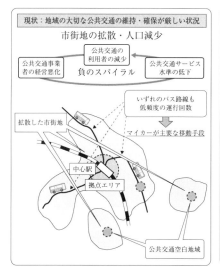
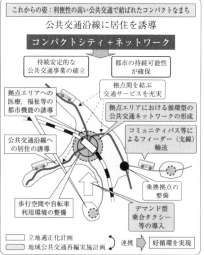

図 1.19　立地適正化計画の概要
出所）国土交通省 (2023)，「立地適正化計画作成の手引き」．

画」の推進が挙げられる．これは，人口減少時代にあわせ，都市をコンパクト化することを推進する法制として，2012 年に制度化された．これは従来の都市マスタープランよりも踏み込んだ都市マネジメントの仕組みであり，都市とさまざまな公共サービスとの連携が企図されている（図 1.19）．都市の縮退に合わせてインフラはもちろん，高齢者介護のサービス水準なども包含され複合的・総合的な都市の縮退プランである．ただ，これを推進するのは課題も多い．最も難しいのが都市領域の線引きと都市機能誘導区域と居住誘導区域の設定である．これは当該エリアに選定されなかった居住者，就業者にとっては，地価の下落，利便性の低下といった資産価値低下を招くこととなり，行政としてもどこまで足を踏み入れるべきか困惑しつつ進めているのが実態である．これは公益性のための私権制限をどこまで拡大するかという法制上の課題を内包しており，自治体単独での解決は難しいはずである．

このように，都市とインフラ，さらにいえば，そこでの居住者，就業者，訪日者など多様な主体の都市活動を念頭に置かなければ，真に意味のあるインフラ整備は難しく，これは自治体レベルの問題というよりは，国全体としての方向性を示すべき問題であり，国家的な課題と考える．

1.2 変わらぬ都市・インフラを取り巻く環境

1.2.1 インフラの本質的役割

本書の主題であるインフラ（インフラストラクチャの略）は，日本語では社会資本，社会基盤とも呼ばれるものであり，もともとは，ラテン語で下部ないし基盤を意味する「インフラ (Infra)」と，構造や建造を意味する「ストゥルクトゥーラ (Structura)」からなる合成語である（塩野，2001）．インフラにはさまざまな定義と分類が与えられている．たとえば，物質的 (Material) インフラ，人的 (Personal) インフラ，制度的 (Institutional) インフラという分類が提案されており，物質的インフラはさらに点インフラ，点-ネットワークインフラ，ネットワークインフラに分類される場合もある（表 1.2）．

また，社会資本について，以下の 3 つの概念が提示されている（内閣府，2007）．3 番目の「公的主体によって整備される財」については，以前から

表 1.2 インフラの分類と定義

分類	定義
物質的インフラ	道路，上下水道などの有形の構造など
人的インフラ	教育，資格などを含む労働人口の属性，数，構造など
制度的インフラ	成文化された規則や非公式の制約・保障手続きなど

出所）Buhr (2007) より作成.

民間企業によって運営されている電力・ガス・鉄道事業や，近年，導入が進められている PFI やコンセッションなどの官民連携型のインフラ整備も増加していることを考えると，現時点では必ずしも適切な概念とはいえないだろう.

1. 直接生産力のある生産資本に対するものとして，間接的に生産資本の生産力を高める機能を有する社会的間接資本
2. 生活に不可欠な財であるが，共同消費性，非排除性等の財の性格から，市場機構によって十分な供給を期待しえないような財（公共財）
3. 事業主体に着目し，公共主体によって整備される財

この他にも隣接概念として社会的共通資本（宇沢，2000）やソーシャル・キャピタル（Putnum, 1995; 宮川・大守，2004）などもあるが，本書では，特に，道路，上下水道などの物質的インフラ/技術的インフラ（点インフラ，点-ネットワークインフラ，ネットワークインフラ）に着目し，議論を進めていくこととする.

物質的インフラ/技術的インフラは，各個人が共同消費し対価を支払わない人を排除できず（非排除性），ある人の消費により他の人の消費を減らすことができない（非競合性）という公共財（金森ら，2013）の性質を持つ.「競合性」があるとは，限界費用が逓減しないような状態を指す. すなわち，利用者・利用料が増えれば，その分の施設整備・運営維持費用が増加するような財のことである. 一般的な消費財やエネルギーなどは競合性があるとされる. ほぼすべての財は，究極的には限界費用はゼロにはならない. この限界費用がゼロに近いような状態を，「競合性がない」と呼ぶ. 物質的インフラ/技術的インフラの場合，インフラサービスの容量に達するまでは追加コストがほぼゼロである. たとえば，渋滞が発生するまで，車の台数がある程度増えても制限速度程度の速度で自動車は通行可能である. このような状

22 第1章 都市・インフラを取り巻く社会環境の変化

表 1.3 財の分類と公共財

		競合性	
		あり	なし
排除可能性	あり	私的財	クラブ財
	なし	コモンプール財	純粋公共財

況を「競合性がない」と呼ぶ．ただし，道路の例でもわかるように，インフラが「競合性がない」というのはインフラサービスの容量まで（混雑が発生するまで）であり，それ以降については，利用が困難となったり，混雑税のような形で利用制限が行われたりする場合も存在する．インフラの非競合性は，あくまでも，混雑が発生していない状況を前提にしている．次に，「排除可能性」とは，利用者を一定のルールのもとで選別し，排除することができるかどうかということである．排除可能性とインフラに関して留意すべきことは，同じ道路でも，排除可能性がない一般道路と，料金所によって通行を制限できる（排除可能性がある）有料道路とがあり，同じ道路でも「排除可能性」についても異なった性質を持っている点である．特に，排除可能性は，近年の技術革新もあり，可変的であるともいえる．財を「競合性」と「排除可能性」に従って分けると表1.3のように「私的財」，「クラブ財」，「コモンプール財」，「純粋公共財」の4つに分類できる．

　競合性がなく，排除不可能である財を「純粋公共財」と呼ぶ．外交や国防，大気など，利用を妨げることが難しく，他者が利用していても自らの利用が妨げられない財である．次に，競合性があり排除可能なものを「私的財」と呼ぶ．多くの消費財や，タクシー，自転車，自動車など，自ら利用している際に他者の利用を妨げることができるような財である．また，排除不可能であるが競合性のあるものをコモンプール財と呼ぶ．一般道路や公園（特に，ブランコなどの遊具）など，利用を妨げられることはないが，一定の容量があり，混雑によって自由な利用が妨げられる財が該当する．さらに，排除可能であるものの競合性が低いか，排除は可能であるものの競合性がない財をクラブ財と呼ぶ．たとえば，ケーブルテレビなど，利用料金を払わないと利用できないが，利用権を確保すると使用する際に他社の影響を受けないような財である．

有料道路や鉄道，ケーブルテレビ，携帯電話などの利用料金を払わないと利用できないインフラはクラブ財に該当し，利用料金を払わないが混雑問題を有するような一般道路，公園などはコモンプール財に，また，防波堤や堤防等の防災関連施設は公共財に分類されるであろう．いずれにしろ，一般的にインフラと呼ばれるものは，私的財ではない公共財，もしくは，クラブ財・コモンプール財のような準公共財に分類される性格の財といえる．

　利用者の排除が可能なクラブ財は，一般的に応益負担原則に基づき利用料金もしくは目的税が課せられるが，公共財・コモンプール財の場合は利用者を特定して利用料金・目的税を課すことが難しいため応能負担原則に基づき所得税・法人税・住民税等の一般的な課税を通じて徴収された税を分配することによって整備されている．

　また，利用者の排除が可能なクラブ財は，地方公営企業や民間企業がインフラ整備を行い，インフラサービスの供給を行うことが一般的である．また，利用者の排除が難しい公共財，コモンプール財に関しては，以前は，政府によるインフラ整備，インフラサービスの供給が一般的であったが，官民連携制度 (Public Private Partnership: PPP) の拡充により，整備主体は政府であるものの，民間企業がインフラサービスを提供し，政府がそれを購入する形で，利用者にインフラサービスが提供されることも増えてきている．前著から 11 年を経て，インフラ整備主体とインフラサービスの供給主体は多様化してきている．この点については，以降で詳述する．

　最後に，本書で想定しているインフラの範囲は，前著と同様に表 1.4 のとおりである．主に，提供されるサービスの公共性や社会性に着目した分類であり，経済審議会地域部会社会資本分科会が 1967 年に地域別社会資本ストック推計で用いた分野（内閣府，2007）に，電気・ガスなどのエネルギーインフラを追加したものである．以降の議論では，分野やタイプで特徴が分かれる場合は，個別に，分野やタイプの限定を行うが，多くの議論の場合，個別の分野やタイプに影響されないものである．そのため，特に，分野，タイプの限定をしていない場合は，これらのインフラ全般を想定した議論として理解されたい．

24　第 1 章　都市・インフラを取り巻く社会環境の変化

表 1.4　本書で想定しているインフラの範囲

分野	例	構造物	タイプ
教育	小学校，中学校，高校，大学	建物	点
住宅	公営住宅	建物	点
生活関連施設	公立病院，保健所，社会福祉施設，公園，社会教育施設，廃棄物処理施設等	建物	点
公益事業	上下水道・工業用水道，電力，ガス，熱供給，通信	浄水場，発電所，LNG 基地，管路，送配電線，光ファイバー等	点・ネットワーク
交通・通信	港湾，空港，鉄道，郵便	埠頭，水路，滑走路，建物，軌道，信号設備，管制設備等	点・ネットワーク
道路	道路，街路，農道，林道，高速道路	道路，橋梁，トンネル等	点・ネットワーク
防災	治山，治水，海岸	堤防，ダム，擁壁，護岸等	点
産業	農業，林業，漁業	水路，漁礁，港湾，建物等	点
庁舎	行政施設	建物	点

1.2.2　人口・世帯減少の継続

　2011 年以降に始まった日本の人口減少（千野，2009）は，2024 年時点で継続している（図 1.20）．2050 年過ぎには人口が 1 億人を割り，2120 年頃には人口は 4,000 万人程度になると予測されている（国立社会保障・人口問題研究所，2023）．世帯数も 2023 年頃をピークに減少に転じると予測されている（図 1.21）．2040 年にはピーク時から約 400 万世帯減少し，5,000 万世帯強にまで減少することが予測されている（国立社会保障・人口問題研究所，2023）．人口推計は 10 年ほど前まで市区町村単位で行われていたが，政府から公表されている人口推計の空間解像度も徐々に細かくなっている．2017 年度から 1 km メッシュ，500 m メッシュについて人口予測値が国土数値情報で公表されており，独自にコーホート推計ができない政策担当者や人口学以外の研究者も，簡単にメッシュ単位での人口予測結果を活用できるようになっている（図 1.22）．また，都市域については 250 m メッシュの国勢調査結果が 2010 年国勢調査以降，公益財団法人統計情報研究開発セン

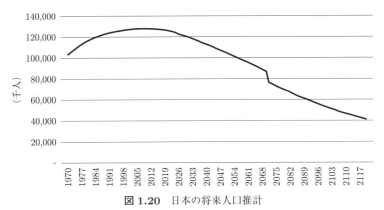

図 1.20 日本の将来人口推計

注) 2020 年までは実績値，2021〜70 年は推計値．2071〜2120 年は参考推計値．
出所) 国立社会保障・人口問題研究所 (2023) より作成．

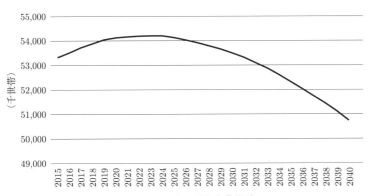

図 1.21 日本の将来世帯推計

注) 2020 年までは実績値，2021〜40 年は推計値．
出所) 国立社会保障・人口問題研究所 (2023) より作成．

ターで入手可能であり，人口減少を議論するときに重要なことは，いかにして「静止人口」に収束させるかであると指摘されている（鬼頭，2000）．第二次世界大戦後の 1956 年以降，第二次ベビーブームまで人口置き換え水準の出生力を割り込んでいた．この時期に「静止人口」の議論が活発に行われており，単なる置き換え水準出生力の達成ではなく，「安定的持続的な経済成長とそれに適応する人口」を目指すべき（本多，1951）との議論が行わ

26　第1章　都市・インフラを取り巻く社会環境の変化

図1.22　2050年まで年率1%以上人口減少する関東地域の500 mメッシュ
出所）国土交通省 (2018a),「国土数値情報500 mメッシュ別将来推計.人口（H30国政局推計）」および国土交通省 (2019),「国土数値情報行政区域データ」より作成.

れていた（中西，2015）.

　直近の出生力を見た図1.23にあるように，合計特殊出生率は2021年で1.30になっている．一方で，夫婦の最終的な出生子ども数を示す完結出生児数は2015年時点で1.94になっている．合計特殊出生率は人口再生産に必要な2.07を大きく下回っているが，夫婦の最終的な子ども数を表す完結出生数は2005年までは2.08を超えており，2015年時点でも1.94と下落傾向にあるものの人口再生産が可能な水準に近い．人口が先か，安定的・持続的な経済成長が先かという議論はあるものの，静止人口を目指すのであれば，現代の日本の人口減少問題の原因は，晩婚化，非婚化（結婚する意志はあるが遅れている，もしくはできない）に主因があるともいえそうである．

　20代，30代の未婚の理由について見たものが図1.24である．独身男性の31.6%（正規職）および41.0%（非正規職），また，独身女性の24.0%（正規職）および44.5%（非正規職）が未婚の理由として「結婚生活を送る

1.2　変わらぬ都市・インフラを取り巻く環境　27

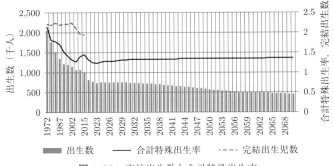

図 1.23　完結出生数と合計特殊出生率

注）2020 年までは実績値，2021〜70 年は推計値．
出所）国立社会保障・人口問題研究所 (2023) より作成．

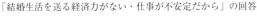

「結婚生活を送る経済力がない・仕事が不安定だから」の回答

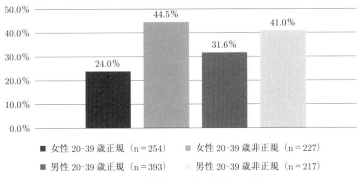

図 1.24　結婚したいと思わない理由

出所）内閣府 (2021a)，「人生 100 年時代における結婚・仕事・収入に関する調査」より作成．

経済力がない・仕事が不安定だから」（複数回答）と回答している．特に正規職と非正規職では，非正規職の方が経済的理由を結婚の阻害要因としている傾向がわかる．本書は，人口減少の理由やその対処策について議論することを目的としていないため，この問題にこれ以上深入りすることはしないが，図 1.23 と図 1.24 は，20 代，30 代といった若年者の経済的な安定が人口減少対策としても有効であることを示唆している．インフラ整備における

28　第1章　都市・インフラを取り巻く社会環境の変化

技術者や職人の雇用の安定化や，そのための整備量の安定化，賃金水準の維持など，後段で議論する諸施策は，若年男性の経済的な安定性の強化という経路を通じて，婚姻率の増加，出生児数の増加につながっていくことも期待される．

1.2.3　厳しい財政事情

　2023年度の「国及び地方の長期債務残高」≒国の借金合計は，約1,280兆円（うち，日本銀行が国債残高の6割弱を保有）になっている．特にバブル経済崩壊後の1990年代以降は債務残高の増加傾向が顕著であり，対GDP比でみると1990年には59%であったが，2023年時点には218%に達している（図1.25）．実は財政法第5条で，日本銀行の国債直接受入，いわゆる「国債直接引受」を原則禁じている．これは無制限に買い入れると財政規律が破綻する恐れと債券市場が機能しなくなることを考慮してのことである．それなのに日本銀行が国債を大量保有しているのは，銀行から入札方式で買い入れる，いわゆる「国債の買いオペ」を実施しているためである．直接引受と買いオペの違いは金融市場を経由しているかどうかの差であり，金融市場を経由すれば大量の国債発行は利回り上昇につながるため，金融市場からの警鐘効果を得られるためである．しかし，日本銀行は金融緩和政策で，長期金利の上昇を抑えるため一定水準以上の金利になると国債の無制限買いオペを実施している．これでは財政リスクが金利に反映されなくなり，実質的な財政ファイナンスを行っていることに等しい．日本銀行は正式には財政ファイナンスとは認めていないが，金融市場でもそう捉えられているかといえばノーである（木内，2023）．このように日本の財政は，低金利を持続することで何とか持ちこたえているものの，いったん利回りが上昇すれば公債費の増大による財政収支の急激な悪化を招くリスクを内包している．また，今後の人口減少を考えると，日本国債の国内での消化が難しくなり，外国人による国債保有が増加し，結果的に財政危機が現実化する可能性が高まることも憂慮される（金子，2019）．これに対抗する現代貨幣理論（MMT：Modern Monetary Theory）がKeltonらによって提唱されている（Kelton, 2001）．MMTを端的にいうと，変動相場制で自国通貨の発行権を持つ国は，いくら国債を発行してもインフレが生じない限り，財政破綻はし

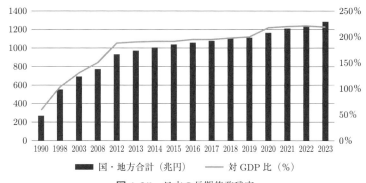

図 1.25 日本の長期債務残高
出所）財務省 (2023a),「財政関係基礎データ」より作成.

ないという主張である．また，その好例が日本であるという有難くない指摘もある（産経新聞，2019）．しかし，MMT は，均衡や価格の概念を欠いており，経済学の主流派からは否定的な見解が多い（小幡，2019）．これを国会議員などが擁護し，無秩序な財政拡大を招かないよう留意が必要である．

　もう 1 つ，日本の財政には人口減少，少子高齢化による構造的な財政悪化の要因がある．それは，社会保障費の増大である．1990 年には約 12 兆円であったが 2023 年には約 37 兆円と 3 倍近く増加しており，日本の一般会計歳出の約 33% と最大支出項目となっている．しかもこれからも高齢者数の増加に伴い増え続けることが確実視されており，歳出増加は避けられない状況にある（図 1.26）．現在は，「特例国債」と呼ばれる赤字国債で賄っているが，赤字国債は建設国債と違い，経常経費への充当であり，国の経済成長には寄与しない．それどころか，このままでは特例国債の発行が常態化してしまう可能性すらある．財務省はプライマリーバランスの達成を目標としているが，いったいそれはいつになるのか不安にならざるをえない．

　このようななかで，インフラ整備に関わる公共事業費の推移をみると，1998 年度の約 15 兆円から半分程度（約 6〜8 兆円）の規模に減少はしているものの，防災・減災や国土強靭化計画の加速化対策等によって当初予算を上回る水準で推移している（図 1.27）．災害は避けられない状況にあるとはいえ，財政的な観点からみると，国の財政全体が危機的状況にあるなか，必要最低限の支出にとどめたいというのが財政当局の本音ではないだろうか．

30　第1章　都市・インフラを取り巻く社会環境の変化

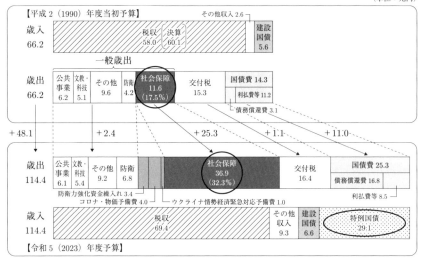

図 1.26　一般歳入歳出の比較
出所）財務省 (2023b),「日本の財政関係資料」.

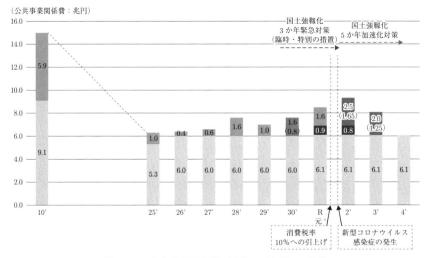

図 1.27　公共事業関係費（当初＋補正）の推移
出所）財務省 (2022),「公共事業費をめぐる現状」.
注）H30補正, R2補正, R3補正のカッコ書きは国土強靱化3か年緊急対策, 5か年加速化対策分.

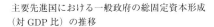

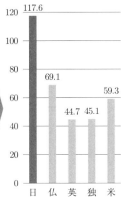

図 1.28 公共投資の国際比較

1. 日本：内閣府「国民経済計算」に基づいて計算した数値，諸外国：OECD「National Accounts」等に基づいて計算した数値．
2. 日本は年度ベース，諸外国は暦年ベース．
3. グラフ中，2004 年度までは旧基準（935NA ベース等），2005 年以降は 085NA ベースの IG より研究開発投資（R&D）や防衛関連分を削除．

出所）財務省 (2022)．「公共事業費をめぐる現状」．

　もう 1 つ，国際的にみた政府固定資本ストックの高さが財政当局の本音を裏打ちしている．日本の公共投資の規模は，戦後一貫して主要国よりも高い水準で推移してきており，対 GDP 支出でみると 2000 年代前半まで主要国でトップであった．その結果，政府固定資本ストックの対 GDP 比は，約 120% と主要先進国の約 2 倍の規模まで積み上がってきている（図 1.28）．日本のインフラ整備は，戦後の荒廃から始まったことを考えると，ある程度は理解できなくもないが，ここまで大きな公共投資をし続けた主要な先進国はないという事実だけは押さえておきたい．

　インフラ整備費の動向について，主に国の支出である公共事業関係費についてみたものが図 1.29 である．1990 年代を通じて 10 兆円を超える支出がみられたが，1998 年以降の公共事業費の削減により 2000 年代中盤以降は約 6〜8 兆円程度で推移している．この水準は，1980 年代のバブル経済崩壊前の規模とほぼ同程度である．1990 年代は，バブル経済崩壊後の経済対策

図 1.29　公共事業関係費の推移

注）公共事業関係費は，治山治水対策事業費，道路整備事業費，港湾空港鉄道等整備事業費，住宅都市環境整備事業費，公園水道廃棄物処理等施設整備費，農林水産基盤整備事業費，社会資本総合整備事業費，推進費等の決算額合計．災害復旧等事業費，特別失業対策事業費（1967〜69年）は除いてあり，純粋な公共事業費に近くなるよう加工．
出所）財務省 (2024b)，「財政統計（予算決算等データ）」より作成．

として急速な伸びを示しており，1993年のピーク時には約13兆円と現在の2倍近い規模まで膨らんでいる．公共事業費というと戦後の高度経済成長期に多く支出されたであろうという印象はあったが，実はバブル経済崩壊後の1990年代という日本の経済成長が終焉を迎えた後に経済対策でピークを迎えている．既に十分な社会資本ストックが蓄積された後のことであり，この支出で都市・インフラが急速に整備され利便性が高まったという実感はないが，最大規模の支出であったことは事実である．

ただ，現在とほぼ同規模の1980年との単年度比較で歳出内訳をみると，公共事業関係費の存在感が薄まってきていることが見て取れる．1980年には一般会計および特別会計の15%を占めていたが，2021年では5.6%と半分以下の水準に低下している（図1.30）．その間，社会保障関係費と国債費の存在感が急速に増している．財政的にみると，少子高齢化対策と国の借金返済に大きな歳出を余儀なくされ，政策的経費が枯渇しつつある現状が浮き彫りとなった形である．むしろ，将来に必要となる都市・インフラの維持・更新費に十分な歳出がなされるのかどうかの方が不安となる．

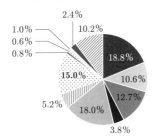

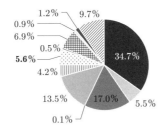

図 1.30 歳出の内訳比較（1980 年と 2021 年）
出所）財務省 (2024b),「財政統計（予算決算等データ）」より作成.

1.2.4 インフラのストックの増加と老朽化

　内閣府の社会資本ストック推計は，1960 年代以降継続して実施されているものであり，日本の社会資本ストックが金額価値としてどれくらい積み上がっているのかを知る重要な情報源である．図 1.31 は，2019 年度までの日本の社会資本ストック額の推移を粗ストック，純ストック，生産的ストック別に見たものである．1998 年以降の公共投資の削減はあったものの，

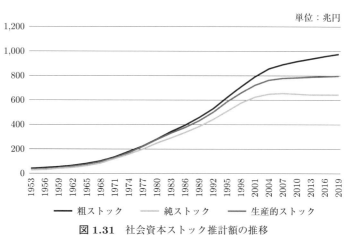

図 1.31 社会資本ストック推計額の推移

粗資本ストック：資産の賦存量を表しており，現存する固定資産について，その取得価格（投資額）によって評価した値．純資本ストック：粗資本ストックから供用年数の経過に応じた減価（物理的減耗，陳腐化等による価値の減少）を控除した値．生産的資本ストック：粗資本ストックから供用年数の経過に応じた効率性の低下（サービスを生み出す能力量の低下）を控除した値．

注）対象分野は，道路，港湾，航空，鉄道，公共賃貸住宅，下水道，廃棄物処理，水道，都市公園，文教施設，治水，治山，海岸，農林漁業，郵便，国有林，工業用水道，庁舎の 18 部門である．2023 年公表の 2022 年度の 2015 暦年価格の推計結果をもとに作成．
出所）内閣府 (2022)，「社会資本ストック推計」より作成．

日本の社会資本ストックは順調に積み上がってきている．粗ストックでみると 2019 年度には日本の社会資本ストック額は，約 975 兆円と GDP（約 558 兆円：2019 年）の約 1.7 倍となっている．ただし，純ストック額でみるとその伸びは 2007 年の約 653 兆円をピークに止まっており，現在まで約 640 兆円前後で推移している．生産的ストックも純ストック同様に伸びが鈍化しており，約 800 兆円前後で安定して推移している．問題は生産的ストックの伸びが止まっていることであり，社会資本ストックのサービスを生み出す能力が向上しないとインフラのサービス水準が向上しない．そのため，現在の規模で公共事業を続けて粗ストック額は増加しても利便性が向上したという実感は得られないだろう．

これらの社会資本ストックは建設後，年数が経過するに従い，経年劣化の

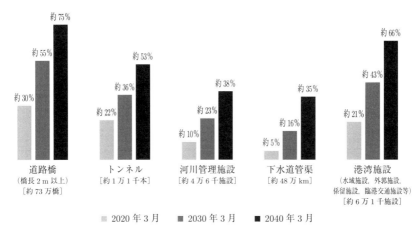

図 1.32 建設後 50 年以上経過する社会資本の割合
出所）国土交通省 (2020a),「社会資本の老朽化の現状」.

問題に直面する．国土交通省は主要インフラについて建設後 50 年以上を経過する比率を公表している（図 1.32）．既に道路橋の約 30％，トンネルの約 22％，河川管理施設の約 10％，下水道管渠の約 5％，港湾施設の約 21％ が建設後 50 年以上経過していることがわかる．

インフラの老朽化に伴い増加するのが維持管理費である．国土交通省は所管分野についてインフラの維持管理・更新費の将来推計を 2018 年に公表している（図 1.33）．平成 30 年度推計では，予防保全の効果を考慮した場合と事後保全を行った場合の 2 パターンで国交省所管分野の維持管理更新費推計が公表されている．2013 年頃の推計値は 1 種類のみであったが，予防保全，事後保全それぞれ低位，高位の数値が概数で公表されているのが特徴である．国土交通省が所管する分野のみを対象として，予防保全を基本とした場合は，2018 年時点の年間 5.2 兆円から，2048 年時点で年間 6.5 兆円に増加することが見込まれている．近年の公共事業費が概ね 6〜8 兆円程度の水準であるため，予防保全を講じたとしても今後のインフラは新規整備する余裕はほぼなく，維持管理・更新のみを何とか賄える水準であることがわかる．また，事後保全のまま放置すればさらに維持管理・更新費用は高まり，2048 年度には年間 12.3 兆円と現状の予算規模をはるかに上回る水準となる（図 1.34）．予防保全への転換は必須であり，それでも今のインフラサービ

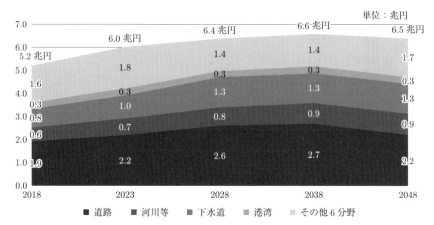

図 1.33 社会資本の維持管理・更新費用の推計

注）予防保全を基本としたシナリオの推計値．ただし，推計値は幅を持っているためグラフでは最大値を用いている．
出所）国土交通省 (2018b)，「国土交通省所管分野における社会資本の将来の維持管理・更新費の推計」より作成．

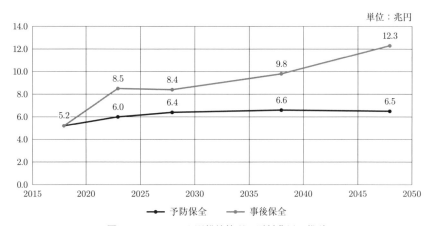

図 1.34 シナリオ別維持管理・更新費用の推計

注）推計値は幅を持っているためグラフでは最大値を用いている．
出所）国土交通省 (2018b)，「国土交通省所管分野における社会資本の将来の維持管理・更新費の推計」より作成．

スを維持できるか微妙な状況にあることを認識すべきである．

　国土交通省は 2000 年代初頭から維持管理更新費推計を白書等で公表して

きており，維持管理更新費推計の精度や政策目的での感度分析という観点から年々発展してきているといえる．一方で，各分野の推計の考え方については国土交通省の「社会資本メンテナンス戦略小委員会」で紹介されているものの，推計のもとになった統計類や推計に用いた変数について詳細に公表されているわけではなく，また，詳細の報告書も公表されていないため，推計の妥当性を外部の研究者が検証することはできない．オープンデータ政策が進められるなか，集約された推計結果のみを公表するのではなく，インフラの状態や維持管理経費・更新投資の情報についても積極的に開示することで，支出の必要性について第三者検証を受けられ，必要な支出について納税者の納得が得られるのではないか．この観点から，公共工事の受注実績はコリンズ・テクリスに以前から蓄積されており，工法別，工事量別の単価もおおよそ把握できる．特に，インフラの価値を更新会計や繰延維持補修法で評価するのであれば，インフラの物理量，状態，単価に関する情報については，積極的に公開されることが望まれる．

1.3 変化してきた都市・インフラを取り巻く環境

2013 年から 2024 年にかけて，都市・インフラ整備を取り巻く環境について，変化が大きかった事項について紹介する．主として，都市・インフラの老朽化などによるインフラクライシスのより一層の顕在化，国際的な視点からの都市・インフラビジネスへの期待，都市縮退に関する法改正による立法政策の変化，デジタル化の進展，SDGs，脱炭素など，環境や持続可能性に関する動きなどである．

1.3.1 インフラクライシスの顕在化

前著では，インフラの老朽化や利用者・技術者の減少により十分な維持管理ができなくなったインフラが引き起こす負の事象について「インフラクライシス」と名付け，以下のように定義した（図 1.35）．

サービスクライシス：インフラのサービス水準の低下や利用料金の引き上げにより国民生活の水準が低下する事態

フィジカルクライシス：インフラに物理的な損傷が発生し，人身事故の発

38　第1章　都市・インフラを取り巻く社会環境の変化

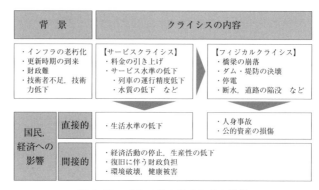

図 1.35 インフラクライシスの定義
出所）宇都ら (2013).

表 1.5 インフラクライシスの主な事例

分野	サービスクライシス	フィジカルクライシス
橋梁	破断による通行制限	老朽化による通行止め
高速道路	老朽化による更新のために使用制限	中央高速の笹子トンネル崩落事故
上水道	水道料金値上げ	断水
下水道	下水道料金値上げ	道路陥没
鉄道	ダイヤの間引き運航，廃線	えちぜん鉄道の踏切事故
電力	電力料金の値上げ	共同構内の高圧ケーブルの焼損による停電
公共施設	老朽化による公園等の遊具の供用停止	事故等による閉鎖

注）事例が多いため顕著なクライシス事例のみを抽出．
出所）公開情報より作成．

生および資産価値が毀損する事態

　これらの事態により，人命の損失や生活水準の低下といった直接的な負の影響だけでなく，経済活動の低下，産業競争力・国際競争力の低下，復旧時の莫大な財政負担などの間接的な負の影響も想定され，企業経営にとっても何らかの影響が発生することが懸念される（表 1.5）．

　前著からの大きな変化は，米国では 1960 年代に頻発したインフラのサービスクライシスの事例 (Choate and Walter, 1981) が，日本でもしばしば報じられるようになってきたということであろう．2010 年ごろは「インフラクライシス」とは聞きなれない言葉であったが，2024 年現在では多くの説明を要する言葉ではなくなってきていることが，状況がより進んだことを示

している.

　既に，いくつかの事例で痛感させられているが，フィジカルクライシスは利用者に身体的な被害をもたらす可能性が高いため，インフラ利用中の事故を避けるためにもサービスクライシスの段階で対処が必要である．このため，インフラの劣化診断を通じた予防保全や，アセットマネジメントを通じた計画的な維持修繕・更新やリスク判断による供用停止などの対策が必要である．インフラクライシスの顕在化は，インフラアセットマネジメントの重要性を高めているともいえる.

1.3.2　国際競争力強化の観点から見直される都市・インフラ整備

　英独では 2013 年以降に国際競争力の維持の観点からインフラ投資の不足が懸念されるようになっている．図 1.36 は，世界経済フォーラム (World Economic Forum) の国際競争力指標 (Global Competitiveness Index: GCI) のインフラ全体の指標について，日本，シンガポール，アメリカ，イギリス，ドイツ，中国，インド，韓国を比較したものである．日本やアメリカは，直近 5 年間は世界順位を上げており，中国，インドも 2014 年以降で急速に順位を改善している．一方で，ドイツ，イギリスが順位を落としている．このような評価が英独両国での議論を生んでいる.

　日本は高度経済成長以降，質の高いインフラサービスを国民・市民に提供し，利用者もそれを享受してきている．近年，中国やインドなどの新興国の経済成長と同時に，先進国においても国際競争力の維持のために物理的インフラの質の維持は重要である．国際競争力指標である IMD の世界競争力年鑑（図 1.37）ではインフラに関する日本の国際順位は長期的に低下しており，これをもってインフラ投資を増やすべきとの主張もみられる（インフラ再生研究会，2019）が，類似の指標でも異なった評価結果であることを鑑みると，これをもって日本でインフラ投資を増加させるべきという論に与するのは拙速であろう．一方で，日本においても，人口減少時代においても引き続き国内に工場などを維持するための産業インフラの整備水準に関しては，国内の経済事情だけでなく，国際的な産業誘致競争に勝っていくための産業基盤を維持していくことは人口減少時代においても引き続き重要である．国際競争力指標での高評価を得るためではなく，人口減少時代において

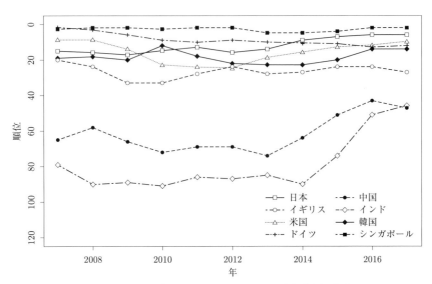

図 1.36 国際競争力指標におけるインフラ全般指標の推移
出所）World Economic Forum (2020), The Global Competitiveness Index Historical Dataset 2007-2017.

引き続きどのような産業で日本が食っていくのかを考えながら投資先のインフラを選んでいく必要がある．

また，都市・インフラ輸出の観点から，政府主導にて海外への日本の都市やインフラ構築をベースに海外市場へと進出する動きが活発化している．宇都 (2014a, 2015b, 2019a, 2019b, 2019c, 2021, 2022) で述べているように，日本の過去の経験やノウハウを主に ASEAN 諸国へと展開し，日本のビジネス化を図ろうとするものである．確かに日本の都市やインフラには誇るべき経験やノウハウはあるが，なかなかうまく進んでいない．それにはいろいろな要因があるが，1つには日本市場にあまりに特化して進化してきたため，海外の諸事業にフィッティングするケースが少ないことが挙げられる．また，都市やインフラに対する価値観の違いも大きい．このことは日本の都市・インフラのあり方を見直す良い機会になると考える．それは日本の価値観，市場特性がグローバルでは通用しないのはなぜか，というシンプルな問いを投げかけているためでもある．ハードのクオリティを追いかければ海外でもそれは受け入れられるはず，という考えを再考する時期に来ている．

1.3 変化してきた都市・インフラを取り巻く環境　41

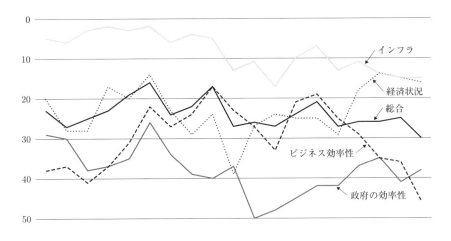

図 1.37 国際競争力指標における日本のインフラ競争力低下
出所) IMD「世界競争力年鑑」各年版より作成.

1.3.3 都市縮退に関する法改正と強まる自己責任

2013年以降，人口減少時代のインフラ整備に関連する多くの法令改正・政策変更が行われている．方向性としては自己責任強化の流れであり，従来のように政府が国民に傘を差し掛けるような機会の公平性を担保しようとした時代から，自力で傘を差し切れない国民へのセーフティネット供給のような判断機会・自助努力の機会の公平性を担保する時代に変化しつつあるといえる．表1.6の一連の法令改正・政策変更は後世からみたときにターニングポイントに見えるであろう．
- 空家対策特別措置法改正
- 都市再生特別措置法改正（立地適正化計画の策定）
- グリーンインフラ関連の法制整備
- PFI法改正
- 水道法改正 等

これらの対策・政策の概要は以下のとおりである．特に，PFI法や水道法改正について，主体論・リスク分担論の観点からの議論は後述するため，

42　第 1 章　都市・インフラを取り巻く社会環境の変化

表 1.6　都市・インフラ整備に関わる 2013 年以降の主要な法改正・政策変更

法改正	年	概要
空家等対策の推進に関する特別措置法（空家特措法）制定	2014	特定空家等について地方自治体が所有者の代わりに除却等の措置を行えたり，空家等の所有者の把握に必要な場合固定資産税台帳等の情報を使えたりするようになった．
都市再生特別措置法	2018	従来の都市の用途地域や市街化区域などとは別に立地適正化計画において都市機能誘導区域と居住誘導区域，跡地等管理区域などを設定できるようになり，誘導区域内外で都市機能の整備状況に差をつけられるようになった．
所有者不明土地の利用の円滑化等に関する特別措置法の制定（所有者不明土地法）	2018-2019	所有者不明土地を管理するために地方公共団体の長等が家庭裁判所に対して財産管理人の選任等を可能にし，所有者探索に必要な固定資産課税台帳，地籍調査票等について行政機関が利用できるようにし，長期間相続登記等未了土地について登記官がその旨を記録できるようにし，建築物のない所有者不明土地について収用手続きを簡素化したり利用権の設定をできたりするようにした．
固定資産税における所有者不明土地対策として現所有者（相続人等）の届出義務化・使用者を所有者とみなす改正（令和 2 年度税制改正大綱）	2020	固定資産税は原則的に所有者が納税義務を負っているが地方税法第 343 条第 4 項の規定により震災，風水害，火災その他の事由によって不明である場合に使用者を所有者としてみなし課税する規定がある．令和 2 年の与党税制大綱で，市町村が調査を尽くしても所有者が 1 人も明らかにならない場合は，使用者を所有者とみなす方針が明記された．
民法不動産登記法の改正	2020-2021	相続登記の義務付け，土地所有権の放棄を可能にする，遺産分割に期間制限を設ける，共有制度を見直す，不在者財産管理制度や相続財産管理制度などを見直す，相隣関係規定を見直し隣地所有者による所有者不明土地の円滑・適正な利用を進めていけるようになった．

出所）公開情報をもとに作成．

ここでは制度改正の概要の紹介にとどめている．

　前著の主体論や小柳 (2015) でも指摘しているように，人口減少に関する立法政策は行政府の裁量に依存している．2011 年の東日本大震災は，従前から潜在的に発生していた空家，空地，所有者不明土地問題を顕在化させた．この結果，2014 年以降，それまでの法律の矩を越えるような法改正がいくつか行われている．たとえば，空家特措法では，それまで個人情報保護

の観点から行政内部でも情報の共有が行われてこなかった固定資産税台帳に含まれる納税者の連絡先について，空家対策のためにも使うことが認められた．また，所有者不明土地法でも行政情報の活用や行政による代行の範囲が拡大されたり，例外規定適用のためのハードルを明確化し，実質的に引き下げたりしている．与党税制改正大綱でも，固定資産税の使用者をみなし所有者とする例外規定の適用条件を緩和している．直近の民法不動産登記法の改正案でも憲法上は実施可能な所有権放棄が，自治体が寄贈を受け入れないという形で実質的に所有権放棄ができていなかったところを民法等で明記することで安定的に実施できるようにしたり，遺産分割に期間制限を設けたり，という私権の制約を強めるような法改正が行われている．

　このような立法政策の動きだけでなく，民間サービスにおいても自己責任を強める変化が生じている．顕著な例は損害保険の水災特約である．従来は地震保険や火災保険の水災補償は，ハザードマップとは無関係に一律に料率が計算されていたが，2020 年 4 月 1 日以降に契約される楽天損害保険の住宅向け火災保険「ホームアシスト」は，水災リスクの保険料率について，河川が氾濫するリスク（外水リスク）と内水氾濫リスク（内水リスク）について，国交省のハザードマップに基づいて建物の所在地ごとに料率を 4 区分に分類して設定するとのニュースリリースを出している．水災リスクの大小により最大 1.5 倍程度の料率の差が設定されている．東京海上日動火災保険も同様に検討をしていると報道されている．1 つの損保がこのような商品を出す場合，水災リスクが低い家屋所有者は，このような商品を選好する経済的な誘引が生まれるため，水災リスクの高い家屋の所有者は従来商品に集中することにより，従来商品は今以上に保険料収入以上の支払いが増加することになる．これを避けるため，今後は家屋向けの火災保険の水災保証はハザードリスクに基づくことが一般的になると見通される．同様に，地震保険などの損害保険も，地盤や傾斜地などの防災リスクに基づくことになる．場合によって保険の引き受けをしてもらえない可能性もある．このように政策的に対応を取らなくても損害保険の商品設計を通じて災害リスクがコスト化される．今後は不動産等を購入する際に立地の選別が進む可能性がある．

　今までは，住宅や土地は個人の所有財産であり，憲法第 29 条のもとで守られてきた．また，憲法第 22 条（居住，移転の自由），憲法第 25 条（生存

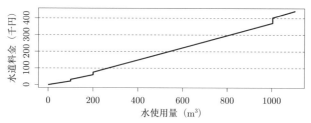

図 1.38 東京都水道局の一般用 13 mm 口径水道料金
出所）東京都水道局ホームページより作成.

権）の規定により，基本的なインフラ（水道や生活道路）について自治体が手厚く国民を支援してきた．一方で，以上紹介した立法政策の変化や民間サービスの変化は，今後も，継続する可能性が高い．特に，立法政策の変化は，ガイドライン・通達などの運用面の柔軟化，次いで，3年ないし5年程度の経過期間で見直し規定を含む特別措置法の制定（空家や所有者不明土地，都市再生など），最後に，民法や不動産登記法などの既存法の改正，一般法の制定のような段階を踏むものであるが，既に，民法や不動産登記法の改正にまで議論が進んでいるところに，行政府や立法府の問題への取組姿勢が垣間見られる．今後は，行政の都市・インフラサービスの供給能力の制約がより強まるなか，今までのようなフリーハンドの権利の享受は難しくなるであろう．

1.3.4 料金体系の変化

水道料金の値上げが顕著になっている（植村ら，2007a, b; 新日本有限責任監査法人および水の安全保障戦略機構事務局，2018）．公益事業の料金体系は，基本料金と従量料金の二部料金制が一般的である（植草，2000）が，水道（図 1.38）や電力（図 1.39）では従量料金部分について需要抑制のために逓増型多部料金制が一般的である．

しかしながら，水道分野では地下水利用に対抗するために大規模水道使用者に料金単価を引き下げる（逓増逓減型料金制）自治体（前橋市，佐賀市，草津市，長岡京市など）も出てきている（いわき市水道局，2016 年調べ）．人口増加や経済成長によって水需要が伸びているときは，整備計画の範囲内で水道供給能力を超えないように需要抑制を図る必要があり，需要抑制効

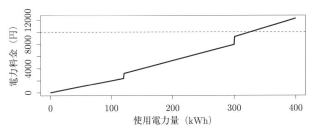

図 1.39 東京電力のスタンダード S プランの電力料金
出所）東京電力エナジーパートナーホームページより作成.

果のある逓増型料金制度は有効であるが，既存の水道供給能力を下回る需要が当たり前になる人口減少時代では，需要促進ための料金体系（定額や逓減型）が必要になる．

料金制度の見直しに加えて，負担の考え方にも変化が生じつつある．小田原市では，企業債による将来世代への負担が相対的に重くなることから企業債残高を徐々に縮小し，代わりに水道料金を 22.4% 引き上げている．これは，水道インフラの整備において，企業債を通じた世代間分担から，負担の世代内完結への大きな方針転換といえる．持続可能性や公平性に関する章で詳述するが，人口成長・経済成長時代において債務（借金）を通じてインフラ整備の便益を享受する将来世代にも負担を求めてきたが，人口減少時代に過度に将来世代の負担を避けるために料金体系も変えなければならなくなってきているという点で，象徴的な事例である．

1.3.5 揺れ戻しがみられる欧米の官民連携

2016 年の PFI 法改正によるコンセッションの導入や，2018 年の水道法改正は，日本のインフラ整備分野における官民連携推進にむけた 1 つのターニングポイントになった．一方で，PFI の発祥地のイギリスでは PFI を廃止する動きが出たり（馬場・本橋, 2019），民営化した公益事業の再公営化，非営利化の動きが出たりするなど，日本とは逆の動きが顕著になっている．この動きは，主体論・リスク分担論・ファイナンス論に関わる重要な論点であるため，それぞれの主要な論点について紹介する．

イギリスの PFI に対して，英国会計検査院は多くの PFI プロジェクトは

46　第1章　都市・インフラを取り巻く社会環境の変化

通常の公共入札プロジェクトよりも 40% 割高であり，公的財政に恩恵をもたらすというデータは不足との結論を出している（National Audit Office, 2018; 内田，2019）．EU でも同様に，欧州会計検査院が，PPP プロジェクトで遅延，コスト増加，完成した施設の低利用などで 15 億ユーロの非効率的な支出が生じており，そのうち 4 億ユーロが EU の予算から支出されているとの報告を行っている (European Court of Auditors, 2018)．National Audit Office (2018) で指摘されている PFI のデメリットは以下の諸点である．

- 自治体と民間の契約期間が長いため競争原理が働かず公共サービスの質が低下する
- 1 つの事業者に包括的な性能発注を行うことで業務プロセスがわかりにくく，サービス価格の上昇やサービス低下が起きていても原因がわかりにくい
- 民間がリスクを負担できない場合，サービスの途絶・質の低下が生じる
- 民間が途中で破綻した場合，自治体の負担が増加する

　一方，再公営化の代表的な動きは水道セクターである．パリでは再公営化による法人税・事業所税の免除および減価償却期間の延長など（玉真，2009）により利益を上げ水道料金の値下げをしており，ベルリンでも収益にかかわらず民間企業に対する利益保証をする契約が解除された（内田，2019）．このほか，ドイツのシュトゥットガルト（ツィーコー，2014），ポツダム，ドレスデン，ビーレフェルト，ブッパタール，ロストックなどの市でも水道事業の再公営化が行われている（宇野，2017）．また，ドイツではエネルギーセクターでも再公営化の動きがみられる．2013 年のハンブルクが代表例と言われ（ツィーコー，2014），他にもベルリンでも行われている（宇野，2016b）．ドイツのエネルギーセクターの再公営化は，ドイツ政府の低炭素社会への転換政策に沿ったものと理解されているが，配電部門のインセンティブ規制や，再生可能エネルギー発電の卸電力価格の低下により公営の小規模シュタットベルケの経営状況は必ずしも良いわけではない．にもかかわらず，配電網の再買収や，シュタットベルケの新規設立を通じてエネルギー分野での公営主体数は増加している（矢島，2016）．また，ごみ処理や清掃などの事業でも再公営化が行われている（杉田，2010）．ただし，フラ

ンスでは水道の民営化，再公営化は全体の 1% 未満であり（福田，2019），ドイツでも再公営化率は全水道事業者数の 0.4% であり，再公営化の動きがトピック的なものであるとの指摘もある（吉村，2019）．また，パリの再公営化の要因は，コンセッション契約とアフェルマージュ契約時の法令の不備に起因する契約の不透明性との指摘もある（玉真，2009）．

　一方で，ドイツでは，生活基盤に関するサービスは行政が行うべきであるとの国民的コンセンサスがあると指摘されている．また，民営化によって高コストになったりサービスの質が低下した事例があったり（料金水準と利益分配），2008 年のリーマンショック以降に私経済への信頼性が低下したり，NPM (Node Package Manager) の進展により自治体も有能な人材を備えるようになったり，福島の原発事故以降に民間の発電事業者に過大な要求をされていることも理由として挙げられている．さらに，1990 年代の東西ドイツ統合後の東ドイツ地域の上下水道事業の再編の際の公的部門の人員不足（宇野，2016a）や小さな政府主義によって締結された 20〜25 年間の事業権契約の更新期にあたり，当時の契約で契約書が非公開であったり，会計情報の詳細が自治体に開示されなかったりなど，透明性が欠如しており（宇野，2017），再度，運営主体の在り方について議論が可能だったことが指摘されている．契約期間中の事業権の買戻しについても金融危機によって自治体は相当低利で債券を発行できるため，資金調達が可能になっていることも指摘されている（ツィーコー，2014）．とはいえ，ロストック市の事例にみられるように，ドイツにおける再公営化は，単純に水道を「公共」や「市民」の手に取り戻すわけではなく，経済的，社会的，環境的な合理性を達成するための手段として行われているとの指摘もある（宇野，2016a）．具体的には料金の引き下げを通じた市民への分配，配当を通じた市町村への利益の分配，サービス水準を向上させること，地域の雇用や地域企業への分配などを志向している（宇野，2017）．

　PFI や民営化・再公営化に関する議論を簡単に紹介したが，インフラの整備・運営を効率的に行うのはガバナンスの問題であり，主体の問題ではない（植村，2003）．民間でも非効率な運営を行うこともありうるし（だからこそ，倒産する民間企業は存在し，毎年のように不正経理がニュースになる），効率的に運営されている公営企業もある．欧州で，PFI や PPP に対

48 第1章 都市・インフラを取り巻く社会環境の変化

して否定的な評価があったり，再公営化の動きが顕著であったりするとはい
え，だからといって即座に日本で PFI や PPP，民営化を否定するものでは
ないことに留意する必要がある．

1.3.6 災害の頻発

前著では執筆中に東日本大震災が発生し，補論として人口減少下のインフ
ラ整備と災害の関係について論じたが，出版後も引き続き大規模な災害は毎
年のように発生している．政府による激甚災害に指定された災害だけでも近
年，多くが発生している（表 1.7）．

これらの災害は人口減少地域も直撃しており，復旧・復興にあたり，ハザ
ードマップで危険性が指摘されている地域の復興の在り方について議論を生
じさせている．理想論からいえば，ハザードマップで浸水や土砂崩れの危険
が指摘されている地域での居住や商業・鉱業施設の整備は禁止し，既住の住
民や，既設の施設の立ち退き，農業用地や遊水地など自然的土地利用の推進
が望まれるが，現実には住み慣れた土地への愛着，コミュニティの存在，移
転コスト負担の問題等があり，多くの場合は，現状復旧に近い形の復興が行
われているようである．

人口減少社会は，より居住や経済活動に適した土地の移転用地としての確
保が容易になる可能性があるとともに，浸水・土砂崩れのある土地の生命・
財産を守るための堤防や擁壁等のインフラの維持の財政負担に耐えられな
くなる可能性もある．災害時にインフラをどのように復旧・復興していくか
は，人口減少社会におけるインフラの骨格を再構築するという観点から重要
な論点である．

1.3.7 労働者不足対策としての特定技能労働者の受け入れ

2020 年の東京オリンピックや，2025 年の大阪万博，2027 年に向けたリ
ニア新幹線の建設（東京―名古屋間）によって，建設産業は活況に湧いてい
るが，人手不足であるという状況は前著が執筆された 2010 年代と大きく変
わっていない．日本の生産年齢人口は継続的に減少しているが，建設就業者
数も一時期ほどの急激な減少は収まっているものの，今後も継続して減少す
ることが予測されている（図 1.40）．

- 建設産業での働きかた改革と女性活用・雇用延長
- 特定技能労働者の受け入れ
- 外国人労働者受け入れの是非 等

このような状況を受け，建設産業でも働き方改革や若手技能者の育成，女性活用，雇用延長などのさまざまな取り組みが進められている．たとえば，若手技能者の育成について，OJT が中心であるが，一部の企業は富士教育訓練センターを活用している（小林・栗山，2016）．また，女性活用につい

表 1.7 過去 5 年における激甚災害指定の状況

発生年	災害名	主な被災地
2019 年	梅雨前線・台風第 3 号・第 5 号	長崎県・鹿児島県・熊本県
	前線による豪雨・台風第 10 号・第 13 号・第 15 号・第 17 号	佐賀県・千葉県
	台風第 19 号・第 20 号・第 21 号	岩手県・宮城県・福島県・茨城県・栃木県・群馬県・埼玉県・千葉県・東京都・神奈川県・新潟県・山梨県・長野県・静岡県
2021 年	梅雨前線（令和 2 年 7 月豪雨等）	山形県・長野県・岐阜県・島根県・福岡県・佐賀県・熊本県・大分県・鹿児島県
	梅雨前線	鳥取県・島根県・鹿児島県
	前線による豪雨・台風第 9 号・第 10 号	青森県・長野県・島根県・広島県・福岡県・佐賀県・長崎県
2022 年	令和 4 年 3 月 16 日の地震	福島県
	前線による豪雨	宮城県・熊本県・鹿児島県
	前線による豪雨・台風第 8 号	青森県・山形県・新潟県・石川県・福井県
	台風第 14 号・第 15 号	静岡県・山口県・高知県・福岡県・佐賀県・長崎県・熊本県・大分県・宮崎県・鹿児島県
2023 年	令和 5 年 5 月 5 日の地震	石川県
	梅雨前線・台風第 2 号	青森県・秋田県・茨城県・埼玉県・富山県・石川県・静岡県・和歌山県・島根県・山口県・福岡県・佐賀県・大分県
	台風第 7 号	京都府・兵庫県・鳥取県
	台風第 12 号・第 13 号（熱帯低気圧を含む.）	茨城県・千葉県
2024 年	令和 6 年能登半島地震	石川県・富山県・新潟県・福井県

出所）内閣府「過去 5 年の激甚災害の指定状況」(2024) より作成.

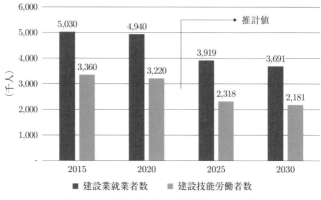

図 1.40 建設就業者・技能労働者数の予測
注）2020 年までの実績は総務省「労働力調査」，2025 年以降の推計値は長谷川 (2017) による．
出所）総務省 (2022)，「労働力調査」および長谷川 (2017) より作成．

て，技能者については軀体系業種では体力的に難しいとの意見が多いが，仕上げ系業種では手先の器用さや仕事の丁寧さから女性の活躍の場は多いとの意見もみられる（小林・栗山，2016）．ただし，技能労働者（職人）の常時雇用（社員化）については，必ずしも進んでいるとはいえない．地方圏の仕上げ業種や一部の地方圏の軀体系業種では技能労働者確保の観点から新卒採用や社員としての直接雇用が進んでいるが，首都圏を中心に依然として請負による出来高制が一般的であることが指摘されている．また，技能者の週休二日の実現についても工期遵守や賃金の観点から取得が進んでいない状況である．建設産業における「働き方改革」はまだ道半ばという状況である（小林・栗山，2016）．一方で，就業機会の平準化の取り組みも継続されている．建設業は，民間建設工事の発注は景気に左右されやすく，公共事業がその変動を埋めるように発注されてきたが，昨今の財政再建のなかで発注量が絞られ，入札制度改革の影響で受注が不安定化することで，雇用の不安定化が続いていた．その後の公共事業の発注の工夫や人手不足により，雇用の安定化に向けた努力はかなり行われてきている．これらの取り組みが行われているものの，いまだ，建設業における就業者の増加が劇的に改善されたとはいえない状況である．

このような状況について，前著からの 11 年間でもっとも大きな変化は，建設業における特定技能労働者の受け入れであろう．建設業における人材派遣会社のなかにはベトナムの大学と連携して，ベトナムで簡単な日本語教育や CAD の使い方を教えたりなどして，日本へ人材を供給しようとしているところもあるようである (JETRO, 2021)．特定技能労働者制度は，これらの動きを支援するものといえる．一方で，前著でも紹介した通り，世論調査によると外国人労働者の受け入れについては必ずしも積極的とはいえない．建設産業やエネルギーや交通分野のインフラサービスの供給事業者の海外展開を考えると，想定進出地域から外国人労働者を日本のインフラ整備の現場に受け入れることは，建設技能の移転という観点からも必要なことであるが，来日する外国人労働者やその家族の生活支援や子弟の教育支援，および，中長期的な出身国への帰国とキャリアパス等を用意しないと，人口減少による日本の建設技能者不足に対する有効な解決策として考えるのは難しいであろう．単に，受け入れ制度を用意して終わりではなく，受け入れ制度を活かすための継続的な努力が必要である．

1.3.8　X-aaS の登場

近年，さまざまなものにアズ・ア・サービス (X-aaS) を付言して，ハードからサービスへの変化を表している．インフラ分野では MaaS (Mobility As A Service) と呼ばれる移動のサービス化について，官民関わらず議論し，社会実装を図ろうとしている．日本語でインフラ整備というと，一般的には，物理的な道路や橋，管路，浄水場等の施設を建設し，維持管理，運営するという供給者側のエンジニアリング的な印象を持つ人が多いだろう．一方で，英語ではインフラ整備は，Infrastructure Development や，Infrastructure Management などの語が当てられるだけでなく，Infrastructure Service Provision のような言葉が使われることも多い．たとえば，道路を整備するとは自動車が一定の条件（速度，安全性）で通行できる空間を提供することであり，上水道を整備するとは法律で定められた水質の水を消費者に届けることである．すなわち，インフラというハードを通じて提供される価値が何なのかが重要であるという考え方である．財かサービスかという観点からはインフラの本質的な意義はサービス供給である．昨今の X-

先進国フィンランドの MaaS アプリ「Whim」

図 1.41 フィンランドにおける MaaS の事例
出所）Whim, ホームページ.

aaS 議論は，インフラ整備のサービス供給としての側面に改めて光を当てるものと考えることができる．

MaaS 先進国といわれるフィンランドでは，「Whim」と呼ばれるサービスが普及している（図 1.41）．その中身は，電車やバス，フェリー，電動スクーターなどがサブスクリプション契約で乗り放題となるプランを提供していることであり，都市生活者が必要な時に必要な移動サービスを利用できるようにあらゆるモビリティ利用を統合化したアプリである．これを開発した MaaS Global 社の創業者は，「あらゆるモビリティサービスを組み合わせて，クルマを所有する生活よりも，より良い生活を実現するサービスを作り出すこと」を目標としてビジネスを始めている．まさにインフラのサービス化ニーズをいち早く汲み取った事例である．

1.3.9 G7 都市大臣会合コミュニケにみる世界動向

2023 年の G7 広島サミットでは，G7 が都市マネジメントについて，共同で取り組むべき課題について議論がなされている．その成果は，都市大臣会合のコミュニケとしてまとめられている．その概要をみると，世界共通の都市・インフラの課題が見えてくる．今回の会合のテーマは「持続可能な

1.3 変化してきた都市・インフラを取り巻く環境 53

---

1. G7 都市大臣会合の目的:

我々 G7 都市大臣は、2023 年 7 月 7 日から 9 日、香川県高松市で会合を開催した。G7 都市大臣会合トラックは、2022 年に議長国ドイツの下で初めて設立され、今回が 2 回目の会合となった。今回の会合には、経済協力開発機構(OECD)、国連人間居住計画(UN-Habitat)、アーバン 7(U7)がオブザーバー機関として参加した。2022 年にドイツ・ポツダムで開催された G7 都市大臣会合のコミュニケに規定された原則と提言を基に、G7 各国は持続可能な都市の成長を実現するための政策を実施し、協力を続けてきた。今年の G7 議長国である日本は、持続可能な都市の成長における「複数のステークホルダーの多層的な協力と、ローカルレベルでの関係する全居住者の参加」の原則に焦点を当て、ポツダムで示された成果を積み上げた。これにより、今年の閣僚会合では、「**持続可能な都市の発展に向けた協働**」というテーマのもと、我々は共通の課題や政策の取組について議論・意見交換した。我々は「**温室効果ガス排出のネット・ゼロでレジリエントな都市**」、「**インクルーシブな都市**」及び「**都市のデジタル化(コネクティビティの強化、都市におけるデータと技術の活用の加速)**」の三つの議題に焦点を当てた。

30. 人口動態の変化への対応:

また、我々は、急速な人口動態の変化が都市で進行していることを認識する。G7 の都市圏では、2006 年から 2018 年にかけて 65 歳以上の人口が 33%増加した(OECD、2023)。OECD 加盟国の 5 都市に 1 都市が人口減少に直面し(OECD, 2023)、都市における社会的孤立や分断という課題を悪化させるなど、都市の人口減少は共通の課題となっている。このことは、インクルーシブに課題をもたらすものであり、現場の多様なニーズに適切に対応し、効果的な実施を確保するために、統合された参加型の対応をとらなければならない。

図 1.42 G7 都市大臣会合にみる都市課題

出所)G7 都市大臣会合コミュニケ.

都市の発展に向けた協働」であり,共通の課題や政策の取り組みについては,①「温室効果ガス排出のネットゼロでレジリエントな都市」,②「インクルーシブな都市」,③「都市のデジタル化」の 3 つが議論の焦点となっている.①については,SDGs や脱炭素社会といった動きと連動したものとなっている.また,災害対策への言及もありレジリエントな都市づくりが必要という共通認識が形成されている.また,②では都市に住み,働く人々の多様性に鑑み,すべての都市政策がすべての人にとって公平な結果をもたらす努力が必要であり,誰 1 人とも取り残さないインクルーシブな都市づくりが標榜されている.また,同時に人口動態の変化への対応についても議論がなされており,OECD 加盟国の 5 都市に 1 都市が人口減少に直面しており,都市の人口減少は世界共通の課題となっていると明記されている.人口減少問題は,もはや世界的な共通課題として認識されていることがわかる(図 1.42).最後の③については,都市に関する公共データが原則オンラインで

アクセスできる環境を構築することが目指されている．また，データやデジタル技術の実用的な利用方法を示すユースケースを開発していくことも重要との認識がなされており，都市へのデジタル実装にあたって，どのような利用がウェルビーイングを高めるのかを開発していく重要性が指摘されている．この都市大臣会合で取り上げられたテーマは，まさにこれから我々が直面する課題であり，世界共通の都市課題が何であるのかを認識させてくれる．

1.3.10　脱炭素社会へ向けたグローバルな取り組み

脱炭素社会への取り組みは，世界的な課題であり企業が気候変動に対応した経営戦略を展開し，脱炭素経営に取り組む動きが活発化している．日本でも革新的環境イノベーション戦略を策定し，新技術の開発を推進しており，具体的な取り組みとして，地方自治体が2050年までにCO_2排出を実質ゼロにするゼロカーボンシティの構想や再生可能エネルギーの普及を促

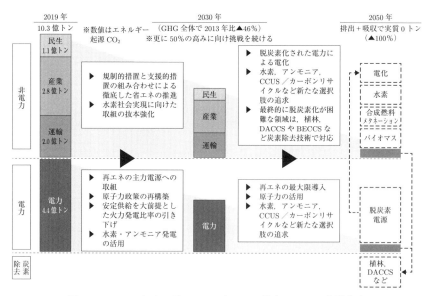

図1.43 2050年カーボンニュートラルに伴うグリーン成長戦略
出所）経済産業省 (2021)，「2050年カーボンニュートラルに伴うグリーン成長戦略」．

進する活動が行われている（国土交通省，2021b）．また，企業が気候変動への取り組み，影響に関する情報を開示する TCFD (Taskforce on Climate related Financial Disclosure)，科学的な中長期の目標設定を促す SBT (Science Based Targets)，事業活動に必要な電力の 100% を再エネで賄うことを目指す RE100 (Renewable Energy 100) などの枠組みを活用して脱炭素化に向けた目標設定や取り組みを行っており，持続可能な経済活動への移行が進んでいる（環境省，2023）．技術革新や研究開発によって太陽光発電の普及を加速させることが期待されており，特に蓄電技術や発電効率の向上，コスト低減が重要視されている．日本は 2050 年カーボンニュートラルの実現に向けて官民連携を強化し，長期的な取り組みを進めている（図 1.43）．脱炭素社会への挑戦は多くの課題を抱えているが，カーボンプライシングやエネルギーミックスの見直し，先進的な技術の開発など多角的なアプローチで未来を切り拓こうとしており，今後も技術革新や国際協力を通じて脱炭素社会への取り組みを加速させ，地球温暖化や気候変動といった課題解決を推進していくことが重要となろう．

　人口減少時代の都市・インフラの計画分野でもこのような取り組みが浸透しており，従来のような非効率なエネルギー消費や都市化による環境負荷の増大等をなるべく排除した都市づくりが求められている．インフラ分野では，「グリーンインフラストラクチャ」(Green Infrastructure) が標榜されており，自然の持つ機能を活用してインフラを構築し，洪水対策や緑地再生など，自然の機能を課題解決に活かす取り組みが進められている．これらの環境に配慮した取り組みはグローバル社会の強い要請でもあるため，今となっては持続可能な都市・インフラづくりに欠かせない論点となっている．一方で，これらの取り組みには一定のコストがかかることも忘れてはならない．そのため，財政バランスを考慮しつつ効率的なグリーンインフラづくりが求められている．

第2章 | 求められる都市・インフラの「かたち」

2.1 求められる都市の「かたち」

2.1.1 都市の「かたち」

　古代における王宮都市，中世における城塞都市，近世における田園都市，超高層都市，海上都市など，過去，いくつもの理想都市が提案されてきている．これらは，それぞれの視点から都市を最適化したかたちを図化したものである．長安や平安京にみられる王宮都市は，風水の考え方を取り入れつつ，都市の象徴性を高めた都市である．ヨーロッパに見られる城塞都市は，外敵から都市民を守るために守りを堅固にした都市である．ハワードによって提案された田園都市は，当時の産業革命後の大都市問題を解決する手段として，都市と田園を調和させた自立都市を目指したものである．理想都市は，それぞれの時代のニーズに応え，建設技術や社会技術を取り入れながら，最適と考えられた都市の形を具現化している．

　現代における理想都市とはどのようなものだろうか？　すでにこれだけ世界的に都市化が進んだなかで，まったくの未開発地から都市を建設するという機会は減っている．しかし，思考実験として，現代の理想都市を考えることは，今後のあるべき都市の「かたち」を考える上で，ガイドラインとなる方向感を与えてくれると思われる．

　理想的な都市の「かたち」を考えるには，都市が具備すべき特性を明示し，それを満たす解を求めることが1つのアプローチとなる．現代の都市に求められる特性とは，交通渋滞や環境問題などの都市集積に伴う負の効果を抑制すること，都市生活に必要なサービスを提供すること，優れた生活環境を維持すること，都市という場の高付加価値性を持つこと，低炭素都市を

58　第2章　求められる都市・インフラの「かたち」

実現すること，物質の循環を促進することなどがある.

　これらの多様な目的を達成する都市はどのようなものであろうか. 都市は人が集積した場所であるが，それは集積する方が有利な点があるためである. 抽象的には生産性が高いためであるが，それは地の利もしくは集積の利があるためである. しかし，集積が過剰になると，負の効果（外部不経済性）が発生する. 典型的には，交通渋滞であったり，居住環境の劣悪化であったりする. 産業革命後に多くの労働者が集まったイギリスの大都市で，居住環境が劣悪な密集住宅地が形成されたことは有名である. 交通渋滞は，発生する交通需要に対して，道路などの交通容量が不足していることから発生する. 20世紀の都市問題は環境容量に対して都市活動の需要が大きすぎることから生まれている. 交通渋滞の抑制には，道路の幅員を広げる，鉄道の運行頻度を上げるなど，交通容量を上げることが1つの策となる. ただし，近年では，交通需要を適正に抑える TDM(Traffic Demand Management) という施策も取られつつある. 交通経済学的には，発生する交通が，社会の負荷も含めた費用を支払っていないために，過大な需要になってしまう傾向を抑えるという発想である. マイカー通勤などの交通渋滞を減らすために，道路空間を広げることは限界があるとすれば，交通需要を公共交通機関に転換すればよい. すでに，このような考え方は，TOD（Transit Oriented Development：公共交通指向型開発），ニューアーバニズム，アーバンビレッジ，そしてコンパクトシティなどのキーワードで過去に何度も提唱されてきている. なるべく，公共交通の駅近くに都市活動拠点や住宅を配置し，マイカーの利用を抑制する. これが共通した考え方である.

　都市生活に必要なサービスを提供するためには，必要なサービス提供体制が整っていなければならない. もしも，店舗や出張所など客がアクセスしてサービス提供を受ける施設ならば，なるべく近くに配置されていることが望ましい. 逆に，デリバリーサービス型であれば，集配ステーションが効率的に配置されている必要がある. デジタル社会の到来により，ネットでさまざまなサービスを受けることが可能になりつつある. 将来的には，医療，教育などのサービスが在宅で受けられ，また，就労も自宅で可能になるという体制がより広がっていくだろう.

　優れた生活環境を維持するためには，過密を避けて，日照，採光，通風を

確保し，また，環境汚染などの問題を解決しなければならない．環境汚染については，さまざまな汚染防止の法令に適合しているだけでなく，場所の特性に応じて十分な環境が保たれていなければならない．加えて，十分な隣棟間隔がとられていることも必要となる．

高付加価値性を持つ場を用意するには，高付加価値創造の活動を集める必要がある．都市自体が価値を生むよりも，活動する人々が価値を生むのであるから，高付加価値創造に携わる人々の交流を活性化できる場を用意することが必要となる．人々の多様性や交流を育むには，有意義に交流できる魅力ある空間づくりが求められる．

低炭素都市の実現に向けては，建物のエネルギー負荷や交通に関わるエネルギー負荷を減らすことが肝要となる．建物については，エネルギー効率を高める，断熱性を高めるなどにより，無駄なエネルギー消費を抑制するとともに，再生可能エネルギーを積極的に取り入れることが重要となる．交通については，1人，1荷物の移動にかかるエネルギー消費を減らすことが重要であり，このためには公共交通利用に誘導する，シェアライドを進める，低エネルギー消費型移動手段を開発するなどの方策が考えられる．

物質の循環を促進するためには，さまざまな資源の改修・再生システムが確立していなければならない．日本では，資源ごみ回収が各自治体で取り入れられているが，その分類は自治体に応じて異なっている．生産の段階から，リサイクルを想定した製品設計が必要とされている．1自治体ではできない技術については，近隣の自治体が連携して，循環システムの構築・運用を行うことが望まれる．

これらの多様な要求条件を満たす都市の「かたち」の1つとしては，日本で国策として進められている，「コンパクト＋ネットワーク」がある．理想的なコンパクトシティでは，徒歩圏内で生活必需品が手に入り，自家用車に頼らずに公共交通だけでさまざまな都市拠点に到達できる．このような都市構造により，移動に関わるエネルギー消費を抑制でき，都市生活に必要なサービスを自家用車に頼らずに享受できる．そのため，上述したいくつかの条件を満たす「かたち」になっている．ただし，それだけで，理想的な都市とはいえない．優れた生活環境の整備，高付加価値性を有する都市活動，物質の循環の仕組みを包含して初めて，理想的といえる状況になるのである．

2.1.2 都市の提供するサービス

都市サービスとは，都市生活の基盤となるサービスである．たとえば，住宅は建物と内装があれば生活できるのではない．電気，ガスなどのエネルギー供給，上下水道，情報ネットワーク，道路，郵便や小包などの配達サービス，ごみ収集・廃棄処分，治安維持サービス，食料品・日常品などの購買サービス，育児サービス，教育サービス，介護サービス，医療サービス，公園整備などのオープンスペース提供サービスなど，およそ都市で居住するときに享受できるあらゆるサービスが都市サービスの候補となる．これらは，商業的に提供されるものもあれば，公共団体やそこから委託を受けた組織が提供するものもある．なかには，自分たち自治組織で共同して提供するサービスもある．また，これらのサービスは都市部でなくても，サービス水準は多少低くなるかもしれないが，享受することができる．したがって，都市サービスとは，サービスの有無というよりは，サービスの質の高さによる差別化なのだと考えることができる．

都市サービスは，密度高く集合している方が，効率よく提供が可能となる．たとえば商業施設の場合に，地域の人口規模が大きくなるほど高次の品ぞろえやサービスを提供できるようになる．したがって，規模が大きく，また密度高く集積している方が，多くの場合には効率的で高度な都市サービスの提供ができることになる．端的にいえば，集約化が都市サービスの高度化につながることになる．

これらの都市サービスを供給するには，そのためのインフラを必要とする．エネルギー供給であれば，その配線・配管網が必要であり，また，その供給基地もなければならない．上下水道の場合には，水の引き込み，上水，配水，下水の収集，下水処理という二重のネットワークの整備が必要である．これらのインフラを概観すると，電気，ガス，上下水，情報，道路といったネットワークとして物理的につながっていなければならないネットワーク系インフラと，ごみ，購買，育児，教育，介護，医療，公園といった主としてサービス施設を整備なければならない施設系インフラとがある．施設系インフラは，必要になれば施設を新設し，不要になれば閉鎖すればよいので，サービスの整備という観点からは，比較的自由度が高い．これに対して，ネットワーク系インフラの場合には，接続性が重要になるため，一部の

改廃が広範に影響を及ぼす可能性があり，整備の自由度が制限される．

2.1.3　都市の集約化における諸問題

　都市における集約化は，人口規模が大きくなることにより集積の利益が高くなり，また密度が高いほど距離によるロスが減るという意味で効率的な供給が可能になる．しかし，過度の集約化は，環境容量以上の負荷を環境にかけることから環境悪化につながることや，一度に非常に大量のサービス需要を生み出すことから渋滞現象を引き起こすことになる．そのため，集約のメリットからデメリットを引いた集約の純便益最大となる状態が，都市の最適な「かたち」であるといえる．

　施設系インフラの場合，施設の増設・増強の際には，その施設を利用することによる便益（利用者の利便性の向上，サービスの質の向上，業務の効率化などの便益）の現在価値から，施設設置に伴う費用の現在価値を差し引いた純便益が高いかどうかが問われる．また，施設の縮小化や閉鎖の際には，その施設を縮小・閉鎖することによる将来の費用の減少という便益の現在価値から，施設を縮小・閉鎖したことに伴う便益の減少分の現在価値を差し引いた値が大きいかどうかが問われる．集約化に際しては，集約先における施設の増強とそれ以外の地域における施設の縮小化・閉鎖の両方が進められる可能性がある．

　集約地域において，迷惑施設を増強する場合には，周辺住民やその意を重視する自治体の合意や認可を得ることが難しい．典型的には，ごみ処理施設や火葬場などがある．近年では，市街地からやや離れた場所に立地したり，排熱を利用して温水の供給をしたり，市民プールを設けたり，公園施設を併設するなど，外部不経済性を打ち消す工夫も見られる．便益施設を増強する場合には，むしろ周辺の反対よりも費用負担が問題になるケースが多い．他方，集約地域以外では，施設を縮小化ないし閉鎖することになる．迷惑施設の場合には，周辺地域への外部不経済性が減少するために，問題とはなりにくい．しかし，便益施設の場合には，周辺地域へのこれまでの外部経済性が減少するために，周辺住民などの反対運動にさらされる可能性もある．

　ネットワーク系インフラの場合でも，インフラの増設・増強の際には，それを利用することによる便益（利用者の利便性の向上，サービスの質の向

上，業務の効率化などの便益）の現在価値から，インフラ設置に伴う費用の現在価値を差し引いた純便益が高いかどうかが問われる．また，インフラの縮小化や閉鎖の際には，それを縮小・閉鎖することによる将来の費用の減少という便益の現在価値から，インフラを縮小・閉鎖したことに伴う便益の減少分の現在価値を差し引いた値が大きいかどうかが問われる．

集約地域において，インフラを増強する場合には，それに伴う立ち退きや工事による一時的な不便などは生じるものの，利便性は向上することが多いと思われる．他方，集約地域以外では，インフラを縮小化ないし閉鎖することになる．これまでの外部経済性が減少するために，反対運動にさらされる可能性もある．ネットワーク系インフラで問題となるのは，ネットワークの連続性が確保されねばならないので，仮に，途中に非効率なサービス地区があっても，そこを閉鎖することがネットワークの不連続性をきたす場合には閉鎖はできないことになる．サービスする物の流れ全体で判断しなければならない点が，施設系インフラとは大きく異なる点である．

2.1.4 人口減少時代に求められる都市のあり方

人口減少時代において求められる最適な都市とは，どのようなものだろうか．前項で示したような便益や費用は，地域によって異なるため，端的に単一の形態像を示すことはできない．特に地形的な制約は都市の形を大きく制約する．武田ら (2011) は九州の市街地のコンパクト度を比較分析したが，地形的な制約が大きい都市でコンパクト度が高いことを指摘している．地形的な要因で，市街地が外延化できず，結果としてコンパクト性が高くなったと理解できる．人口減少時代の都市政策としては，コンパクトシティ化が必要であるといわれている．これは，市街地を小さくすることではあるが，単極構造にすることではない．多核的でかまわないのである．ただ，都市構造として拡散することによる費用以上の，集約による便益が確保されていることが重要である．仮に最適な都市の形態が求められたとしても，その形態にすべての都市活動を詰め込むことは容易ではない．都市運営の効率性という理由だけで，強制移転を進めることは日本の社会制度としては，無理があるためである．よって，社会で許容される規制および誘導策と，公共インフラの適切な整備で進めるしかない．最適な都市のかたちに向かうように，社会

制度を変えていくことが，都市のあり方となるのである．

そこで，具体的な都市の「かたち」を示すのではなく，都市のあり方を考えてみたい．まず，最適性を社会における都市の純便益の高さから考えることにする．これは一見，効率性のみを考えた偏った考え方に見えるかもしれない．しかし，便益や費用を広義に考えて，たとえば社会的な不公平性を費用に含めたり，人々の心の豊かさや審美性などを便益に含めて，簡単な費用便益分析でみられる便益や費用の概念を拡張したりすれば，より一般的な最適性を論じることができる．ここでは，そのような広義の純便益を考えることにする．このような場合に，個々人の活動が社会に及ぼす外部性を内部化できていて，各人が最大限の能力を発揮するときに，最適な都市を形成することができる．ただし，ここで各人とは，当初都市外にいる人も含まれていることに注意を要する．

このことを理解するために，極めて単純な例で説明したい．旧来型の工場と住宅棟の2つが隣接して立地している状況を想定する．工場からは騒音が出されるので，隣の住宅棟の居住環境を侵しているとする．これは，工場から住宅に外部不経済性が発生していることを意味する．工場がその地で操業することによる年間便益は1億円，隣から騒音がない場合の住宅棟の便益も年間1億円であるとする．しかし，工場から出される騒音によって，住宅等の便益が0.2億円減少しているとしよう．この場合に，二者を合わせた純便益は1.8億円となる．まず，騒音による損害分0.2億円を工場にチャージし，住宅棟の居住者にそれを還元すると，騒音という外部性を内部化したことになる．これにより，工場の純便益は0.8億円，住宅は1億円で合わせて1.8億円となり，二者を合わせた純便益は不変である．さてここで，年間0.1億円かかるが，騒音問題がなくなる騒音対策技術があったとする．この場合に，外部性を調整する仕組みがなければ，工場は騒音対策を行うインセンティブは存在しない．ところが，調整する仕組みがあると，騒音対策をすることで，工場の純便益は0.8億円から0.9億円に上がる．したがって，騒音対策を行うインセンティブが発生するのである．工場が騒音対策を行うことで，住宅は騒音がなくなるので，1億円の便益となる．よって，二者を合わせた純便益は1.9億円となる．これが社会的にも最適な状態である．このことからわかるのは，外部性を内部化することで，それぞれの主体に適切

なインセンティブが付与され，社会的に最適な状態に誘導されるということである．

このような「あり方」を都市で実現していけばよいのである．コンパクトシティが社会的に最適な都市のかたちであるならば，上記のような内部化を徹底することで，時間はかかるかもしれないが自然にコンパクトシティが実現するはずである．ところが，現在の社会制度のもとでは，そのようなことは望めない．これは，外部性の内部化が制度として実現していないためである．

コンパクトシティの批判としてよくあるものに，郊外部の切り捨てにつながるのではないか，コンパクトシティを唱えて中心部に公共投資を集中することは中心市街地部の利益誘導になっているのではないかというものがある（浅見，2016b）．このような不公平感がある根本的な理由は，現行の税制など社会的な便益や費用の配分方式が不完全であるためである．コンパクトシティ化が望ましいのであれば，その社会的な便益は都市の構成員全員が享受できなければならない．まずは，特定の場所に立地することの社会的な便益と社会的な費用を顕在化させる必要がある．その上で，立地者が適正な負担をしているかどうかを検証し，適正でない場合には是正しなければならない（浅見・中川，2018）．

インフラの供給も同じである．インフラは社会にとって有用であるからこそ供給されているのであり，本来その費用は利用者によって負担されるべきものである．ただ，費用徴収が極めて手間がかかり，あまりに広範にその便益が及ぶために，税収によって負担されている．インフラ関連の支出で何がどの程度負担になっているのかを調べてみる．総務省が出している「令和3年度市町村別決算状況調」を見ると，インフラ費用として支出割合が多いのは，道路橋梁費，下水道費である（表2.1）．そこでこの2つの費用について考えてみたい．

インフラの便益や費用を即地的に正確に評価するのは難しい．そこで，簡易に概算する方法を追求する必要がある．そのための方法として，インフラの便益や費用が主として何で決まっているのかを探求するのが現実的であろう．以下では，漆戸 (2014) に基づいて，道路橋梁費，下水道費の費用概算方法を述べる．

表 2.1　全国市町村の目的別歳出内訳

大分類	細目	割合（%）
議会費		0.43
総務費		11.25
民生費	社会福祉費	10.51
	老人福祉費	6.16
	児童福祉費	16.77
	生活保護費	6.19
	災害救助費	0.04
衛生費		9.47
労働費	失業対策費	0.00
	労働諸費	0.15
農林水産業費		1.49
商工費		4.63
土木費	土木管理費	0.55
	道路橋梁費	2.81
	河川費	0.32
	港湾費	0.29
	街路費	0.86
	公園費	0.87
	下水道費	1.88
	区画整理費等	1.32
	住宅費	0.82
	空港費	0.01
消防費		2.65
教育費		11.75
災害復旧費		0.39
公債費		8.20
諸支出金		0.17
前年度繰上充用金		0.00
合計		100.00

出所）総務省 (2021)，「市町村別決算状況調」より作成.

　道路橋梁も下水道もネットワーク型インフラである．このため，広域的な連続性が重要となるインフラである．どちらも，主として地区内のサービスを担保する地区内インフラと広域的に交通や下水を流す機能を受け持つ地区間インフラがある．都市のかたちを変えたとしても，地区間インフラは容易

には変更できない．コンパクトシティ化によって，縮減される地区では，地区内インフラは削減の対象となる．漆戸 (2014) では，簡易のために，道路については幅員 5.5 m 未満のものを地区内インフラと想定している．また，下水道については道路延長と下水管渠延長を回帰させて，推計している．このように考えれば，基本的に幅員別の道路延長で，整備・維持費用を概算するための基礎情報が得られる．もちろん，より精緻な実際のデータがあればそれを用いることが望ましい．

　それでは，そのようなインフラ整備を可能にするために，都市計画としてどのような制度が必要だろうか．現在の都市計画法は 1968 年に制定されたが，この時代は大都市に人口が集まり，市街地の無秩序な外延化の抑止が都市計画上の大きな課題であった．そのため，虫食い状に農村部が市街化するスプロール化現象を防ぐために，市街地の区域を限定し，その外側での市街化を防止することを重視して制度が作られた．本来は，さまざまな市街地の状況に応じたツールを取りそろえ，そのなかから，都市計画権者が適切なツールを活用して具体的な都市計画を策定することが望ましい．しかし，人口減少の問題について当時は意識されておらず，そのためのツールも用意されていないのである．

　現在の人口減少時代においては，縮小化する市街地を適切にコントロールするツールの拡充が必要となる（浅見，2019）．そのためには，市街地の範囲を将来に向けて縮小していく区域設定，将来の非市街化に向けて土地利用をコントロールする用途地域，その際に発生する既存不適格（都市計画制度の変更によって，制度に適合しない利用や形態になってしまうこと）不動産への柔軟な対応，市街地の縮小によってさまざまな用途がより近接して存在することを許容し，しかも外部不経済性の発生を抑制する規制方法の導入，市街地部分や非市街地部分を空間的にまとめていく事業制度の導入などが必要となる．

　まず，市街地の範囲を将来に向けて縮小していく区域設定については，現在の都市計画区域を市街化区域と市街化調整区域に分ける線引き制度を改正していかねばならない．市街化区域とは，すでに現在市街地になっているか，もしくは，おおむね 10 年後までに市街地になる区域であり，市街化調整区域はそれ以外の区域となっている．しかし，この枠組みは都市計画区域

が順次市街化していく時期をコントロールすることはできても，順次非市街化していく時期はコントロールできない．そこで，線引き制度を完全なものにするためには，現在市街地か非市街地かと10年後に市街地か非市街地かの2区分×2区分に分類した区域を下記のように設定しなければならない（浅見，2019）．

- 「市街地区域」：現在市街地で10年後も市街地
- 「市街化区域」：現在非市街地で10年後に市街地
- 「非市街化区域」：現在市街地で10年後に非市街地
- 「非市街地区域」：現在も10年後も非市街地

2014年に都市再生特別措置法改正で導入された立地適正化計画では，今後特に重要となる「非市街化区域」を扱えないでいる．これらの4区域を設定することではじめて，すべての可能性を網羅できるようになる．

将来の非市街化に向けて土地利用をコントロールする用途地域については，現在の13種類ある用途地域の考え方を抜本的に見直していかねばならない．用途地域では，容認される用途，上限容積率，上限建蔽率などを定めており，指定期間中に時間とともに規制内容が変化することを想定していない．しかし，今後必要となるのは，時間の経過とともに変化していく動的な用途地域である（浅見，2016a）．これは，これまでにはない新たな制度の枠組みとなる．たとえば，上限容積率について，5年間は100%，その後の5年間は80%というように段階的に下げていく用途地域が考えられる．もう1つの方法は時間で条件付けるのではなく，地区の状況で条件付ける方法である．たとえば，ある地区の人口密度が100人/haを下回って5年間経過したら，容積率の上限を80%に下げるという方法である．この場合は，時間的な予測の誤りを回避できるが，他方で，住人として明確な将来計画を立てにくいという欠点もある．

既存不適格不動産への柔軟な対応については，現在の許可・不許可という二分法の体系を大きく変革して，条件付きで不適格建築物を柔軟に許容する制度の導入が必要である．すなわち，当該建物の所有者に，許可・不許可とは異なる代替手段を確保すればよい．たとえば，容積率で既存不適格になった場合の，現状でも可能な対応手段としては，建物所有者が隣地を購入し，自己敷地面積を広げる方法があるが，隣地を購入する機会はそう簡単には

訪れないために現実的ではない．そこで，合法的にするために必要な土地面積分の地代もしくは固定資産税・都市計画税を納めることで合法化するという新しい仕組みの構築が考えられる．行政としては，土地利用強度が通常の合法建物よりも高く，より高度な行政サービスを必要とするので，何らかの賦課金をとるべきというのは合理性がある．もう1つの代替手段としては，郊外に発生する空き地を行政が収容して空き地バンクとして登録し，その一部面積分を当該建物所有者が購入もしくは賃借する方法である．建物所有者としては市街地よりも安価に取得でき，行政としては空き地管理の一助にすることができる（浅見，2019）．

　市街地の縮小によってさまざまな用途がより近接して存在することを許容し，しかも外部不経済性の発生を抑制する規制方法の導入としては，性能規定の導入が望ましい（明石，2016；浅見，2016a）．用途規制の仕方には，仕様規定と性能規定の2つの方法がある．仕様規定とは用途が何に分類されるかという外形的な判断に基づいて立地の許可・不許可を決める方式である．一方，性能規定とは土地利用の特徴，特に周辺に与える影響の大きさで立地の許可・不許可を決める方式である．用途地域上主要となる用途（たとえば，低層住居）の支障にならない使い方は許可され，支障になる使い方は不許可となる．性能規定では，それぞれの使い方を細かに判断できるため，その立地による影響度に応じて許可・不許可を決められる柔軟性がある．また，仕様規定上は認められない用途であっても，周辺に外部不経済性を及ぼさないための条件を付した上で，許可することも可能である．ただ，1つ1つを詳細にチェックしなければならないので，判断には時間がかかり，大量処理ができない．そのため，大量に建築行為が発生するような場合には適用が難しい．しかし，今後，市街地が縮退していくような時代には，新規の建築行為の総量が減る．そのため，今だからこそ，導入を検討できるようになっている．性能規定で注目すべき性能は用途地域によって異なると思われる．住居系地域では，住環境の妨げとなりうる騒音，臭気，過多な交通，爆発などの危険性，風紀を乱す危険性など，商業系地域では交通流を乱すことで商業行為の妨げとなる懸念，工業系地域では生産行為の妨げとなる過度の規制を必要とする土地利用などが注目すべき性能として考えられる．

　市街地部分や非市街地部分を空間的にまとめていく事業制度の導入につい

ては，「非市街化事業」が必要となる．現在ある都市計画事業制度は，基本的に，非市街地を市街化する，あるいはより高度化することを念頭に置いた事業ばかりである．しかし，今後，非市街化を念頭に置いた事業が必要になっていく（浅見，2016a）．非市街化事業が必要な理由は，外延化した市街地をコンパクトにして，今後の公共整備すべき範囲を限定し，将来の行政支出を抑えるためである．それならば，それを原資とする事業制度があってもよい．高度成長期以降，多くの市街地の創出に貢献してきた土地区画整理事業は，都市施設を整備し，単位面積当たりの土地の価値を高め，その分土地面積を減歩して，都市施設や事業費を生み出す保留地を確保する事業手法である．土地区画整理事業は，特に郊外部を市街地に改変するための主要な事業手法であった．しかし，非市街化事業は，むしろ市街地を空間的に集約して事業的に非市街地を作り出していく事業である．換地が主な方法となり，そのための税制上の特例などは必要だが，収益性が期待できる事業ではないので，併せて合意形成に関わる費用を軽減する仕組みの導入も検討が必要である．

2.2　求められるインフラの「かたち」

2.2.1　インフラの「かたち」

　インフラ整備の歴史をみると，世界の国家や都市の繁栄の基盤を築いてきたことがわかる．古代ローマでは，道路・上下水道（ローマ水道）・娯楽施設（浴場等）の整備を積極的に行い，その技術水準の高さは，当時としては卓越したものであった．特に道路網（ローマ街道）は，ローマ軍による規格的整備により，広大なローマ国土を維持するために大きな役割を果たした．これらのインフラはほとんどが税金によって行われたが，公債が未発達であったため，借金でインフラを建設するという発想自体がなかった．利用料金は徴収されたが，建設費を回収する水準よりも大幅に低額であったという（川本，2004）．また，大航海時代には海運が発展し，港町や航路の整備が進展した．たとえば，マルセイユやボルドーなどの港町は古代からの歴史を持ち，大航海時代にも重要拠点としての役割を果たした．また，大航海時代にはスペインやポルトガルによる海外進出が始まり，新たな航路や港の整

備が行われた．大航海時代には海上交通網や港湾施設などのインフラ整備が進展したといえる．産業革命によるインフラ整備は，産業革命初期に運河や鉄道などの交通インフラが整備され，次いで蒸気機関の交通手段への応用が開発された．産業革命は世界各地で産業化と経済成長をもたらし，近代化に伴うインフラ整備が世界経済の発展を図る上で重要な役割を果たした．第五次産業革命においては，AI や IoT などの先端技術を活用した新たな産業構造へのアップデートが行われている．

　日本のインフラ整備の歴史は，最古のものとして第 16 代の仁徳天皇によるインフラ整備の記録が残されており，治水事業として淀川に茨田堤を築き，猪甘津に橋を架け，難波の都から丹比邑へ大道を通したといわれている．645 年には，大化の改新が始まり，公地公民の制や地方の行政区画が定められるなど，律令制に基づいた中央集権体制でのインフラ整備が行われた．相次いで造営された藤原京や平城京では大規模な排水施設として道路側溝網が張り巡らされていた．また，水運に恵まれた日本では，古来より津や泊等と呼ばれた現代でいう港が見られたが，律令時代，国家への貢納物の発送を目的として，国ごとに国津が整備された．道路整備は，国内統一のための軍事的観点により始まり原型は大化の改新（645 年）以前に形成されていたが，天智・天武期（668〜686 年）頃に本格的な整備が進み，7 本の幹線道路（東海道・東山道・北陸道・山陰道・山陽道・南海道・西海道）を指して「七道駅路」と呼ばれた．

　江戸時代には各藩による公共事業が展開された．道路整備では，江戸を基点とした東海道・中山道・日光道中・奥州道中・甲州道中の五街道が整備され幕府直轄とされた（国土交通省，2016）．現在の高速道路網の骨格はこの時代に築かれたといっていい．各道では，一定間隔で宿が設置され，宿には人馬の常備を義務付けた伝馬制が実施された．五街道は，道中奉行によって管理され，宿駅の取締り，道路・橋梁の修築，並木・一里塚の保全等を担った．日々の維持管理は，沿道の宿駅や村々が負担し，大きな工事は代官や大名が行った．街道は，諸大名の参勤交代の通路としてだけでなく商人や一般民衆の通行として使われることも多く，街道筋の整備や修理は頻繁に行われていた．

　近代に入ると，明治期における殖産興業政策によるインフラ整備が進めら

れ，特に鉄道網の整備が一気に進んだ．戦後，国土の総合的利用，開発および保全に関しては，長期的かつ国民経済的視点に立った国土総合開発の方向を明らかにするものとして，国土総合開発法に基づき，1962年以降5次にわたり全国総合開発計画が策定され，それらに基づいて社会資本整備等が実施されてきた．

　分野別のインフラ整備については，1954年の道路整備五箇年計画をはじめとしたそれぞれのインフラごとの長期計画が策定され，長期的な視点による方針を明確にした上で整備の推進が図られてきた．インフラの整備や維持管理は，当初は市場原理に馴染まないという考えから主として公的機関が担ってきたが，世界における民営化の潮流等を踏まえて官民の役割分担の見直しが進められた．たとえば，鉄道では1987年に国鉄改革が実施され，1872年以来115年続いた国有鉄道は新たに発足した民間のJRへ承継された．空港では，2004年に，新東京国際空港公団が解散し，成田国際空港株式会社が発足した．インフラの整備・維持管理の方式としては，英国において導入されたPFI方式が「民間資金等の活用による公共施設等の整備等の促進に関する法律」（PFI法）の制度により，1999年より導入されている．さらに，2011年には，PFIの対象施設の拡大，民間事業者による提案制度やコンセッション（公共施設等運営権）の導入等，更なる活用の促進が図られ，空港，上下水道，庁舎，大学，都市公園等といった幅広いインフラ整備に適用されている（国土交通省，2016）．

　近年では，SDGsの貢献に向けて，グリーンインフラ政策が推進されている．グリーンインフラとは，自然が持つ機能を活かし，地域・社会の課題解決に利用する設備や取り組みを指す．具体的には，緑地や水辺の整備，雨水の有効活用などであり，コンクリートを中心とした従来のインフラ整備（グレーインフラ）だけではなく自然と調和したインフラ整備が進められている．グリーンインフラの重要性は，災害の軽減や環境保全，地域活性化につながることであり，従来のコンクリートなどの人工物だけでなく，自然環境も活かすことで，災害時の対応や持続可能な街づくりに貢献する取り組みといえる．

　このように，日本のインフラの整備・維持管理には，古代からの長い歴史があり，それぞれの時代の社会情勢や国と地方，官と民との関係に応じて，

72 第2章 求められる都市・インフラの「かたち」

表 2.2 道路構造令による

第 1 種の道路

種類	地形	計画交通量（台/日）			
		30,000 以上	20,000 以上 30,000 未満	10,000 以上 20,000 未満	10,000 未満
高速自動車国道	平地部	第 1 級	第 2 級		第 3 級
	山地部	第 2 級	第 3 級		第 4 級
高速自動車国道以外	平地部	第 2 級		第 3 級	
	山地部	第 3 級		第 4 級	

第 2 種の道路（都市部）

種類	地区	
	大都市の都心部以外	大都市の都心部
高速自動車国道	第 1 級	
高速自動車国道以外	第 1 級	第 2 級

インフラの整備や維持管理が行われてきた．これからのインフラ整備や維持管理を考えるにあたっては，時代の変化に応じて，持続可能性のある効率的で公平性をも考慮した効果的なマネジメントの方策を模索していくことが求められる．

2.2.2 インフラサービス提供水準の考え方

今後，インフラ管理を行っていく上で，重要となるのは，そのサービス水準である．サービス水準とは，インフラの整備水準のことで，利用者の効用や収益に直結する要素となる．

道路の場合には，設計規格がある．最上位は高速道路対応であるが，一般道路においても，道路構造令に定められた基準がある（表 2.2）．

特に注意すべきは計画交通量であり，これが大きく変われば，自ずと分類も変わる．そして，この分類に応じて，車線の幅員が決められている（表2.3）．現実には，単に道路の断面形状のみではなく，舗装のされ方や，補修の頻度もサービス水準を決める要因となる．

水道の場合には，最終的に配水される水質は水質基準を水道法第 4 条に

道路の分類（第 3 条第 2 項等）

第 3 種の道路（地方部）

種類	地形	計画交通量（台/日）				
		20,000 以上	4,000 以上 20,000 未満	1,500 以上 4,000 未満	500 以上 1,500 未満	500 未満
一般国道	平地部	第 1 級	第 2 級	第 3 級		
	山地部	第 2 級	第 3 級	第 4 級		
都道府県道	平地部	第 2 級		第 3 級		
	山地部	第 3 級		第 4 級		
市町村道	平地部	第 2 級		第 3 級	第 4 級	第 5 級
	山地部	第 3 級		第 4 級		第 5 級

第 4 種の道路（都市部）

種類	計画交通量（台/日）			
	10,000 以上	4,000 以上 10,000 未満	500 以上 4,000 未満	500 未満
一般国道	第 1 級		第 2 級	
都道府県道	第 1 級	第 2 級	第 3 級	
市町村道	第 1 級	第 2 級	第 3 級	第 4 級

出所）国土交通省 (2024)，「道路構造令」より作成．

定める水質基準を満たさねばならない．需要分布に大きく影響されるもの
は，管路網の構成や浄水場の規模である．これは空間的な状況に大きく左
右される．需要点が低密度に分布している方が，高密度に分布しているより
も，需要点当たりの必要なインフラ整備費用は増大する．今後，縮小してい
く社会が低密度型になるのか，あるいは集約型になるのかによって，インフ
ラ維持費用も大きく変化する．水道のサービス水準という意味では，求めら
れる水質も水準となる．現在は，上水道の水質は水質基準によって一律に定
められているものの，雑用水として利用することが想定されている中水道に
ついては，より緩い水質基準案が定められている．ただ，上水と中水を別系
統で用意するための費用が大きいため，必ずしも普及していない．

　学校の場合には，設置基準で児童・生徒数に応じた必要な規模が定めら
れている．たとえば，小学校の場合，小学校設置基準（文部科学省令第 14

74　第 2 章　求められる都市・インフラの「かたち」

表 2.3　道路構造令による幅員規定（第 5 条第 4 項）

道路の区分		普通道路の車線幅員 （単位：m） （　）内特例値	道路の区分		普通道路の車線幅員 （単位：m） （　）内特例値
第 1 種	第 1 級	3.50 (3.75)	第 3 種	第 1 級	3.50
	第 2 級	3.50 (3.75)		第 2 級	3.25 (3.50)
	第 3 級	3.50		第 3 級	3.00
	第 4 級	3.25		第 4 級	2.75
第 2 種	第 1 級	3.50 (3.25)	第 4 種	第 1 級	3.25 (3.50)
	第 2 級	3.25		第 2 級，第 3 級	3.00

注）小型道路は省略.
出所）国土交通省 (2024),「道路構造令」より作成.

号，平成 14 年 3 月 29 日）によれば，標準的な小学校の規模は表 2.4 のように定められている．また，中学校設置基準（文部科学省令第 15 号，平成 14 年 3 月 29 日）によれば，標準的な中学校の規模は表 2.5 のように定められている．どちらにおいても，児童数・生徒数で規模が決められている．同様のサービス水準が，公園，箱物公共施設（公民館，図書館，介護施設，医療施設，公営住宅など建物型の公共施設），さらには除雪・清掃事業などの公共サービスにも設定されている．

　一般にインフラのサービス水準を上げれば，その維持・管理費用は上がる．ただし，その費用の変化はインフラの性質に大きく依存する．人口減少社会では，インフラ需要は次第に減少する．そのため，ある時点でサービス水準が需要に比して高すぎる状態になってしまう．これを長期間放置すると多大のインフラの維持・管理費用を負担しなければならなくなる．したがって，サービス水準の適切な選定は，人口減少社会ではとりわけ重要な事項となる．

　今までインフラの供給は，ある程度標準仕様が決められ，それを予算の範囲で優先度の高いものから供給されてきた．このため，サービス水準は比較的画一的な水準設定であったといえる．しかし，よく考えてみると，サービス水準を一律に決める必然性はない．一律としたために，無駄が生じてきた可能性もある．あまり交通量もない所に必要以上の高規格の道路を通してしまうとか，立派な箱物施設を建設したがあまり使われていないなどという

表 2.4 小学校の標準的な規模

校舎の面積

児童数（人）	面積（m²）
1〜40	500
41〜480	500 ＋ 5 × (児童数 − 40)
481〜	2700 ＋ 3 × (児童数 − 480)

運動場の面積

児童数（人）	面積（m²）
1〜240	2400
241〜720	2400 ＋ 10 × (児童数 − 240)
721〜	7200

出所）文部科学省 (2024a),「小学校設置基準」
より作成.

表 2.5 中学校の標準的な規模

校舎の面積

生徒数（人）	面積（m²）
1〜40	600
41〜480	600 ＋ 6 × (生徒数 − 40)
481〜	3240 ＋ 4 × (生徒数 − 480)

運動場の面積

生徒数（人）	面積（m²）
1〜240	3600
241〜720	3600 ＋ 10 × (生徒数 − 240)
721〜	8400

出所）文部科学省 (2024b),「中学校設置基準」
より作成.

批判は，しばしば耳にする．確かに，ある程度以上の性能を確保するために
は，一定以上の仕様でなければならない．しかし，性能はある程度自由に決
めてよいのではないか．そう考えると，サービス水準にはかなり戦略的な選
択がありうることがわかる．

　特に人口が減少する社会においては，基本的にはどのようなインフラにつ

いても，長期的には需要が減少していくこととなる．現在は，やや容量が過小なインフラであっても，長期的にはそれに見合った量に需要が減少する可能性が高い．もしも，現時点での需要を満足するようなサービス水準に整備すると，すぐに過剰設備に転じてしまい，その維持費が都市の財政を脅かすことになりかねない．そのため，将来の縮小にあわせたサービス水準の設定方法が重要となる．

　サービス水準を戦略的に設定していくためには，長期修繕・更新計画が必要となる．ただし，ここで注意しなければならないのは，固定的な長期計画であってはならないということである．むしろ，将来の変化の幅を織り込み，変化に対応できるような計画でなければならない．このため，ある部分については，リスクが大きいために先行投資を先送りすることも適切になるかもしれない．

　特定の地区のみに特にサービスするようなインフラの場合には，サービス圏域の地区とのサービス提供契約という形態をとることも，有力な選択肢になるだろう．たとえば，路面電車や路線バスの運行頻度を上げて，その地区としては高いサービス水準を維持する代わりに，地区としてその利用量を保証し，利用量がある水準を下回る場合は，地区として費用負担をするか，あるいは廃止，ないし運行頻度の引き下げを認めるというような契約がありうる．このような（公共，民間を問わず）サービス供給組織と地区との契約という形態での地区参加は，サービス供給組織側も地区側も責任ある決定をすることができる．また，地区が主体的にサービス水準の決定にもよいことができるため，地区ごとに地区の望む水準の決定ができる．このように，一律のサービス水準という考え方から脱却することが必要となってくる．

　現状のインフラ維持のための点検作業は，人件費もかかり，維持費用発生の大きな負担にもなっている．優れたセンサー技術の発達は，点検作業の自動化にも大きな貢献をしていくと思われる．それによって，維持費用を下げることができれば，その分は，費用を低減させたり，あるいは，サービス水準を上げるための投資に転じたりすることも可能である．今後のインフラ維持のために，このような新技術による効率化も重要である．

　人口が減少していくときに，最適なサービス水準はどのように決めればよいだろうか．ここでは，技術的に決める方法について述べてみたい．将来

の状況がほぼ確実にわかっている場合を考え，かつ，地区内一律のサービス水準を想定しよう．時点 t における人口を $p(t)$[万人] とし，そのときのインフラのサービス水準が $s(t)$[%] のときの，社会純便益（＝社会便益−社会費用）を $B(p(t), s(t))$ とする．ここでは，地区内にしか社会便益や社会費用が発生しない場合を想定する．すると，ここでの問題は，将来にわたる社会純便益をなるべく大きくすることである．つまり，インフレ率を 0% とすれば，

$$\int_0^\infty B(p(t), s(t)) \mathrm{d}t$$

を最大化するように，$s(t)$ を決めることである．このように時間の関数について最適化するような手法は，数理計画法のなかの動的計画法によって解くこととなる．適切な制約条件のもとで，これを解けば最適なサービス水準の経年変化値が得られる．

たとえば，

$$p(t) = 20 - \frac{t}{5} \ (0 < t < 100)$$

としよう（図 2.1）．つまり，100 年後にちょうど消滅してしまう地区を考える．100 年後以降は，サービス水準を 0 にすべきことは容易に理解できる．そのため，今後 100 年間の最適化をすればよいことになる．さて，人口が p [万人]，サービス水準 s [%] のときの年当たりの社会便益は ps だとする．ただし，人が住んでいる限り，最低限の生活を保障するためにサービス水準が少なくとも 20% は必要であるとしよう．そして，サービス水準が s [%] のときの社会費用は $s^2/10$ だとする．この場合には，社会純便益は

$$\boldsymbol{ps} - \frac{\boldsymbol{s}^2}{10} = \left(\boldsymbol{p} - \frac{\boldsymbol{s}}{10}\right)\boldsymbol{s}$$

となる．人口はすでにわかっているので，

$$\boldsymbol{B} = \left(20 - \frac{\boldsymbol{t}}{5} - \frac{\boldsymbol{s}}{10}\right)\boldsymbol{s}$$

となる．各期で最大化できるならば，

$$\boldsymbol{s}^*(\boldsymbol{t}) = 100 - \boldsymbol{t}$$

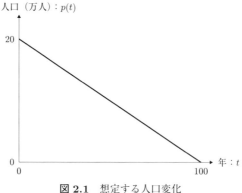

図 2.1 想定する人口変化

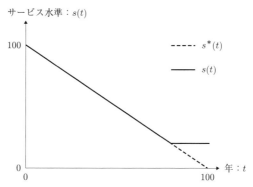

図 2.2 水準可変時の最適サービス水準 $s(t)$ と社会純便益最大化サービス水準

に設定すればよい．しかし，これだと 80 年目以降は，生活できない水準になってしまう．そのため，自由にサービス水準を設定できるならば，0～80 年までは，

$$s(t) = 100 - t$$

とし，その後 100 年までは $s(t) = 20$ とすればよいことになる（図 2.2）．

さて，インフラのサービス水準は，通常時々刻々変えることは難しい．そのため一度決めると，あとは変えられないような場合もあるだろう．極端な場合として，一度決めたら 100 年間変えられないとする．その場合は，$s \geq$

2.2 求められるインフラの「かたち」

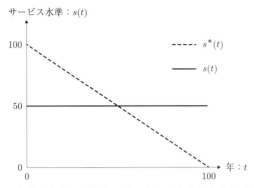

図 2.3 水準不変時の最適サービス水準 $s(t)$ と社会純便益最大化サービス水準 $s^*(t)$

20 という制約条件のもとで，

$$\max \int_0^{100} B(p(t), s) \mathrm{d}t$$

を解かねばならない．この解は $s = 50$ となる．つまり，期間中必要な平均的なサービス水準に最初から設定することが最適となるのである（図 2.3）．期間中の前半は過小水準，後半は過大水準となってしまうが，それはやむをえない．現在が人口のピークならば，将来の人口減を考えて，現時点では物足りないくらいにインフラのサービス水準を落としておくということも，視野に入れておかねばならないのである．

この例で 50 年間変えられないようなインフラであれば，前半の 50 年間は 75% の水準，後半の 50 年間は 25% の水準に合わせることが最適となり，理想サービス水準と実際のサービス水準の差は縮まることとなる（図 2.4）．100 年間変えられないインフラよりも若干は高価につくとしても，そのような柔軟なインフラの方が社会的に有益である可能性もある．インフラの整備水準を少し柔軟に変えることができる技術があれば，社会的にも大きなプラスになる．ここまで，極めて単純な数値例を示したが，現実の問題では将来人口 $p(t)$ はリスクを伴う数値であり，また，便益にしても費用にしても，人口と 1 つの変数で定めるようなサービス水準の関数だけでは表すことはできない．しかし，そうはいっても，より精緻な分析をすれば，類似の方法論で最適なサービス水準を技術的に求めることはできる．

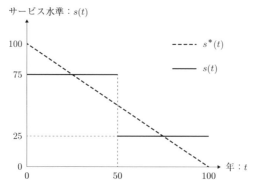

図 2.4 水準 1 回可変時の最適サービス水準 $s(t)$ と社会純便益最大化サービス水準 $s^*(t)$

2.2.3 人口減少時代のサービス水準

　インフラのライフサイクルコスト（インフラを建設してから，更新ないし廃止するまでの費用をすべて合算した費用）は，想定するサービス水準とサービスを供給する地域の広がりに大きく依存する．前項では，サービス水準を戦略的に決めることで，社会的に望ましい水準のあり方を述べた．他方で，サービスを供給する地域の決定や，どのような地区ごとのサービス水準を決めることがよいかなど，他にも運用に際して決めていかねばならないことが多くある．

　ところが，このようなさまざまなインフラ供給に関する意思決定は現実には容易ではない．このため，実際にはさまざまな方策を用いて，適正な運用に近づけていかねばならない．たとえば，効率的な運用をするためには，なるべく運営費を抑制すればよいことは明らかである．このための 1 つの方法として，民間へのアウトソーシングがあるといわれる．実際，公共サービスの業務の一部をアウトソースすることで，民間の鋭い経営判断やノウハウを活用し，また，民間ならではの自由度の高さを活用することで，より効率化を進めることが期待され，実際にも活用されてきた．ただ，よく考えてみると，業務内容が明確な仕事について，その技術が同じならば，公的機関であろうと民間であろうと同じことができるはずである．そのため，民間を活用することでより効率的になるためには，(1) 業務遂行時のモティベーションによる効率化，(2) 公共が行う場合の基準や手続きに縛られていることに

よる非効率性の解消，(3) 民間ならではの自由な発想による効率化（たとえ
ば，公共では切りにくいところを切る）など何らかの要因が働かねばならな
い．まず，モティベーションについては，公的機関がやる場合に比べて，民
間の場合には利益を出さねばならないので，その意味でさまざまな効率化
を図ろうとするインセンティブがある．非効率性については，公的機関の場
合には一定の基準などがあるとそれに準拠するようにすることに注力され
るが，民間の場合には必ずしもそれに縛られない発想で事業を組み立てよう
とする．また，民間の場合には人件費や時間コストなど，公的機関としてコ
スト意識が弱い分野の効率化をも図る傾向がある．自由な発想という意味で
は，過去の例の踏襲から離れた発想や，公的機関ではともすると公共性の発
想が強くて削減をためらうような分野についてもビジネスライクに削減しよ
うとするマインドがある．

　ただ，アウトソーシングでは，アウトソースされている期間のみの効率化
に注力されてしまうため，ともすると長期的な視点からは却って不適切なマ
ネジメントになってしまう危険もある．また，公的機関の場合には，住民な
どが頼る最後の砦というような意味合いもあるため，不採算だからといって
容易には撤退できないという足枷もある．公的なインフラについて，アウト
ソーシングする場合には，これらの問題が起きないように，(1) 適切なサー
ビス要求水準，(2) 契約終了時におけるインフラの状態，(3) 倒産や途中契
約解除などでもインフラ運用が継続できるための措置などの明示が必要とな
る．ただし，なるべく民間としての自由度を発揮できる余裕は残すことが重
要である．そのため，たとえばサービス要求水準では，仕様基準ではなく，
なるべく性能基準を示すようにするなどの配慮が必要となる．

　費用を抑えるには，今まで地区間で一律のサービス水準であったものを見
直す努力も必要となる．需要や費用負担力にあった身の丈のサービス水準
にしていくことが，結局はより長期的にサービスを供給し続けるための方
策にもなる．また，公共サービス自体は最小限のサービスに絞り，より高度
なサービスを望む人は「民間のサービスを，対価を支払って利用する」とい
う方式に切り替えることも必要かもしれない．たとえば，現在でも犯罪防止
策は警察に依存しているものの，各住戸のセキュリティまでは警察では対応
できない．そのために，警備会社がいくつもあり，防犯サービスを実施して

いる．水道も飲用可能な水が各戸に管送されており，世界的にみてもかなり高度な水道サービスが行われているが，それでもより高度な処理水や「おいしい」水を求めて，すでに浄水器やペットボトル水が多く購入されている．小中学校は義務教育機関であり，基本的には無償で利用できるが，それにもかかわらず，高価な授業料を支払って私立の小中学校に通学したり，あるいは，学校教育を補完するための塾通いをしたりしている子が多いのは周知の事実である．このようにして，公共サービスをより高度化したサービスはすでに数多く民間化されてきている．これをもっと活用することで，民間企業のビジネス機会を増やし，同時に公共の費用負担を軽減することも可能となる．

　このような費用削減の努力に加えて，供給規模の制限の努力もありうる．縮小する都市のなかでは，都市的なサービスを継続する区域，サービス水準を落としてサービスを継続する抑制区域，そして，都市的なサービスを行わない廃止区域の設定が必要だろう．これは，都市計画として，時間的な経過や都市の状況（たとえば，地区ごとの人口密度の状況）に応じてこれら3つの区域をどのように設定するのかを明示すべきである．これによって，適正な住宅立地の選択行動を促すことができ，ひいては，持続可能な都市マネジメントにつながる．このような情報を自治体側が発信しなければ，市民は自分の判断でばらばらに思い込み，いざ，インフラのサービス水準を落とそうとしても社会的な合意に手間取ったりして，非効率性を生み出し，最終的にはかえって都市を衰退させてしまうことにもなる．

　以上のように考えると，今まで画一的に考えられてきたサービス水準は，これからはかなり戦略的な変数になる．地区ごとの適正なサービス水準がどのくらいなのかを地区負担をも勘案して選び取っていく地区のサービス契約制度の仕組みも含めて，社会的な合意がとれ，かつ適切なサービス水準が選択されるようなメカニズムのデザインが重要となる．また，人口減少社会において，サービス水準を柔軟に変えることができないインフラについては，当初からあえて低水準のものを選ぶというのも，持続可能な社会構築において賢明な策であることを理解しておく必要がある．このような工夫をしても，なお社会において適切な水準を選択することが難しいならば，基礎水準のみを公共サービスとし，高度なサービスは民間ビジネスに委ねるというの

も1つの選択肢になる.

2.2.4 人口減少時代に求められるインフラのあり方

人口減少時代においては，インフラ需要をハード整備だけで達成しようとする考え方に固執しない方がよい．人口減少時代では将来のインフラ需要は低下することが明らかであるのだから，現在の需要を満たすと，将来にはストック余剰を引き起こしてしまう．先に述べたように現在は多少混雑があっても長期的にその混雑が解消されることがわかっているのであれば，今のインフラストック量を維持したまま，制度面や利用料金の変更などで需要を分散させることは可能である．

たとえば，東京オリンピックの際に，首都高速の通行料を 1,000 円に値上げする実験が行われた．そうすると利用者は一気に減少し，渋滞のない高速道路となった．そこで再認識されるのは，東京のインフラ整備の水準が実は非常に高いことである．首都高速の道路網が渋滞なく利用できると，目的地までの到達時間は飛躍的に短縮し，板橋あたりから，湾岸エリアまで 30 分程度で到達できてしまう．その分，一般道が混雑すると反論する人もいると思うが，一般道さえも渋滞するようであれば，物流事業者はトラック輸送ではなく貨物列車輸送など別な方策を考え，効率的な輸送手段を考えるし，一般生活者も公共交通機関へシフトする動きが起きることも考慮すべきである．現状の需要はよくよくみると真に必要なものばかりではなく，ある程度のプライスコントロールで劇的に変化するのである．

また，貨物輸送の需要も諸外国と比べてトラック陸送に偏っている．これは利用するコスト（料金と時間の双方）が相対的に安いために起きている現象である．デジタル化の進展がみられるなか，AI を活用すればそれほど複雑でない限り，輸送の最適ルートはシミュレーション可能であるし，貨物の輸送シェアといったマッチングもリアルタイムで可能な DX（デジタル・トランスフォーメーション）技術は既に商用化されている．旧態依然とした輸送業の体質を温存したまま新規のインフラ整備を続ける前に，需要側のイノベーションを誘発する政策を推進することも同時に考えるべきであろう．

また，昨今の MaaS (Mobility as a Service) の議論は，カーシェアなどを通じて「自動車の所有」から「移動サービス」に焦点を変化させたといわれ

るが，「所有の満足」等を除けば自動車が提供しているサービスは元々「移動」であり，昨今の消費者は，より純化した形で，サービスを需要するように変化してきた可能性がある．これは，インフラサービスに対しても同様である．価格という要素を無視したら，「パイプラインで供給される水」が必要なのか，しっかりと品質管理されているのであれば「供給手段は問わない」のか．インフラサービスの需要者の真の需要は何かを改めて考察する必要が出てきている．

　インフラ需要の真のニーズを汲み取り，ハード整備だけに拘らないインフラ整備を行っていくことが，人口減少時代のインフラを持続可能とする1つの方策であり，インフラをサービス提供と考える Infra-aaS と捉える柔軟な発想の転換が求められている．

第3章 人口減少時代の都市・インフラを議論する3側面

3.1 持続可能性

3.1.1 持続可能性の定義

　「持続可能性 (Sustainability)」という考え方は，当初，将来世代と現世代の資源消費と経済発展のバランス（環境と経済の調和）に関する議論から始まった．1987 年のブルントラント報告書によって確立され，1992 年のリオの環境会議で市民権を得た．具体的には，「持続可能な開発」とは「将来世代のニーズを満たす能力を損なわない範囲で現世代のニーズを満たす開発 (Sustainable development is development that meets the needs of the present without compromising the ability of future generations to meet their own needs.)（WCED, 1987)」と定義されている．2015 年ごろまでは，「環境，経済，社会の三側面の調和を取りながら社会経済の発展を目指すこと (Elkington, 1997)」と理解されてきた．

　持続可能性の議論をインフラ管理に対して応用する際に，カナダ等の先行研究では安全性や機械類の作動状況等に関する技術の視点も必要であるとしている (Sahely *et al.*, 2005)．つまり，社会，経済，環境に加えて技術という 4 つの視点が，「インフラの持続可能性」を考える際のフレームとして考えられるのである．これらの 4 つの視点のバランスの取り方に関して弱持続性と強持続性という 2 つの考え方がある．前者は，4 つの視点が全体として世代間で質の損失が発生しないこと，後者は，4 つの視点のそれぞれにおいて世代間で質の損失が発生しないことと考えられる．4 つの視点の具体的な中身は以下のようなものである．

　社会面の影響とは，インフラの統廃合によって発生する利便性の低下や

治安の低下などである．技術的な影響は，ネットワークの効率の低下と維持管理水準の引き下げ，インフラ管理者側の技術者不足による管理の住民・利用者への委託が挙げられる．環境面に与える影響は，景観の悪化，公害，資源・エネルギー利用の増加に分類できる．さらに，経済面の影響は，インフラの維持にはさまざまな費用が発生し費用全体が増加したり減少したりする，少ない人数で費用負担を行うため1人当たり負担額が上昇する，負担上昇を避けると著しいサービスダウンが生じるという社会面への影響が二次的に発生する，という一連の影響である．多くの場合，インフラの維持管理や更新の議論は，社会面と経済面に偏る傾向がある．確かにインフラ整備のための財政問題は重要な課題である．しかし，人口減少社会におけるインフラ整備・管理を持続可能に行っていくということは，インフラの持続可能性の4側面において，バランスを取りながら世代間にわたり質を維持していくということであり，単に，経済面だけが満たされたらよいのではない．

人口減少社会に突入した日本では，インフラの更新や維持管理に対する国民負担とインフラのサービス水準はトレードオフの関係になる．すなわち，追加的な国民負担を拒否すればサービス水準は低下し，サービス水準を維持すれば国民負担は増加するということである．人口減少社会では，その減少程度にあわせてインフラストックをチューニングしていかないと適切な社会が実現しないことを物語っている．そのためには，たとえば1人当たりストック額（サービス水準）を目標として掲げて，それに必要な国民負担が許容範囲であるのかを確認していくなど，受益と負担のバランスに配慮した政策をとることが必要である．

3.1.2　人口減少時代における持続可能性

人口減少がインフラの持続可能性に与える影響は，いったいどのようなものであろうか．その影響のマネジメントの方向性は本書の最後に提示するとして，まず社会，技術，環境，経済の4側面において，それぞれどのような影響があるかを見ていこう．以下，順に，既に指摘されている人口減少がインフラ整備の持続可能性に与える影響について整理する．

1）社会面

社会面の影響を，利便性の低下，治安の低下などから整理した．利便性の

低下について，人口減少によって居住が分散化し，交通需要が低下し (Just, 2004)，交通サービスの採算性が低下し，運行頻度が低下する (Buhr, 2007). また，商店や行政施設などが集約されることにより，人口減少前よりも移動のトリップ長が伸びることも考えられる (Hummel and Lux, 2007). さらに，人口密度の変化によって，街路ネットワークを修正する必要が発生することも指摘されており，道路容量の削減や，駐車場の増設などが例として挙げられている（Buhr, 2007; 平，2005). また，費用節減のために，危険区間の冬季通行止め（歌志内市のバイパス並行道路）や道路橋の人道橋への格下げも既に行われている（松野・吉田，2008b). 一方で，学生の減少により通学時の渋滞減少も観察される (Just, 2004).

　特に若年層の人口減少は，学校施設の廃止を引き起こしている (Jones and Tonts, 1995). 人口減少は同時に高齢化を引き起こすことも知られているが，高齢化は医療ニーズや医療・福祉機関の増加をもたらすが，医者が十分に確保できなかったりする（Buhr, 2007; 平，2005). また，人口減少に対処するために，教育や福祉施設，保育所などの公共施設サービスを拡充する必要性も高まる (McKenzie, 1999). 治安面については，人口減少による空家の増加によって，不法侵入や維持管理コストの増大を防ぐため供給過剰になる住宅の整理縮小や，付属する地下インフラの撤去，小学校，体育館等の公共施設の撤去が必要になる（松野・吉田，2008a). このとき，小中学校跡地や廃止後施設の転用が認められていなかったり，建物解体の予算が確保できていなかったりするため，跡地の処分が遅れたり，転用した博物館の経営が赤字になっており，新たな問題を発生させている（松野・吉田，2008b; 平，2005).

　建物系の社会資本や交通施設は人口減少によって廃止されるが，上下水道は，支線は廃止されても，上下水道ネットワークはなかなか廃止できない (Hummel and Lux, 2007). 実際に，人口減少により水需要が減少したが，同時に発生したスプロールのため上下水道の配管延長が 50% 以上増加している例も報告されている（松野・吉田，2008a). また，人口が減ってもピーク時水量は減らなかったり，雨水の排水や消火栓用の給水があるため，ネットワークの廃止が困難であったりする (Moss, 2008). ただし，大幅に人口が減少すると浄水場などの施設は廃止され，たとえばベルリンでは

上水道で 6 か所，下水道で 2 か所のプラントが統合後に停止された（モス，2003）．また，サービスエリアの縮小が報告されている場合もある (Koziol, 2004)．この他，集会所・公民館，用排水路・ため池の維持が困難などの状況も指摘されている（古山，2007; 国土交通省，2007）．まとめると，建物系インフラと比較して，技術系のネットワークインフラは，人口減少に適応していくのが難しい (Schiller and Siedentop, 2006)．特に，インフラネットワークの冗長性，既存インフラを削減するリスクと費用などを考慮すると，インフラは，人口減少に合わせて必ずしも削減できない (Hoornbeek and Schwarz, 2009) ことが指摘されている．

2）技術面

技術的な影響は，ネットワークの効率の低下（松野・吉田，2008a; Hummel and Lux, 2007）と維持管理水準の引き下げ（松野・吉田，2008b; Feser and Sweeney, 1999），インフラ管理者側の技術者不足による管理の住民・利用者への委託（松野・吉田，2008b）が挙げられる．効率の低下は，上下水道で主に指摘されている（松野・吉田，2008a）．他方，維持管理水準の引き下げは，除雪や除草・破損箇所の修繕について報告されている．除雪出動積雪量の見直し，ロードヒーティングの交差点以外への通電停止，管理者自ら除草・破損箇所の応急処置を行う，予算不足のために修繕が事後対応になるなどの影響が出ている．さらに，人件費削減のためにインフラ管理者直営による維持管理から民間事業者や，ボランティア，住民への委託も進められている（松野・吉田，2008b; Feser and Sweeney, 1999）．

除草・破損箇所の応急処置などの自治体職員による対応も始められている．ただし，恒常的に発生する場合は，民間委託した方が人件費削減につながる（松野・吉田，2008b）．この点に関して，過疎地において，受け手の住民が高齢化したり，人口流出したため，受け皿が消滅したりしたケースも報告されている（松野・吉田，2008b）．人口減少による財政難は，職員数の削減を引き起こし，専門技術者の不足が危惧され，自治体間の連携や国の支援等が重要と考えられつつある（松野・吉田，2008b）．

3）環境面

人口減少が社会資本の環境面に与える影響は，景観，公害，資源・エネルギー利用のサブカテゴリに分類できる．景観について，住宅等撤去後の遊休

地が雑草の生い茂るまま放置され，土地利用効率の低下とともに景観，衛生上の問題が発生したことが指摘されている（平，2005）．他方，新たなインフラ開発が減り更新や再開発が中心になることで，結果的に，自然環境の改変も減り緑が保全されるという，景観の維持の効果も指摘されている（平，2005）．

　公害については，大気汚染物質排出量の減少，家庭排水の減少による汚濁負荷量の低減，廃棄物量減少による最終処分場の寿命が延びるなどの環境負荷の低減が指摘されている一方で，廃棄物処理の効率性確保のために清掃工場の統廃合が生じ，廃棄物輸送距離が増大し，ゴミ輸出の問題が発生するという問題も指摘されている（平，2005）．また，上下水道分野をみてみよう．上水道では，世帯数が増加し，人口密度が低下した場合は，水の総需要は増大するが，滞水時間 (Retention) が増加するために，水温上昇や微生物による上水道の汚染を防ぐために，パイプを今まで以上に洗浄しなければならなくなる (Hummel and Lux, 2007; Moss, 2008)．また，地下水からの取水も減少し，地下水位が上昇することで，ビルの地下部分に浸水が発生したりもする (Moss, 2008)．下水道でも水量減少によって管内で堆積物が発生し除去のために余分なフラッシュが必要になったり，管路の劣化の早期化，悪臭の発生，管路周辺の土壌・地下水の汚染などの問題の発生が指摘されたりしている (Hummel and Lux, 2007; Moss, 2008)．

　資源・エネルギー利用面でみると，人口規模の縮小は，水・熱・電力消費の減少をもたらす (Koziol, 2004; Hummel and Lux, 2007; Moss, 2008)．たとえば，1990 年以降，25〜30％ の上下水道利用・熱利用の減少や，30％ 以上の人口減少で 50％ の水消費が減少した例などが報告されている (Koziol, 2004)．一方で，人口の拡散によって交通トリップが必ずしも減少しないことなどから，人口減少が即座に資源利用の減少をもたらしエコロジカルな問題を解決すると考えるのも早計だという意見も出されている (Ulf and Alexia, 2002; Liu *et al.*, 2003)．また，土地開発と資源エネルギー利用の関係から，スプロール市街地と計画的な開発市街地では，前者の方がインフラネットワークは非効率で，通常の維持管理のための環境負荷（エネルギー使用）は前者の方が高いが，都市撤退の過程で，ネットワークを削減する際に，スプロール型市街地におけるネットワーク削減の方がより大きな環境負

荷（エネルギー使用）削減効果を得られることも指摘されている（氏原ら，2007）.

興味深いことに，人口減少が社会資本に与える環境影響は，景観，公害，資源・エネルギー利用の各サブカテゴリにおいて，改善，改悪の両方が報告されている点である．単に，人口減少という事実だけでなく，人口減少の程度，人口の分散の状況，社会資本の整備の歴史なども，環境面の影響の発生に大きく関係している．このことから，人口減少が社会資本の環境面に与える影響を議論するためには，人口減少率などの人口要因と同時に，人口分布や社会資本のネットワーク・立地など空間情報に留意する必要があることがわかる.

4）経済面

人口減少が社会資本管理に与える経済面の影響は，インフラの維持にはさまざまな費用が発生し費用全体が増加したり減少したりする，少ない人数で費用負担を行うため1人当たり負担額が上昇する，負担上昇を避けると著しいサービスダウンが生じるという社会面への影響が二次的に発生する，という一連のものである．一点目の費用の増減については，人口減少による通行量の減少は道路の維持管理費を減少させる可能性がある (Koziol, 2004). また，人口減少を理由にした施設の統廃合という社会面の影響の裏返しとして維持管理費が削減できているとの指摘もある (Jones and Tonts, 1995). 他方，集約後の住宅・学校施設の撤去について厳しい財政事情のなか治安維持・事故防止の観点から維持費のみが嵩んでいる（松野・吉田，2008b），大規模な人口を想定されたインフラの維持管理費用は利用が減少しても必ずしも減少するものではない (Feser and Sweeney, 1999)，民間事業者によるバスサービス廃止の代替コミュニティバス運行のために財政赤字が拡大している（平，2005），交通サービスエリアの拡大は費用・時間費用の増大をもたらす (Buhr, 2007; Hummel and Lux, 2007)，人口減少都市はしばしば老朽化したインフラを伴い (Hoornbeek and Schwarz, 2009) 建物系インフラの維持管理費が増大する（平，2005），インフラの更新を考える際に更新費用だけでなく直接/間接除却費も発生する (Just, 2004)，などの人口減少社会でインフラ関連の費用増大の可能性も指摘されている.

次に，1人当たり費用負担（料金）の増大について，交通，上下水道，教

育などの分野について多くの先行研究で指摘されている（Koziol, 2004; Hummel and Lux, 2007; 平, 2005; Just, 2004; Moss, 2008; Hoornbeek and Schwarz, 2009）．特に，建物系インフラの減築に伴い地下インフラのコストの一部が自治体や利用者に転嫁されることも指摘されている (Buhr, 2007)．これら1人当たりの費用増大は，インフラの更なる利便性の低下を引き起こし（平, 2005），更なる人口流出を引き起こす可能性も指摘されている．また，人口減少による交通量減少で鉄道が廃止された後，道路交通量が増大し，鉄道時代は国が負担していた維持管理費が，道路に関して自治体や利用者が負担するように変わった (McKenzie, 1999)．このようにサービス供給のあり方の変化が，人口減少前は国全体で広く薄く負担していたにもかかわらず，人口減少時代に地域住民の負担を増大させる結果を引き起こしていることも指摘されている．人口減少が社会資本に与える経済面の影響も，総額でみると他の側面と同様に正負両方の面が存在している．ただし，1人当たりの負担で見たときに，著しいインフラサービスの引き下げを想定しない限り，不可避的に増大することがわかる．

3.2 公平性

3.2.1 インフラに関する公平性を議論するフレームワーク

人口減少は，インフラ費用に対する1人当たり負担の増加をもたらす．少なくとも人口増加期であった当時の日本では，その費用負担に多少の不公平があっても，増加する人口によって緩和され，特に経済成長期においては，成長する経済力によって是正されることが期待できた．今後は，そのどちらでもない状況となることから，限られた資源のなかでインフラの費用をどのように分担するかという点に関心が向けられる．インフラの建設，維持・管理，大規模更新の負担について，公平性を求める議論が，従来にも増してより大きく沸き起こってくることになろう．

公平性の考え方はさまざまに存在し，合理的な理由付けは困難であるものの，国民的な合意を形成していくために，これらの公平性についての論点を明確にしておく必要がある．なぜなら，個々人はどのような状態が公平であるかを主張することができるが，その主張は，別の個人が主張する公平な状

態に対する反対意見となるからである．このような場合，その個人は不満を抱え続けることになり，公平性に関する議論をずっと続けなければならなくなる．そして，別の公平な状態になったとしても，また，新たな不満を生み出すだけの結果となる．したがって，むしろここで必要なのは，国民すべてが，さまざまな公平状態があることを理解することであろう．すなわち，まずは，公平性の視点としてどのようなものがあるかを整理することが望まれ，それらが多くの国民に共有されなければならない．

　公平性の考え方は個々人によって異なるのだから，それに基づく社会状態もいくつもありうる．公共の福祉や社会的便益などの最大化については，計測指標を明確にし，それによって測られた値に基づく合意により1つのあるべき社会状態を想定できるのではないかという期待があるが，公平性については，このことすら期待できない．すなわち，公平な負担によるインフラのあり方というものが，皆が合意できる状態として存在するかどうか疑わしい．しかし，一方でインフラ整備に関する公平性について国民的関心が高まるとすれば，たとえ不十分であっても，何らかの合意に向けた議論が求められよう．たとえば，国民の代表や政治的リーダーが公平性の考え方を選択しそれを多数決などの手法で決めていく場合や，どの程度の不公平さであれば容認できるかという議論を進めていく場合など，合意形成に向けたいくつかの方法がありうる．また，意思決定のプロセスの公正ささえ合意されれば，結果的に公平かどうかを問わず合意できることを期待できるかもしれない．われわれは，公平性を求めることの限界を知りつつ，どのような合意プロセスが望ましいかを模索していく必要がある．

　一般に，物事を把握・計測するためには，基本となる「考え方」，それを明示でき，かつ計測できる「指標」，それによって示された値を判断するための「基準」があればよい．そこで，「公平性の考え方」，「公平性の指標」，「公平性の基準」の3つの側面から議論することとしたい．「公平性の考え方」は，「公平性の定義」，「費用負担帰属者」，「考慮する範囲」に細分化される．また，「公平性の指標」は，経済的指標と経営的指標から構成される．最後に，「公平性の基準」は，「評価基準」の設定と，「評価基準間の重み付け」が重要になる．以下，順に内容について説明する．

1）公平性の考え方1——公平性の定義

公平性の考え方を整理するにあたって，まずは，公平性の定義について考えたい．

公平性を議論する際に，「機会の公平性」と「結果の公平性」という2つの対立軸で議論されることがある．「機会の公平性」とは，物資，人材，時間・空間，情報などの資源を利用できる場が等しく与えられており，自分自身の持つ能力と努力によってのみ差が生じる状態を指す．「結果の公平性」とは，与えられた資源やその後の経緯がどのようなものであったかに関わらず各人の得るものが同じとなる状態を指す．もちろん，機会が公平に与えられ，さらに結果が公平であればよいが，異なる能力を持つ人たちや異なる努力をする人たちに公平な機会を与えれば異なる結果になることが自然であるし，同じ結果になるような仕組みはしばしば機会が公平ではない．この対立関係においては，多くの場合，機会の公平性が主張される．一般に，努力が報われることが社会の満足をもたらすからであろう．一方で，結果の公平性が主張されるのは，初期の初等教育や一部の福祉事業など競争を嫌う場面や，能力や努力の把握が難しい場面などであろう．

機会の公平性の意味するところは，自分がコントロールできないものは同じように与えられるという条件下で，コントロールできるものを用いて競争し，そこでの努力が報われることが満足をもたらすということである．したがって，インフラに関する公平性を議論する場合，各人がコントロールできない要因とは何かという点が，着目すべき要因といえる．たとえば，人は，インフラ事業のどの段階で誕生するかを選択できない．したがって，どの時代に誕生したかによって，言い換えればどの世代に属するかによって，負担する費用に差がないように努めるべきである．現実には，膨大なインフラが集中して建設されたときの建設費用負担や，そのインフラが老朽化したときの大規模更新費用負担や，多額の負債等によって建設された場合の負債返済を強いられる負担などが，時代によって異なり，誕生した時期によって個人別の負担の大きさが異なっている．これは，各人がコントロールできない要因による差であり，機会の公平性が保たれていない状態である．インフラ費用負担に関する世代間公平性は重要な議論のポイントとなる．

また，人は，どの地域に誕生するかを選択できない．既にインフラが整備

されてその便益を生まれながらにして享受できる大都市圏と，未だインフラが不十分でその整備を待たなければならない地方との差が考えられる．この場合，同じ努力をしても結果が異なり，機会の公平性が保たれていない状態である．ただし，その状態は，世代間公平性に比べると，自分でまったくコントロールできないわけではない．たとえば，人は，ある程度成長すると，「現在居住している地域から転出するか居住し続けるか」，「いくつかある選択肢のなかからどこに居住するか」などを，自らの努力で選択できる．程度の差はあれ，努力の成果を期待できる選択機会を有しているということができる．もちろん，実際には，引っ越し費用負担や地域への愛着や家族を含むコミュニティの事情など，広い意味での移動コストの大きい個人にとっては，そのような選択は実質的に存在しないので，地域間公平性についての議論が必要であることに変わりはない．

　なお，インフラ整備における結果の公平性は，いわゆるシビルミニマムとされる役割を担うインフラについて当てはまる．すなわち，どの世代のどの地域の人々に対しても，また，どのような能力を持ち，努力をするかしないかに関わらず，一定のサービス水準を提供できるように整備されることが期待されよう．全国に均等に整備されることが望まれている基本的なインフラは，この考えのもとに作られている．現在は，むしろ，何をシビルミニマムとすべきかという点が流動的なことが，議論の対象となっているのであろう．

　現状（既得権）からの変化の公平か，最も望ましい状態からの乖離の公平か，という考え方に基づき議論されることがある．理想的には，最も公平で望ましい状態というものがあれば，そこからの乖離を認識して，その望ましい状態に向かうよう努力すればよい．しかし，最も公平な状態を明確に定義することは難しい．この場合，比較的明確に認識しやすい現状との比較から公平性が語られる可能性があるということである．言い換えれば，「インフラを建設したり，変更したり，更新したりしたときの，現状からの変化が同じであること」に公平性を見出すものである．これは，現状が，曲がりなりにも合意を得ている状態であることを期待している．各人に小さな不満があったとしても，生活が継続していることを理由に，それが許容範囲のものであると考える．したがって，インフラ事業による個々人の便益や費用の現状からの変化が同じであれば，引き続き公平な状態を実現したと考えることが

できるのであろう．これは，現実に合意形成する上ではよくあるケースと考えられるが，多くの人にとって本当に公平であるとの保証はない．当該インフラ事業による便益や費用に関心が集まっているうちはよいが，その関心が薄まると異論が出てくる可能性がある．また，現状が不公平な場合，それを改善する事業は想定しにくくなるという欠点もある．この議論は，最も公平な状態があいまいであることに端を発する．本来は，公平な状態に対する合意を優先すべきであろう．

過去の不公平をどこまで考慮した公平かという問題は，たとえば，「我々は，昔，大きな負担をしたのだから，今度は負担を軽減してもらって当然だ」という主張に基づくものであるが，これは，公平性議論に大きな混乱をもたらす．混乱の原因はさまざま指摘しうる．どれくらい過去にさかのぼるのかという点や，過去の費用を負担した人が現在主張している人と同じか，単にそのグループに含まれているだけか，彼らをカバーする広範囲なグループなのかという点である．また，過去にさかのぼればさかのぼるほど，負担量の計測は不正確とならざるをえない．主張する側が負担量を大きく見積もるかもしれないし，それを証明する証拠が失われている場合もあるかもしれない．これらの不正確な負担量を考慮にいれることは，比較を複雑にするであろう．そして，さらに問題となるのは，若い世代にとって，長く生きてきた世代が過去の負担を主張することに対して無力である点である．自分たちが何もできるはずもない過去のことを持ち出されて，一方的に不利な状態に追い込まれることは容認しがたい．したがって，どこをスタートポイントにするかで，もめることとなる．加えて，どこをスタートポイントにするかによってどの世代が有利になるかが見えてしまうことが，結果を意識した議論となり，論理的な合意形成のチャンスを奪ってしまう．親の世代がこれまで背負ってきた負担の大きさよりも，子や孫の世代に対して寛容であることに重点を置くことが，解決の道筋となろう．

2）公平性の考え方 2——費用負担帰属者

公平性の考え方において重要となるのが，インフラの費用負担の帰属者である．費用負担の帰属について，便益者負担，原因者負担，応能者負担，希望者負担など，さまざまな考え方がある．どのような考え方で誰に負担させるかは，結局，そのインフラの性格による．国民の最低限の生活水準を守る

ようなインフラは，個々の便益や原因によらず国民全体で負担することになるだろうし，より豊かな生活を実現するためのインフラは，便益や原因に応じて負担することが望まれる．やっかいなことに，これらのインフラの性格は，地域や時代によって異なり，また変化する．これまでの日本では，求められる最低生活水準が高まる傾向にあったが，人口減少時代のぎりぎりの制約条件のもとに運営を余儀なくされる地域が増加すると，必ずしもそのような高い最低生活水準を守る必要がないのではないか，という疑念が生まれてくる．再び，便益や原因に応じた負担へ議論がシフトする可能性があるといえよう．まずは，インフラの性格から議論することが，費用負担者の議論を行いやすくするであろう．

便益者負担インフラに関わる費用を誰が負担すべきか，という考え方には，いくつかある．まず挙げられるのが，便益者負担である．インフラから受けた便益の量に応じ，負担すべき総費用を比例的に配分したものを負担するという考え方である．今あるインフラのライフサイクルコストを，そのインフラを利用することで直接的，間接的に受ける便益に応じて負担する．たとえば，道路を利用することで得た時間短縮効果や安全走行効果等をガソリン税や通行料を通じて負担する．もちろん，道路を通るトラックで運ばれてきた新鮮な食品を味わう便益を享受する人は，その食品に上乗せされたであろう価格相当分（たとえば，時間短縮のために高速道路を利用したら高速道路料金は販売価格に含まれている）を通じて負担している．インフラを建設するときに，その財源確保のための債権等を発行し，後に返済していく仕組みの場合，その返済負担は利用に応じて行われる部分があり，どちらかといえばこの考え方に近い．経済効率性に目を向けた場合，この公平性の考え方が最も効率性の考え方と共存しやすいのではないかと思われる．便益と費用の差が各人の間で最小になる状態は，最小の費用で最大の便益を得るという効率性の議論と十分馴染みやすい．

原因者負担とは，そのインフラに関わる費用を発生させる原因者に負担させようというものである．橋が老朽化し，大規模更新を必要とする場合，その更新費用は，橋を老朽化させた現在の橋の利用者に求めることになる．事故，事件等によって橋が破損したときに，その原因者に現状復帰費用を負担させるのは原因者負担であろう．一般的なインフラ利用に起因する老朽化等

の費用と，トラックの過積載などの違法行為に基づく劣化や事故・事件等に起因する費用は区別される必要があるが，一般的なインフラ利用に起因する費用においても原因者負担を求めるかどうかが議論となる．いずれにせよ，将来発生する費用に対して，利用に応じて費用相当分の財源を蓄積していくことになるが，現在の制度は必要額に見合った財源を蓄積するには十分とはいえない．また，原因者が受益者と同じ場合は便益者負担と同じになるが，インフラは広範囲に継続的に影響を及ぼす特徴を持っており，受益者の特定が難しく，原因者と一致するかどうかを判断しにくい．原因者だが受益者でないケースや受益者だが原因者ではないケースがありうる．この2つは，あくまで別の概念として持っておいたほうがよい．

　応能者負担とは，負担できる人に負担させようというものである．インフラは，国民生活になくてはならないものであり，その規模や必要性から判断して，個人に帰属させるものではなく国民全体で整備していくものと考えれば，一般的な税収のなかから，便益や原因の有無に関わらず，政策優先度の観点から配分された費用負担で実施することも可能である．所得税のように負担能力の高い人から多く税を徴収する徴税システムの部分についてみれば，結果的に応能負担となろう．

　安全性の向上や地域再生・地域文化の醸成などに関わるインフラの場合に見られるケースとして，損得勘定なしに社会に貢献する寄付精神を背景に，負担希望者が現れた場合，希望者負担となる．NPO/NGO団体や地域コミュニティが，寄付や寄付的要素を含んだ会費などで自己資金を調達し，生活インフラや環境・安全，地域再生に関わるインフラを維持・管理していくケースが想定される．さらに，ふるさと納税やインパクト投資のように，経済的なリターンと社会的リターンの両立を指向する制度では，どの部分を切り取って公平性を議論すべきか複雑な状況となった．これらの負担は，希望に応じて行うので不満が発生しないように思えるが，一部では，複数の団体間での寄付金の獲得競争に波及する可能性を秘めており，地縁やしがらみを理由に強制的に徴収される財源もありえて，必ずしも議論が単純ではない．むしろ，不公平を明確に主張できない地域社会的風潮が不満を蓄積させ，合意形成を阻害する危険性さえある．お金の流れの透明性を高めるとともに，人々の善意に依存することに節度が求められよう．

3) 公平性の考え方3——考慮する範囲

　公平性の考え方を共有していくにあたって問題になるのが，その及ぶ影響範囲をどこまで考慮するかである．費用負担帰属者の範囲を考える場合，最終的な帰着先である個人の所得をベースに公平性を調整することが，最も効率的であると主張される．たとえば，空間的に公平性を調整した場合，それぞれの地域には高所得者もいれば，低所得者もいるため，ある地域の費用負担が大きいからといって何らかの負担軽減をした場合，その地域にいる高所得者はさらに得をし，それ以外の地域の低所得者が相対的に損をする可能性がある．所得をベースに公平性を調整すれば，このような問題は発生しないということである．しかし，インフラが提供するサービスには，安全や安心などの最低限保証されるべき水準があり，所得再配分政策や福祉政策では代替できない部分が存在する．所得再配分政策，税制，福祉政策だけにとどまらず，インフラの地域配分も含めた総合的な政策による公平性の担保が望まれる．そのためには，「対象範囲」，「属性範囲」，「空間範囲」，「時間範囲」の4つの視点から議論することが重要である．

　公平性を検討するべき対象範囲は，理論的には社会制度全体である．しかしながら，実効性のある政策を意識すると，現実的には対象範囲を議論せざるをえない．まず，個々のインフラに対する費用負担の公平性を確保すべきとする考え方がありうる．費用便益を計算するときに，同時に便益の帰着先，費用の負担先を特定して，個々にそのバランスを確保しようとするものである．帰着便益や費用負担を計測する段階でその精度が落ちることが大きな問題として指摘されているものの，この考え方は，他の広範囲な対象を考える場合に比べれば費用や便益を計測しやすく，明確な議論ができる特徴がある．一方で，個別の事業で仮に支払う費用に関して住民に不公平が発生したとしても，多くの事業が行われるために互いに不公平が相殺されて，最終的には公平に近づいているとする考え方がある．すなわち，インフラ事業全体で公平性が確保されればよいとする考え方である．実際に多くのインフラ事業が行われており，極端な不公平状態には陥っていないと思われる．これは，ヒックスの楽観主義と呼ばれるもので，説得力があるといわれている．ただし，厳密に相殺しあうわけではないことや，アカウンタビリティへの要求が高まるなか，個別インフラ事業における公平性に関する情報が多くの国

民から求められることになる点を考えると，個々のインフラ事業における便益および費用の情報は，今後，非常に重要になってくるはずである．これらの情報を踏まえて，インフラ事業全体での公平性を議論することになろう．

また，さらにいえば，インフラ分野の事業だけでそれぞれの公平性を維持する必要はない．マスグレイブ主義と呼ばれる考え方は，効率化政策と公平性政策を分離することを主張しており，インフラ分野の事業で発生する不公平を所得再配分政策などでカバーすることがよいというものである．たとえば，当該年度の税金を財源とするインフラ事業はおおむね現在の生産年齢世代が偏って費用を負担しているのに対し，年金や社会保障事業は将来世代が費用を著しく多く負担すると考えられ，教育事業は将来世代にメリットが高いと考えられる．それぞれの分野の政策は，その事業そのものの性格や社会環境によって，偏って費用を負担している世代が異なる．それらの総合的結果として，所得などに最終的な不公平が見られることになるので，その所得をベースに公平性を確保する．いずれの対象範囲で公平性を確保するにしても，国民のインフラ事業への負担に対するアカウンタビリティの要求は高まる一方であり，個々のインフラ事業の便益と費用のバランスに関する計測は重要であり，その精度を高める努力を続ける必要がある．

考慮すべき属性範囲も，理論的には，国民全体である．しかし，実際の議論では，推計される費用や便益の値が，どれほどの精度を持っているかに依存する．インフラの効果は，理想的には無限に波及するはずであるが，どこまで有意な値として認識できるかははっきりしない．公平性を議論する際には，便益の認識によって属性範囲を決めることになるだろうから，より精度の高い推計手法が求められる．ただし，費用便益計測するときによくいわれることとして，波及過程は便益・費用のやりとりに過ぎず，発生ベースか帰着ベースのいずれかで考えなければ，ダブルカウントするおそれがあるという点が挙げられる．発生ベースは，便益の総量を知るにはよいが誰に帰着するかはわからないし，帰着ベースは，帰着した便益の発生起源を特定することが難しい．したがって発生ベースから丁寧に波及過程を追いかけながら帰着先を推計していくか，帰着ベースからさかのぼって発生起源を特定していくか，インフラの特徴に応じていずれかの手法で，より高い精度を目指すことが現実的であろう．また，複合目的の利用者がいる場合の各利用者間の費

用負担公平性が議論となる場合がある．多目的ダムでは，治水の便益を受ける下流住民，農業用水利用者としての農民，発電された電力の利用者などの多様な便益享受者がいる．相乗/相殺効果があったり，間接経費が大きかったりすれば，それらの費用をどのような配分にするかというルールに，定まったものはない．

各インフラの便益の及ぶ範囲と同じ空間範囲での公平性が求められる．いわゆる地域公共財であればその地域内，国土基幹インフラであれば国民全体，国際インフラであれば国を越えた費用負担が理想である．しかし，これも，有意な値として認識できる範囲があいまいであるために，議論を混乱させる．インフラの設計思想と異なる利用形態が混在するケースも指摘できる．国土幹線道路は，国全体に効果が及ぶために国民全体（自動車利用者全体）の負担が望ましいと考えられるが，その地域の住民の日常生活移動のための利用を妨げていない．国営公園の付近の地域住民は，日常のレクリエーションにそれを利用することが，遠隔地の人よりも容易である．さらに，特に交通ネットワークにおいて顕著であるが，通過交通のように当該地域の空間を利用しているに過ぎないものと，そこを発着地として直接利用しているものとをどのように仕分けするかも明確でない．道路交通の場合は，通過交通は混雑を助長する費用面が大きいが，ハブ空港の場合はトランジットする客が便数を増加させて利便性を高める相乗効果としての便益面に期待できる．なお，地域公共財の場合，いわゆる「足による投票」を行い，住民が，地域公共財によるサービスとその負担を評価して地域間を移動することにより，公平性が保たれることが期待できる．自治体間競争が叫ばれるなかでは，1つの有効な手段として期待される．しかし，地域への愛着や移動コストの高さは考慮されなければならない．

世代間公平性を議論する場合に想定している主体は，どのような時間的長さを見通していると前提できるであろうか．たとえば，参考になる考え方として，税と公債の発行に関する中立性を考えるときのリカードの中立命題およびバローの中立命題の議論が挙げられる．リカードは，主体がその生涯すべての期間に対して関心を持つとし，公債がその期間内に返済されるのであれば税で徴収する場合と中立であるとし，バローは，主体が子々孫々の生きる期間に対してまで関心を持つとし，公債の返済がその人の生涯を越えたと

しても中立であると指摘した．逆に，住民が現時点にのみ関心をもつケインズ的な指摘もある．ケインズのような短期的な視点は，現実的にはあまりにも短く，実際には，何らかの長期的視点を持っていると考えるのが自然であろう．一方で，バローのように子々孫々までの効用に関心を持つと前提することは，自分の生存期間を越えた資本市場の完全性を仮定するものであり，不確実な要素があまりにも大きいといわざるをえない．むしろ，リカードのいう，せいぜい自分の生涯に対して関心を持つ主体を想定することが，現実的な仮定ではないかと考えられる．ただし，最近では，環境問題やまちづくりに関わる議論において，後の世代に及ぶ効果，弊害を考慮した意思決定や行動が観察されるようになった．不確実性を織り込みながら，後の世代と現世代とのバランスを考えることになろう．

4）公平性の指標

公平性の指標を議論する際，それはいくつか考えられるが，ここでは，インフラに直接関連したものに着目したい．インフラ整備の目的は，国民の便益の向上であろう．そのために，多くの土地や材料や労働などの資源が使われている．したがって，まず着目すべきはその目的である経済便益であり，それを構築するために用いた資源の機会費用ということになる．また，それらは，具体的には，キャッシュフローを通じて調達され，負担される．人口減少時代のインフラ整備で直接的に関心が高いのは，そのキャッシュの流れであり，注目すべき指標として，キャッシュフローを考える必要があろう．

公平性を図る指標として，経済便益と費用を採用することが望まれるが，現実には，現金による調整が明確であろう．ここでは，現金による調整が，本来の指標による調整とは異なる場合があることを認識していることが重要である．指標としての経済便益と機会費用で示される費用便益分析で用いられる便益や費用は，本来，あらゆる便益であり，あらゆる費用である．すなわち，可能な限り消費余剰などで計測される経済便益を取り扱うべきであり，費用は機会費用として見積もられるべきである．公平性を議論する場合でも，この点に変わりはない．しかしながら，実際には，それらを計測するには，大きな困難を伴う場合があり，この計測可能性が，合意形成に大きな影響を与える．計測精度の限界を踏まえつつ，透明性の高いプロセスで計測された便益と費用に基づき議論される環境づくりが必要となろう．一方

で，キャッシュとしての受け取りと支払いのバランスであれば，少なくともすべての人に明確な指標として受け入れられるであろう．このため，明確に議論はしやすい．しかし，同じ 1 万円でも，非常に財政的に厳しいときの 1 万円の価値と余裕があるときの 1 万円の価値は異なる．受け取りと支払いの総額が同じでも，そのタイミングが不公平感を増すことにつながりかねない．もちろん，このずれを解消する方法として，借金や貯蓄があるが，必ずしも完全にこのずれを解消するわけではない．また，支払い利息は受け取り利息に比べて一般に高く，個々人の不公平感に影響を与える．

5）公平性の基準 1——評価基準の設定

公平性の基準を考えるにあたって，まずは，その基準そのものをどのようにするかを定める必要がある．評価の基準は，社会状況を反映している．日本のように世界的にも豊かな国であれば，総乖離度を指標として取り扱うことも可能であろう．しかし，人口減少時代を迎え，局所的には，かなり深刻なインフラ水準になることも想定され，最大乖離度の基準を設けておかなければならない事態に陥ることを念頭に置いておく必要がある．

最良状態からの総乖離度公平性を測る尺度として一般的に用いられるものとしては，ジニ係数が挙げられる．ジニ係数は，所得などの指標を当該式に入力し，その乖離を表現できる相対基準と捉えることができる．所得に関する公平性を示すとき，横軸に人口の割合，縦軸に所得の割合をとり，累積的に曲線を描く．ローレンツ曲線と呼ばれるこの曲線と，まったく公平な状態である 45 度線で形成される図形の面積の 2 倍がジニ係数である．これは，高所得者が減ることと低所得者が減ることを同じ重みで扱い，総合的に改善すればジニ係数も改善するような取り扱いになっている．いわば，最良な状態からの総乖離度を測っているともいえよう．総乖離度で比較すれば，総合的な判断が可能であるが，個々の不公平感と異なる場合がある．

最良状態からの最も乖離している最悪の状況を回避することが，不公平感を解消するのに大きな効果がある場合がある．ある社会の構成単位の人々が最良状態から著しく乖離している場合，それを回避することを最優先する考え方である．その構成単位は，個人であったり，ある社会グループであったり，地域であったりする．そして，もし彼らが恵まれていれば，おそらく不平不満はないであろうから，恵まれていない人々を優先的に改善すること

で，不平不満を解消するという考え方になる．ロールズ主義と呼ばれる考え方は，最も恵まれない個人が改善されれば社会は改善されるというものである．これは，最良状態からの最大乖離度で測るという考え方に共通する．このことは，後述する評価基準間の重み付けの議論のなかで，均等比重のまったく反対の考え方として捉えることもできる．すなわち，最も恵まれない個人に無限大の比重を与えたことになる．

6) 公平性の基準2——評価基準間の重み付け

公平性の基準を考える上で基準が定まったとしても，それらの評価基準間の重み付けを考えることが重要である．たとえば，「均等比重」，「属性間不均等比重（高所得者/受益確定者）」，「割引率（世代間）」などが考えられる．

均等比重とは，基本的には，重み付けせずに均等に考えることである．計測される指標が同じであることは，多くの人々に納得されやすい．しかし，計測される指標が同じであるからといって公平であるとは限らない．機会が平等に与えられたか，各人の社会的背景は違わないか，個人の感じ方が異なるのではないか，などを考慮すると，決して最良の方法ではない．

属性間不均等比重（高所得者/受益確定者）とは，一般的には，高所得者の重みを小さく，低所得者の重みを大きくすることが考えられる．低所得者の不公平な状況が改善されることがより大きな効果があるとみなすことができる．また，受益が確定している人の重みを小さく，そうでない人の重みを大きくするなどの方法もあろう．考え方としては，より公平に近いものが実現できる可能性が高いが，誰に，どれくらいの重みを与えるかで，合意形成が必要となる．なお，前述の通り，最も極端な例として，最も恵まれない人に無限大の重みを与えるケースがありうる．

割引率（世代間）は，世代間公平性を考える上での問題点として，用いる割引率によって，結果が大きく左右される点が挙げられる．この点は，異時点間の価値を足し合わせたり，比較したりする研究においては，必ず指摘される問題であり，また，すべての研究者を納得させる結論は未だ見出だされてはいない．これまでの公共投資の割引率に関しての議論は，次のようにまとめられる．「社会資本整備の費用効果分析に係る経済学的問題研究会」における井堀・福島 (1999) の整理を中心にまとめれば，完全市場と完全情報

が満足されている市場においては，利子率＝公共投資の割引率＝民間投資の収益率あるいは市場消費の収益率，が資源配分の効率性を成立させるための条件であり，最善解である．一方で，家計の消費・貯蓄の配分を政府が操作できない次善状態では，公共投資の割引率＝(1−貯蓄性向)×消費の収益率＋貯蓄性向×民間投資の収益率，と表され，消費の収益率と民間投資の収益率を外生的に与えられた貯蓄性向で加重平均した形となる．これらの考え方は，別の視点からいえば，人々がどれくらいの期間に関心を持つかで異なるともいえる．また，一括税以外の税金などの理由により価格体系に歪みがあったり，資本市場が不完全であったりすれば，社会的割引率と民間投資の収益率や市場利子率とは異なってくる．これらのことから，完全な状態で想定される前述の等式が成り立たず，社会的割引率は，実際には観察できない．このため，適切な割引率として何を用いるべきかを，確定的に述べることは難しい．ただし，さまざまな条件が必要であるとしても，第一次近似としては，民間資本の生産性を反映した市場利子率を割引率として用いることが望ましいと考えられる．

このように，割引率については，さまざま議論があるものの，市場利子率で代用するという一定の結論に収束しつつある．なお，割引率の違いにより数値が大きく変化する点，毎年同じ値を用いてよいかどうかという点は，年金あるいは社会保障の世代会計の議論においても指摘されている (Kotlikoff, 1992) が，それでもなお，非常に多くの国や問題に対して，この世代会計が用いられ，実際の政策に対して議論が深まっている点を見ると，現実の政策議論に対して意義のある情報提供が可能な手法であると判断してよいと考えられる．

3.2.2 公平なインフラ費用負担を進めるための方向性

公平なインフラ費用の負担を実現していくためには，「公平性のコスト」，「公平性の合意形成」，「過去の契約/約束との関係」について配慮する必要がある．

どのような考え方に基づくとしても，公平な社会状態は，社会厚生や国民の便益が最大化された状態とは異なる．公共経済学では，効率と公平のトレードオフとして議論されているが，公平な状態に近づけるためにどれだけ効

率性を犠牲にし，相対的にどのような価値を割り当てるかについて考える必要がある．ただし，効率性を重視するこれまでの考え方は，パイの分け方に着目するよりもパイを増やすことに力を注ぐべきだとする意見が主であり，パイの増加をあまり期待できない日本の状況においては，公平性重視に傾くことが予想される．いずれにしても，公平さを求めることは，最も効率的な状態から乖離するコストを国民が支払うことを意味することを忘れてはならない．

　公平性は，効率性と異なり，個々人によって公平と考える状況が異なる．したがって，むしろ，合意形成が得られるかどうかに重点が置かれる．本書でここまで公平性に関する視点を列挙してきた理由も，このような多様な考え方があることを多くのステークホルダーが認識しつつ，その共通認識に基づいて，個別の状況ごとの合意形成を得ることが望まれるからである．合意形成に向けて2つの点を指摘しておきたい．1つは，公平性の定義として用いられることのある，いわゆる恨みのない「無羨望 (Envy-free)」な状態が，合意形成には有効となるのではないかという点である．無羨望とは，各人が他者の状況を自分の状況よりも好ましいとは考えない状態をいう．全員が公平だと思われる状態が期待できない以上，逆に，全員が著しく不公平だと思わない状況を合意形成のゴールとするのが早道である．現実に行われている合意形成でも，反対意見を述べる人にどのように納得してもらうかに腐心していることが多いのではないだろうか．新たな反対を出さないようにしながら，目の前の反対派を説得するプロセスが現実の合意形成として行われる．いま1つは，手続き的公正論である．どのような状態を公平と考えるかによらず，手続きの透明性と合理性の確保が，合意形成に不可欠であろう．合意形成に向けたプロセスにおいて，定まったルールに基づいてステークホルダーが何らかの関与可能な状態にありつつ進められることによって，得られた結果に対する信頼を得ることが可能になる．そのことが，合意形成への早道となろう．

　過去に何らかの契約，約束がなされていた場合，人々はそれを前提にしてきたはずであり，それを無視した公平性議論は混乱を招く．やっかいなのは，過去の契約や約束が，必ずしも公平ではなかったかもしれない点である．その契約や約束が間違いであったと認め，便益や費用が特定できれば問

106 第3章 人口減少時代の都市・インフラを議論する3側面

題が小さいが，多くの場合，そのようなことは期待できない．現実には，過去を見るよりも将来を見ようというようなリーダーシップを発揮するオピニオンリーダーによる調整が効果を発揮するが，人口減少時代においてパイが大きくならない今後の日本において，この効果を期待することは，ますます難しくなってきている．

3.2.3 世代間公平性を解決する手段としての世代会計モデル

長期的視点から事業評価を行う手法として世代会計が提案された．世代会計は，主に，財政学で提唱されている考え方で，これによって，年金や社会保障などの各財政政策による各世代の一生の受け取りや支払いの実質総額を明示できる．これは，年金や社会保障問題が起こっている多くの国で試みられており，日本においても，経済白書をはじめとしてさまざまな論文で検討された経緯がある．いずれの場合も，将来世代が，現在世代と比較して，生涯受け取りに対する生涯支払いが偏って大きいことを指摘しており，将来の年金，社会保障政策の破綻に対して警鐘を鳴らした．

世代会計とは，ある世代の一生の支払いと受け取り総額を世代ごとに示した世代勘定表をもとに，その受け取りと支払いのバランスを表現する会計システムである (Kotlikoff, 1992)．いわゆるベビーブーマーたちが高齢者になったときの将来の世代への社会保障負担の急激な増加問題が顕在化するなかで，財政学の分野で提案された．たとえば，社会保障制度の財政状況を，一般的な単年度財政赤字額という指標で表現しようとすれば，政府が将来支払うべき保障額が急激に増加する場合の現段階での蓄えを大幅な黒字として表現することになり，財政状況を正しく伝えられない．世代会計は，このような長期的な収支バランスを表現することができる．また，この会計システムを用いれば，長期的な受け取りと支払いの構造が明示でき，世代間の負担の公平性について議論できる有効な情報となる．

財政部門の世代会計における予算制約の意味は，「Zero-Sum Constraint」である．何らかの政策が行われる場合，それに伴い発生するコストは，どのような形であれ，誰かが負担せねばならない．この場合の「誰か」を，従来は主にクロスセクショナルに考えていたが，年金や社会保障のような長期にわたる政策の場合，世代という時系列的な視点に着目する必要があり，世

代会計の考え方が重要になってくるということができる。これまでも、事業採算分析は行われてきたことから、負債が拡大しないような長期収支均衡の制約は、明示的にではないにせよ課されてきたと考えられる。しかし、それを負担者の立場まで明示的に取り扱い、世代勘定表として直結した形で制約を与えることに意味がある。なお、世代会計の制約式から直接把握できるのは、現在世代および将来世代の世代別の負担総計であり、適切な配分指標を示すものではない。しかし、それでも、複数の世代が時代を越えて長期的に影響を受ける政策を評価する際に、必要な情報を定量的に知ることができる手法であるということができる。

インフラプロジェクトも、長期にわたって複数の世代に影響を及ぼす政策であり、世代会計手法を用いることは、大きな意味を持つ。インフラプロジェクトによる世代間の便益と費用のアンバランスを定量的に示し、理由を解明し、その対策を考える上での有効な情報になる。

3.2.4 人口減少時代における公平性

本章では、これまで公平性に関する考え方を列挙する形で示してきた。公平性に関する議論は多様であり、何らかの結論を得られる状態にない。しかし、人口減少時代のインフラ整備における公平性を考えたとき、特に、考えるべき点について指摘することは意味があろう。

公平性の定義について考えたとき、人口減少時代の多様なニーズに応える都市・インフラ整備のための市民参加が今後も行われると考えられることから、いわゆる機会の公平性に関する議論がより重要視されるであろう。市民参加の場では、享受する便益と負担すべき費用をテーマに議論し、それに対して積極的にアプローチすることで公平性への認識を深めていくことになる。したがって、インフラ整備のプロセスを進めるにあたって、市民に対して公平な機会が与えられているかという点に、より一層の配慮が求められる。ただし、機会の公平性にすべてを委ねることは危険である。機会の公平性を求めることが、多義的な公平性のさまざまな要素を覆い隠してしまわぬよう、何に対する機会かを明確にした上での公平性議論とすべきである。

費用負担帰属者について考えたとき、人口減少時代でより逼迫する一般財源からインフラへ財源を配分する根拠に、より明確なものが求められる

ようになろう．このとき，便益者負担の考え方は明確であり，また，もう1つの重要な点である効率性とも馴染みやすいことから，便益者負担の考え方が重要となる．なお，原因者負担と明確に異なる場合は，便益を受けていないものの原因者である主体に費用負担を求めることがありうるので，この場合は，その配分を定める必要が出てくる．

考慮する範囲は，精度が確保される範囲でできるだけ広くとる必要がある．人口増加期であれば，広範囲に波及するその便益を無費用負担で提供する余裕があったが，人口減少期になればそのような余裕がなくなることから，本来得ているはずの便益に見合った広範囲な費用負担を考える意味でも，できるだけ広範囲に考えなければならなくなるはずである．

公平性の指標としては，人口減少時代のインフラ整備が，民間資金の活用も含めたさまざまな事業スキームで実施されることになったため，インフラ整備の本来の意味である便益や費用のみでなく，持続的な事業実施に不可欠なキャッシュフローについても考える必要が出てきた．したがって，公平性を考える上でもキャッシュフローを指標とした検討は不可欠である．

公平性の評価基準は，人口減少時代において市民間の格差が広がることが予想されることを考え，最も公平な状態からの乖離に対する総合的な指標だけでなく，最も格差が広がっているところの解消に配慮すべき必要性が高まってきている．人口増加期であれば，著しい不公平も何らかの解消が期待できたが，人口減少時代では，極端な不公平が，それ以降の改善の機会そのものを奪うほどになってしまう可能性があるからである．そして，同様の意味から，評価基準間の重み付けは，等価ではなく，弱者や特に配慮すべき主体に重きを置いた不均等比重で行うべきであろう．これにより，致命的な不公平状態を避けることが可能となる．

このように，インフラの公平性への考え方は，人口増加期から人口減少期に変化する際に，重視すべき点を変えていくべきであろう．インフラ計画が長期的視点から行われるとすれば，効率性視点のみでは持続可能ではない．公平であることが，（たとえ効率的でない部分があってそこにコストが発生しても）持続性をもたらす意義を持っている．経済成長期，さらに人口成長期は，インフラの持続性を成長によって補ってきた．しかし，成長を前提としない時代は，インフラに対する負荷とそれを修復していく量のバランス点

3.3 効率性

3.3.1 効率性の概念

インフラ整備を行っていく上で，その効率性は第一義的に求められる重要な性質である．効率性とは，なるべく少ない負担でなるべく大きな便益を得られることをいう．ただし，効率性を論じる場合には，社会全体の効率性を論じているのか，それとも，特定の関係者（たとえば，自治体などインフラ整備を行う主体）の効率性を論じているのかを峻別する必要がある．

通常，効率性という場合には，社会全体の効率性をいうことが多い．社会全体としての社会効率性とは，社会全体で発生する便益が社会全体で発生する費用に比して大きいことをいう．費用便益分析を駆使することで，社会全体の費用と便益を計算してその定量化が可能である．インフラの建設費，維持費，補修費，除去費などインフラのライフサイクル全体にかかる費用を求め，時間補正して，現在価値に割り戻して計算する．インフラがあることによる外部不経済性が発生するならば，それも費用として計算しなければならない．他方，便益としては，インフラがない場合と比較してインフラがある場合に得られるさまざまな価値増を足し合わせなければならない．たとえば，事業者の利益増加，利用者の効用増加価値分などがありうる．それらを時間補正して現在価値に割り戻して計算する．便益が費用を上回れば，インフラは社会的に存在意義があると判断できる．ただし，費用に比して便益がどの程度高いかの方がよりわかりやすく，そのため，効率性の典型的な指標としては，便益を費用で除した費用便益比 (B/C) がしばしば用いられる．効率性の観点からは，費用便益比は 1 以上であることが最低限の条件となる．ただし，インフラの整備判断は費用便益比だけで考えられるべきではなく，3.2 節で述べた公平性などの観点も含めて総合的に判断されるべきである．

社会的な効率性が高いからといって，その整備主体が必ず黒字になるとは

限らない．便益が特定の企業や住民に帰着してしまって，社会に便益が還元されない場合には，整備主体である公共団体としては赤字になり，または，社会的な不公平を拡大してしまうことにもなりかねない．

自治体などインフラの整備主体の効率性に限定すると，効率性とは事業費用と事業収入の比較で求められる．費用に対する収入の比が効率性指標となる．このような事業効率性を追求する場合には，効率的な事業のみを進めていれば整備主体としての財政面では問題が起きないかもしれないが，社会全体として最も望ましいインフラ整備にはつながらない懸念がある．特に公的な主体である自治体の場合には，その事業効率性だけで判断することはまれであり，通常は自治体内の便益にも配慮してインフラ整備の判断をする．また，そのために，赤字分は一般税収や国庫補助金などで負担することが多い．

また，自治体の判断はどうしても市民などの満足度に配慮して整備するため，国などからの補助金なども含めて財政的に賄うことができるならばどうしても過大に整備しがちとなる．そのため，ともすると費用回収ができない赤字インフラを作り出してしまうということにもなりかねない．社会効率性による判断と事業効率性による判断を一致させるためには，開発利益の公共還元などの仕組みや費用の適性負担などの再配分の仕組みを合わせて整備する必要がある．

3.3.2　インフラの効率性を上げる方法

インフラの効率性を上げるには，単純だが，費用を下げるか，便益を上げればよい．これはどのような事業でも同じである．便益を上げる方法としては，事業内容の精査，機能改善のための投資，他の施策との相乗効果の発揮などがある．事業内容の精査とは，同じだけ費用がかかるとしても，最も効果性の高いインフラとなるよう事業内容を検討し，実施することである．たとえば，道路事業の場合に，市内の交通混雑緩和を目指すとすると，単一路線の改良だけでは効果が薄い場合がありうる．交通行動は面的に広がっているので，どうしてもネットワークとして捉える必要がある．特に，河川や山地など，交通接続性を断絶しがちな地形条件については，そこを横断する交通インフラの容量がボトルネックになりがちである．交通計画ではすでに施

行されているが，このようなネットワークとして道路事業を捉えねばならないのである．また，今後，人口減少に伴って交通需要も減少することが予想されるが，特に，どのような地域での減少が顕著なのかを理解しないと，将来を見越したインフラの適切な整備は行うことができない．道路事業の場合には，現在の交通需要に合う道路計画とすることが適切とは限らないのである．むしろ，若干の混雑は許容してでも，将来需要にも見合った整備量になるように，調整するという発想が必要となる．

　機能改善のための投資とは，費用に比較して便益が大きく改善する投資を行うことである．費用は増大するものの，それ以上の便益があれば，社会的には有益な行為となる．実際，現在使われている多くのインフラの維持管理を含めた改良事業は，この機能を上げるための投資に相当する．この場合，改善投資の社会効率性が高いのかどうかを今まで以上に精査する必要がある．省エネ性能の高い機器を導入すること，維持管理が容易な仕様に改善すること，サービス水準が上がる仕様に改善することなど，さまざまな機能改善がありうる．

　他の施策との相乗効果の発揮とは，インフラを単独で考えるのではなく，他の施策と総合的に考え，相乗効果が期待できる形に改良していくことをいう．たとえば，今でも廃棄物処理施設の建設はその廃熱を周辺地域に活かす試みが行われているが，その廃熱利用を活かした市民スポーツ施設の整備を行うなど，複合的な取り組みのベストマッチを考えることが必要である．別な例として，工事期間を調整して社会費用を最小化する，団地再生事業と社会福祉事業を連携させるなどの取り組みも考えられる．また，よく目にする光景として，せっかくきれいに特別な舗装工事をした後で，下水道工事などによって，工事箇所だけアスファルト舗装に戻ってしまい，パッチワーク的な舗装になるということがある．これなどは，連携がうまくいっていないことを物的に示す典型例ではないかと思われる．

　次に，費用を下げる方法としては，不要費用の削減，重複機能のカット，あまり便益の発生しない機能の低下ないし停止など費用を直接下げる方法の他，むしろ長期的な維持費を節約するための当面の投資などもある．

　費用といっても，本当に何の役にも立たない費用支出はそもそも少ないと思われる．それよりも，便益が十分にはないにもかかわらず，漫然と支出し

112　第 3 章　人口減少時代の都市・インフラを議論する 3 側面

ていることがないかの精査が必要だろう．予算が余っているために，あまり使われないようなものを購入したり，まだ十分に使える物を取り替えたりというように，「予算消化」的に行われる行為にはかなり費用削減の余地がある．また，過去に決めたために，惰性的に行われている事業も削減の余地が大きいだろう．仮に，費用が削減されれば，それによって便益を享受していた主体もいるため，費用便益効率が悪いことを明示して社会に対して十分に説明をしていくことも求められる．

　長期的な維持費を節約するための当面の投資は今後の重要な政策項目となる．都市が縮小し始めているならば，インフラのサービス水準を下げてインフラの将来維持費を軽減するための投資は，維持管理の容易性という機能を上げる投資であり，積極的に導入していかねばならない．

　現状のインフラ維持のための点検作業は，人件費もかかり，維持費用発生の大きな負担にもなっている．優れたセンサー技術の発達は，点検作業の自動化にも大きな貢献をしていくと思われる．それによって，維持費用を下げることができれば，その分は，費用を低減させたり，あるいは，サービス水準を上げるための投資に転じたりすることも可能である．今後のインフラ維持のために，このような新技術による効率化も重要である．

3.3.3　インフラ効率指標

　インフラの効率性を測る指標として，上でも，費用便益比 (B/C) に言及したが，インフラ効率を測る指標について考えてみたい．事業の費用便益分析では，可能な選択肢を絞り込み，影響を分類してその尺度となるものを選び，貨幣価値として求め，代替案の便益と費用を割引計算して現在価値を求め，感度分析も行って適切な実施案を求めるという手順が一般的である (Boardman *et al.*, 2018).

　経済学では，効率性というとパレート効率性が有名である．パレート効率性とは，誰かの便益を下げない限り，誰の便益をも上げることができない状態をいう．いわば，「無駄」や「遊び」がない状態ということができる．パレート最適な配分は唯一に決まるのではなく，通常は多くの組み合わせがある．たとえば，2 人の兄弟でおやつのケーキを配分する場合に，兄に $x\%$，弟に $100 - x\%$ 配分する場合，$0 \leq x \leq 100$ を満たす x はすべてパレート最

適（パレートの意味で効率的）である．我々が日常的に用いる「最適」という言葉のより高度な概念であり，もう少し，公平性とか社会での受容性を考えると，たとえば，$x = 50$ を最適と考えるかもしれない．しかし，パレート最適という概念はあくまで，無駄がないという意味での最適であり，その意味ではかなり弱い意味での「最適」性を表しているといえる．

効率性というと，純便益［＝ 便益額 − 費用額］を最大化すること，費用便益比［＝ 便益額/費用額］を最大化することの 2 つの考え方がありうる．社会純便益を最大化するということは，社会構成員の純便益額の合計値を最大化することであるから，この状態から逸脱すれば，便益額総額は減少し，これは，必ず誰かの純便益を下げることにつながる．このため，パレートの意味でも効率的になる．

ところが，社会費用便益比を最大化することは，パレート最適性を追求することにはつながらない．このことを見てみるために，たとえば，1 人だけで構成される社会を想定して，A，B の 2 つの事業の選択肢しかない状態を考えてみよう．具体的には，便益 100 億円，費用 50 億円の事業 A と，便益 300 億円，費用 200 億円の事業 B を比較する．事業 A の純便益は 50 億円，費用便益比は 2.0 で，事業 B の純便益は 100 億円，費用便益比は 1.5 となる．よって，純便益でみると事業 B が勝り，費用便益比でみると事業 A が勝る．ただし，事業 A をいくつも行うことができるならば，話は違ってくる．たとえば，社会的に用意できる費用額が 200 億円だとすると，事業 A を 4 つやれば社会純便益額は 200 億円，社会費用便益比は 2.0，事業 B を 1 つやれば社会純便益額は 100 億円，社会費用便益比は 1.5 で，社会純便益額基準で考えても，社会費用便益比で考えても，事業 A を採択する方がよいということになる．現実には，ほとんどの事業で，費用は初期にかかり，便益の発生は遅れることが普通である．そのため，限られた予算から事業を選択することとなる．可能な事業が多くある場合に何から着手するかを考えると，費用便益比に着目するのは妥当といえる．

便益や費用を求める際には，将来に発生する便益や費用も合わせて考えねばならない．このため，すべての価格を現在の価値に合わせるという操作を行う．そのようにして求めたものを現在価値という．ある金額を銀行に預けると利子が付く．その利子率を i とし，経年的に一定だとすると，現

在の1円はt年後の$(1+i)t$円に相当する．逆に，t年後のx円は，現在の$x/(1+i)t$円に相当するはずである．このように将来価値を現在価値に換算することで，現在価値を求めることができる．実際に便益や費用を計算しようとすると，いくつかの技術的な問題が生じる．たとえば，事業が行われた場合の便益を算出するために，地価上昇額と商業売上増加額を計算したとする．この場合に，商業売上が増加することによって地価が上昇するという影響があるため，二重にカウントされてしまうこととなる．このような重複計測がないように注意が必要である．新しい新幹線が開通する場合の社会的な効果を分析する場合に，新たな新幹線と競合する航空路線で客の減少という副次効果が想定されるため，減少する航空需要の減少分を社会的な費用として計算に入れないと，効果を過大に評価することにつながる．このため，副次効果を見極めてすべての影響を取り入れるようにしなければならないのである．

　社会全体に対する効果を計測する場合に，1人への便益額を原単位として求めて，それを影響の及ぶような人数にかけ合わせて便益を求めるという方法（原単位法）がある．通常は，影響する人数の範囲を広げれば広げるほど，1人当たりの平均便益額は減少するはずである．たとえば，ある観光資源の価値を考えると近くに住む人と遠くに住む人では，訪問できる可能性や興味が異なるため，遠い方が価値を低く感じるということが想定される．ところが，原単位を計算するときに，影響範囲とは独立に計算してしまうと，影響範囲の設定によって，恣意的に便益額を増やしたり減らしたりできてしまうこととなる．原単位法を用いる際には原単位を求めるときに想定した影響圏が分析で用いた影響圏と一致しているかどうかという点もチェックが必要となる．

　社会的な便益の計算が困難な場合には，それを製造するのに必要な費用をもって，財の価値とすること（原価法）もある．これは，費用を払ってまでそれを求めるということは費用分以上の便益を感じているはずだという仮定に基づく．市場で実際に需要されている財の場合には，そのような仮定が成り立つかもしれないが，公共事業のように需要者があいまいなままの場合にも，同じ原理は成立しない．たとえば，植林の便益を植林の費用で計算するというような方法だと，計算上，費用便益比は1となるが，植林の社会

的な便益を確認したことにはなっていない．さらに，たとえば，インフラを
いつまで使うこととして計算するのか，いろいろと予想できない事態が生じ
るリスクをどのように計算に取り入れるのかなど，実際にはさまざまな技術
的課題が存在する．そのため，費用便益分析を行う上で対象とする事業の特
質，社会的な効果および分析手法について，十分な理解を持った人が分析に
関わることが重要となる．

　費用便益分析では，いくつもの課題があることを理解しておく必要があ
る．第一に，副次的効果というのは，無限に発生しうるものであるが，現実
の分析では一定の範囲までに限定せざるをえないのが普通である．第二にい
かに注意して分析しても，完全に正確な分析などはできない．第三に定量化
しにくい効果については，計算が大ざっぱになるか，あるいは無視されるこ
とが多い．社会における心理的な影響の効果をどのように把握するかは難し
い．あるインフラ事業が象徴的に扱われてしまう場合（たとえば，新幹線と
いう「日本の技術の結晶」，環境分野における原子力発電所など）の社会便
益や社会費用も計測が難しい．第四に，社会的受容性については，費用便益
分析は計測対象にしにくい．地域に受容してもらうために，成田空港の滑走
路整備のように特別の費用負担や長い手続きがかかることも多々ある．特に
過去にあまり経験のないような事業の場合には，計測に困難がつきまとう．
第五に日本では費用便益分析において費用便益比が1以上になることを重
視しているが，本来は，費用便益分析は政治的決定の1つの参考情報にす
ぎず，これがすべてではないということである．費用便益分析では，優れて
いなくても断行するという政治決定はありうる．

3.3.4　社会政策と効率性

　効率化は弱者切り捨てにつながるという批判がよく聞かれる．ある予算
を，どの地区のインフラ整備に投資するのが，地域全体の価値を最大化する
かという問題を考えてみよう．たとえば，都心部の道路を拡幅する費用に充
てるか，地方部の道路を新設する費用に充てるかを考える場合に，交通量か
ら判断するとそれによる交通の円滑化の効果を考えると，断然に交通量の多
い都心部の道路の改善に充てた方がよいと判断されるというのは，容易に想
像される結果である．このために，ただでさえインフラの弱い地方部での道

116 第3章 人口減少時代の都市・インフラを議論する3側面

路改良が進まないこととなり，「切り捨て」だという批判がなされやすい．

　この場合に問題となるのは，地域全体として，どのような整備水準を是とするかである．その問題設定の仕方によっては，最適解が逆転することもある．たとえば，地域全体としての道路密度が一定水準以上とすることを条件にしていて，現状では地方部で満たされていないならば，効率的な最適解は地方部に道路を新設することとなる．つまり，効率性の追求自体が問題なのではなく，問題設定が重要なのである．仮に，投資効率の悪い地方部への投資がためらわれて都心部に投資されても，地方部の生活水準を一定水準以上にするために別な投資が必要であるとすれば，両方の投資の効率を合わせて考えねばならない．

　問題設定が重要である場合に，満たすべき条件はどのように決めるべきなのだろうか．これは，社会合意の問題となる．ある地域が中央部と周辺部の2地区からなっているとする．そして，インフラ整備投資の効果は中央部の方が大きいとしよう．予算として10億円あり，中央部の10億円，整備による経済効果が20億円，周辺部の10億円整備による経済効果が5億円とすれば，中央部を整備するのが効率的となる．しかし，それは経済効果を最大化させるという社会合意があって，初めて成立する結論である．たとえば，インフラ整備計画において，現在の中央部のインフラ整備率が80%で，周辺部は20%だとする．どちらの地区も，1%の整備率上昇に1億円かかるとする．その際に，すぐに整備率をすべての地区で30%以上にするということが社会的な合意ならば，経済効果にはかかわらず周辺部投資を優先することが結論となる．というのも，中央部のみに予算を投資するというのは，可能解ではないからである．

　しかしもしも，整備率をどうすべきか決まっていないとすれば，むしろ地域全体における政策を決めねばならない．その際に，整備率上昇に関わる費用の金額と整備することに伴う経済効果（そして，その帰着先）も含めて住民投票にかければよい．住民によって意見は異なると思われるが，このように効果と費用を両方提出する形で，合意形成を図ることが正しい社会的な決定手続きである．現状では，費用や経済効果のことは述べないで，どちらにすべきかと問う形式がほとんどであるために，不毛な意見対立が続くこととなる．たとえば上記の例の場合に，中心部に10億円の投資を行い，経

済効果となる 20 億円を社会的に徴収してそのうちの 10 億円をさらに中心部に投資し（これで中心部の整備率は 100%），残りの 10 億円を周辺部に投資し，さらに得られた 25 億円を（他にまわす先がないならば）周辺部に投資し，さらに得られた 12.5 億円を周辺部に投資し……というようにすれば，中心部の経済効果をテコに周辺部の整備水準を 80% にまで高めることができる．もしも周辺部のみの投資を繰り返せば，中央部は 80% の整備水準のままで，周辺部は 40% にまでしか高めることができない．中央部へ先に投資を使うことが最も効率的な整備となるが，これは決して周辺部切り捨てではない．このことがわかれば，中央部への投資を優先することは社会合意となるだろう．

　このように費用と効果を明確にし，また代替案としての投資スケジュールも明確にして民意を問えば，社会全体として適切な判断ができるはずである．現状のような整備率だけを問うようなやり方は適切な判断を困難にしているという意味で，大きな問題がある．

　ただし，現実には社会的な便益は完全には回収できず，また回収できるとしても時間がかかる．そのため，問題はもっと複雑になる．現実には不備な，開発利益の還元や再分配の機構もより精緻に整備していくことが求められる．

3.3.5　人口減少時代における効率性

　これまでは，どちらかといえば，社会自体は安定していることを暗黙に前提としながら，インフラ整備に関する適切な社会政策の判断のあり方を述べた．ところが，本書の課題は，縮小社会におけるインフラのあり方である．インフラは整備後もいろいろと維持費用がかかることを念頭に置くと，インフラをいかに縮小していくかについても，考えねばならない．

　簡単のために，前項と同様に中央部と周辺部の 2 地区で構成される都市において，将来人口が減少するためにインフラも縮退せざるをえないとする．現在は，中央部に 20 万人，周辺部に 5 万人の人口があるが，毎年 1% ずつ人口が減り 50 年後には人口が半減することが予想されているとしよう．中央部，周辺部とも，人口が x 万人のときには，インフラ整備量 y% に対して，毎年 $0.2 \times (y + 1)$ 億円の便益が発生するとする．ただし，イン

118　第3章　人口減少時代の都市・インフラを議論する3側面

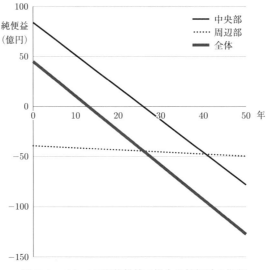

図 3.1　インフラ現状維持の場合の純便益の推移

フラを維持する費用として，毎年 $3y$ 億円がかかるとする．この場合の毎年の純便益は図 3.1 のようになる．現状のインフラ整備量が，中央部で 80%，周辺部で 20% の場合に，これをそのまま維持すると，14 年目から全体で単年度赤字に転じてしまう．全体の純便益を考えるならば，現在すでに赤字になっている周辺部での赤字発生を抑えることが先決となる．極端な例でいえば，すぐにでも周辺部でインフラ整備量を 0 に落とせばよい．これによって，当面の赤字はなくなる（図 3.2）．しかし，それでも，25 年目に中央部での人口が 15 万人になって，単年度の黒字はなくなり，次年度からは単年度赤字を繰り返すこととなる．都市の経営を企業の経営と同様に考えるならば，26 年目からは，中央部でもインフラ整備量を 0 に落として，赤字にならないようにしていけばよい．このような関係を図示したものが，図 3.3 である．

　上の例では，インフラ量をゼロにして，維持費を 0 にしても純便益が正になった（つまり，必ずしも生活に必須のインフラではなかった）ので，このような急激なインフラの廃止が可能だったかもしれない．しかし，生活に必須なインフラの場合には，人が住む限り，最低限のインフラ維持費用を支

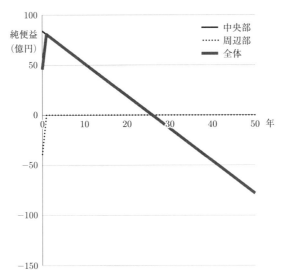

図 3.2 周辺部のインフラ整備量を減らした場合の純便益の推移

払わねばならず，純便益量は負になってしまうような場合もありうる．そのような場合には，インフラの整備量のコントロールだけでは足りず，インフラのプライシングも含めて再考していかねばならない．たとえば，上と同じ数値例で，インフラが必需品であると仮定する．そのために，人が居住している限り，最低でも 10% の維持費がかかるとしよう．そうすると，周辺部の赤字は避けられず，中心部でも 32 年目からは赤字に転落する．しかし，周辺部の人口がすべて中心部に移住すれば，32 年目でも 17 万人とインフラ整備量が 80% を維持できる水準になるのである．そして，40 年目まではこのインフラ整備水準を維持することが可能になるのである．

このことは，今後の人口減少の時代にあっては，居住地域の問題にまで踏み込むことが重要であることを示している．このための，有効な指標としては，それぞれの地区において，インフラを維持するために必要な費用を算出し，地区ごとの負担を変えていけばよい．必然的に周辺部の方が，負担が大きくなる．しかし，地区全体として，そこまでしてでもインフラの水準を下げない方がよいと考えるならば，他地区の純便益を下げない限りにおいては，十分に検討されるべき選択肢なのである．現実には，周辺部にいるより

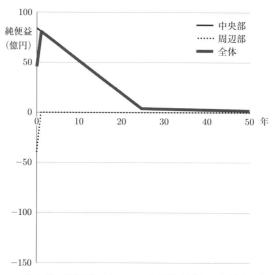

図 3.3 中心部，周辺部のインフラ整備量を減らした場合の純便益の推移

も中心部にいる方が費用負担も小さく，純便益も大きいから，中心部に移住する動機付けとなる．このように公正で的確なプライシングによるインフラ整備が，効率的な都市構造の創出にもつながり，結果として，必要なインフラをしぼりつつ，その水準を高く維持できることとなる．

人口減少時代においては，これまでの広がりや水準のままでインフラを維持することはできず，ある時期に縮小を決断しなければならない．その決断を的確に行うことができるよう社会制度を整えることが，結局は効率性を高めるための究極の解だろう．古くて新しい課題だが，開発利益還元の仕組みを整えること，安価で効果的な維持管理技術の開発，効果と費用の両方を提示して民意を問う社会決定方法の確立，インフラの柔軟なプライシングの導入，地区ごとに整備水準と負担を選択していくことでより効率的な中心部などへの移住を促す仕組み，などを早急に組み入れていかねばならない．

第4章 人口減少時代の都市・インフラ整備の5つの視点

4.1 計画論

4.1.1 都市・インフラ整備計画の目標と体系

　日本の都市とインフラの計画と法体系は，都市計画法と国土総合開発法を中心に構築されている．都市計画法に基づく都市計画は，目標とする都市空間像の設定（計画）と，その実現のための手法体系に分けられる．手法体系は，適合しない行為を禁止する規制的手法と，計画内容そのものを直接創り出す事業的手法に分けられる．インフラに関しては，国土総合開発法に基づいて，国土の総合的利用，開発及び保全に関する方針を策定している．これには地域振興政策や社会資本整備が含まれ，分野別のインフラ整備計画も存在する．G20 によって採択された質の高いインフラ投資 (QII) の原則として，「インフラの正のインパクトの最大化」，「経済性の向上」，「環境と社会への配慮の統合」，「自然災害に対する強靭性の構築」，「インフラ・ガバナンスの強化」があり，この原則は，日本でのインフラ投資においても重要な指針となっている．よって，概観的に整理すると，都市とインフラの計画と法体系は，都市計画法に基づく計画と手法体系，国土総合開発法に基づく方針策定，そして質の高いインフラ投資の原則によって支えられているといえる．

　近年における計画と法令体系の仕組みと変化を整理すると，人口減少に対応した都市とインフラの再構築と SDGs や脱炭素（地球温暖化対策），カーボンニュートラルなどの影響による計画体系の見直しや法改正が多い（図4.1）．都市・インフラ整備の計画論を議論する際の論点は，人口減少とそれに伴う都市縮小と脱炭素への取り組みである．都市縮小はコンパクトシティ

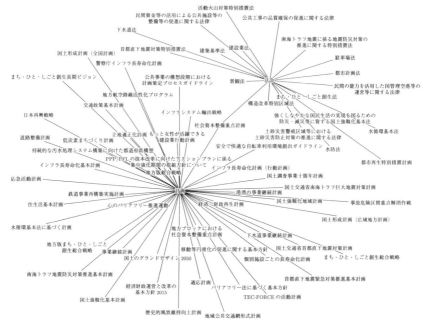

図 4.1　社会資本整備に関する主な計画と法令

や縮退都市という文脈で日本国内でも既に議論されてきている．都市のコンパクト化と都市における脱炭素の取組は矛盾するものではなく，都市規模を適正にコンパクトにすることにより，当該都市における都市活動からの温暖化効果ガスの排出削減につながると考えられている（植村，2010b）．

4.1.2　都市・インフラ整備計画の到達点

　戦後以降，日本のインフラ整備は経済計画に基づいて行われてきた．国土計画である全国総合開発計画は，経済的目的を空間的に表現したものであった．1962年から1998年まで第1次から第5次計画まで策定され，国土の総合開発のあり方を規定してきた全国総合開発計画は，経済審議庁によって1950年に制定された国土総合開発法に基づいて作成されていた．また上位計画である国土総合開発法の下に道路，公園，住宅などの諸公共事業長期計画である社会資本整備の道路整備五箇年計画など，および首都圏・近畿圏整備計画や都道府県開発計画等の地方計画である地域開発計画が位置付けられ

ていた．本節は，インフラ整備がこれらの計画のなかでどのように扱われて
きたかをみることで，人口成長時代のインフラ整備計画の変遷について議論
することを目的としている．主に日本のインフラ整備の方向性を規定してき
た全国総合開発計画を対象とし，各時代のインフラ整備計画と時間性・空間
性および効率性・公平性・持続性との関係性に焦点を当て，背景にある社会
課題とインフラ整備計画の変遷について概観している（表 4.1）．全国総合
開発計画は特に国土全体のインフラ整備を計画するものであり，これに基づ
いて地方のインフラ整備が含まれる大都市圏整備計画，地方開発促進計画が
策定される．計画体系を考慮すると，上位計画である全国総合開発計画の影
響を受けて下位の地方整備計画やインフラ分野別の計画が立案されているこ
とから，社会変化とインフラ整備計画の関係をみるのに全国総合開発計画を
主に検討の対象にすればよいと考えられる．そこで，以降，各全国総合開発
計画について，計画策定された時代背景，計画に含まれる都市・インフラ整
備の概要について整理していく．

4.1.3　持続可能性・効率性・公平性と計画論

　全国総合開発計画におけるインフラ整備において，持続可能性，公平性，
効率性がどのような影響を受けてきたかについて整理すると以下のようにな
る．

　持続可能性

　　比較的最近になって論じられるようになった論点である．1960 年
　　代後半頃には公害問題，都市部の過密問題を受け都市成長の限界が
　　顕在化し始めた．そして 1973 年のオイルショック等とその後の不
　　況を契機として第三次全総では「国土資源の有限性」「高い経済成
　　長が持続し得ないこと」など開発の持続性の萌芽ともいえる考え方
　　が現れた．第四次全総では，環境の恩恵を持続的に享受できるべき
　　である，という点から環境の持続性について触れられ，第五次全総
　　において初めて「国土の持続的な利用」という表現が現れた．第五
　　次全総では自然環境，農業，エネルギー，産業といった多岐分野に
　　わたって持続性の重要性が強調されている．さらに 2008 年の国土
　　形成計画においては国土利用の持続可能性の観点のみならず，世代

124　第4章　人口減少時代の都市・インフラ整備の5つの視点

表 4.1　各全総の計画概要と

		計画名称	全国総合開発計画	新全国総合開発計画
		制定年月	1962 年 10 月	1969 年 5 月
計画概要	コンセプト	計画基本目標	地域間の均衡ある発展	豊かな環境の創造
		計画課題	・高度成長経済への移行 ・過大都市問題，所得格差の拡大	・高度成長経済 ・人口，産業の大都市集中 ・情報化，国際化，技術革新の進展
		計画実現戦略	拠点開発構想	大規模開発プロジェクト構想
	計画趣旨		国民所得全体の拡大を推進 ・東京などの既成大集積と関連させつつ開発拠点を配置し，交通通信施設により連絡させ相互に影響させる． ・連鎖的に開発を進め，地域の均衡ある発展を図る．	国の成長の成果を取り残された地域・分野に再配分 ・新幹線，高速道路などのネットワークを整備し，大規模プロジェクトを推進することにより国土利用の偏在を是正し，過密過疎・地域格差を解消する．
	策定時の社会背景	経済	・高度経済成長への移行 ・工業地帯を中心に産業活動が活発化	・高度経済成長
		国際情勢，社会問題	・地方部から都市部への大規模な人口流入	・オイルショック ・公害の深刻化 ・大都市圏と地方の所得格差，生活水準格差の拡大
インフラ整備に関する評価	時間軸	開発目標年次	1970 年（8 年間）	1985 年（15 年間）
	空間性		・国民所得全体の拡大を指向 ・太平洋ベルト地帯の産業地へ点的に集中投資された →太平洋ベルト地帯への基本的インフラ整備が進んだ	・全国で産業インフラへの投資が線的・面的に行われた →全国的に幹線道路網，鉄道が整備された
	質		・重厚長大系工場地帯の造成中心 ・居住環境施設等の社会資本整備の遅れ	・交通・通信ネットワーク，国際空港，国際港湾，大規模工場基地の整備が中心
	主体	インフラ整備計画策定主体	・国主導，池田内閣の所得倍増計画の実行手段 ・地方の意見を反映	・国主導，田中内閣の日本列島改造論の趣旨反映
		インフラ整備主体	国が主導し，公共事業として整備	図が主導し，公共事業として整備
	効率・公平・持続性		特定地域が成功すればその効果が全国に波及するとして効率性を重視	地方/大都市の公平性への配慮と同時に，経済の効率性・合理性を追求

出所）宇都ら（2013）．

インフラ整備の変遷

第三次全国総合開発計画	第四次全国総合開発計画	21世紀の国土のグランドデザイン（第五次全国総合開発計画）	国土形成計画（全国計画）
1977年11月	1987年6月	1998年3月	2008年7月
人間居住の総合環境の整備	多極分散型国土の構築	国土軸構想	一極一軸型の国土構造の是正
・安定成長経済 ・環境問題・資源の有限性の顕在化 ・地方自治の台頭	・人口，諸機能の東京一極集中 ・産業構造の変化と地方圏雇用の深刻化 ・本格的国際化の進展	・地球環境問題，アジアとの競争 ・人口減少，高齢化 ・高度情報化	・人口減少，高齢化 ・地域格差，地方中小都市や中山間地域等における社会的諸サービスの維持の問題
定住圏構想	交流ネットワーク構想	多軸国土構造の形成	広域地方計画
地域の均衡ある発展を重視 ・大都市への人口と産業の集中を抑制する一方，地方を振興し，過密過疎問題に対処しながら，全国土の利用の均衡を図りつつ人間居住の総合的環境の形成を図る．	県単位でインフラのフルセット整備を目指す ・地域の特性を生かし，地域整備を推進する． ・基幹的交通，情報・通信体系の整備を全国にわたって推進． ・多様な交流の機会を国，地方，民間諸団体の連携により形成する．	都市間の階層構造を水平的なネットワーク構造へと転換 ・多自然居住地域（小都市，農山村漁村，中山間地域など）の創造をはかる． ・大都市のリノベーション（大都市空間の修復，更新，有効活用を行う） ・地域連携軸（軸上に連なる地域をまとめる）を形成する．	国土基盤整備の選択と集中及び国土利用の再編 ・投資制約が見込まれる中，投資の選択と集中へと転換． ・拡大・拡散した都市的土地利用の秩序ある集約化． ・自然の再生・活用など空間の質を重視． ・東アジア地域との交流・連携を重視，国際機能に着目．
・産業構造が重厚長大型から電気・エレクトロニクスへと転換	・バブル景気	・マイナス成長期	・低成長
・世界的不況，公共部門の縮小 ・財政再建が課題 ・モータリゼーションの進展 ・都市のスプロール化	・国際社会の進展 ・「小さな政府」政策と民間投資促進	・経済のグローバル化の進展，地方都市と海外都市の競争 ・県内またはブロック内での一極集中	・人口減少，高齢化 ・インフラの老朽化 ・環境問題の顕在化
1977年からおおむね10年間	おおむね2000年（約12年間）	2010年から2015年（12〜17年間）	2008年から概ね10か年間
・拠点開発方式により地方分散を指向 →東京での道路・鉄道開発が進展，全国で一通りの基本的インフラが充足	・東京への一極集中が加速，地方中心市街地が衰退した →各都市レベルで見ると郊外化・ドーナツ化が進行した	・一極一軸集中の緩和が強調されたが地方の投資吸引力の低下が顕著 →マクロ・ミクロ両レベルにおいて地域間格差の顕在化	・集約型都市構造への転換を目指し，広域地方計画区域等を一つの単位とする →中心市街地の都市機能集積，既存ストックを活用した集約化を支援
・地方の産業関連インフラへ重点投資	・大都市部の都心再開発，ウォーターフロント開発，地方のリゾート開発が中心	・地方都市の中心市街地再開発 ・地方都市郊外の大型商業施設建設	・個別の生活空間の向上に着目（バリアフリー，環境対応） ・観光立国，国際交流拠点機能に着目
・国主導，大平内閣の田園都市構造論を反映	・国主導，中曽根内閣の国際化・情報化・ハイテク化構想を反映 ・地方首長の声も反映	・策定過程をHPで公開するなど，「国民参加」を強調	・地方公共団体から国への計画提案制度の整備，国との協働によるビジョン作りが制度化
・地方自治体の創意工夫に期待	・民間セクターからの投資促進策の制定，民間開発の増加 ・第三セクター方式による整備の増加	・地方自治体の自立，官民連携に期待 ・資金分担のみならず，リスク分担の担い手として民間企業に着目（PFI方式）	・国と地方公共団体の共同投資 ・人口減少・担い手不足を受け，「国土の国民的経営」として「新たな公」（地縁型コミュニティ，NPO，教育機関等）に着目 ・「国土基盤ストックマネジメント」の概念導入
・従来の効率性重視を反省 ・公共投資の抑制	地方/大都市部の公平性と，大都市部への集中による効率性の綱引きの結果，効率性に偏重	・地方/大都市部のみならず世代間公平性に着目，国の財政が厳しい中で少ない投資で大きい効果を得る効率性を重視	

を超えた財源分担および人的資源育成の観点からもインフラ維持管理の持続性について触れられた．更に，インフラの老朽化に対応するための維持更新投資の増大への対応の必要性にも言及し，新規にインフラを整備することのみならず，既存インフラの維持管理に主眼が置かれた計画となっているといえる．

公平性

当初は大都市－地方間の公平性が論点となってきた．基本的には大都市部の所得を地方へ分配するという方針が書かれているが，時代によっては投資対象が大都市部へ指向していた時代もあった．そして第五次全総において，新たに世代間公平性が論点として加わった．これは人口減少時代において少子高齢化問題が顕在化するなかで，インフラ整備においても現在世代と将来世代とが適切に費用分担すべく，適正な受益者負担のあり方を考える必要性が生じたからである．

効率性

基本的に経済効率性を一貫して優先してきたといえる．異なるのは，第四次全総までは経済発展に資するインフラ整備を優先し，経済が発展することでその所得を分配するという考え方が根底にあったのに対し，第五次全総以降は，公的セクターの財源が厳しくなったことから，できる限り少ない投資で大きな効果を得るという投資効率に効率性の内容がシフトした点である．

このように，当初は，都市と地方の公平性や公害，資源という環境面の議論が中心であったが，最近では持続可能性や効率性の議論が追加されている．その後，人口減少時代の到来とともに，都市の縮退を考える必要が出てきた．そこで立地適正化計画が策定されるようになった．都市施設と公共交通の連動はしているが，上水道など他の省庁が所管しているインフラ分野との連動は不十分なままである．立地適正化計画では，都市機能誘導区域と居住誘導区域および跡地管理区域などが設定されることになっており，地域公共交通再編実施計画との連動も期待されている．一方で，立地適正化計画と上下水道や電力・ガスなどのネットワークインフラの整備は現時点で十分に

連携しているとはいえない．そのなかで，青森県むつ市では，立地適正化計画の一部として居住調整地域を設定し，郊外の住宅地開発を原則禁止にすると同時に，下水道の管渠整備を今後は居住誘導区域内を優先して行うという事業計画を策定している（中村，2017）．

4.1.4　人口減少時代における計画論の考察

2020 年以降，持続可能性のなかでも地球温暖化対策への取り組みが強く求められるようになってきている．SDGs や脱炭素へ向けた動きが加速していることを物語っている．立地適正化計画などでも既に都市域に住む人全員を同等に扱うことはできなくなってきている．インフラへのアクセスも差が出てくる可能性が高い．同コストで同一の物理的なものへのアクセスの保証ではなく，異なる水準のコストでサービスへのアクセス保証のような形に変わらざるをえない．そのときに，何を公平性の対象として担保するのかについて，十分に考える必要がある．従来はインフラ整備率の向上がインフラ整備計画の命題であったが，今後のインフラ整備計画においては，新規の整備計画よりも既存インフラの維持管理計画，そしてどのインフラを維持管理の対象とするかの選択と集中を決めるための計画策定が主眼となる．

また従来は，重厚長大，頑丈で長持ちするインフラ建設がよしとされてきた．しかし将来的には人口減少は局地的に発生し，人口の減少率とインフラの老朽化スピードが必ずしも一致しないことも鑑みると，今後は，ミニマムスペックのインフラ整備を考えていく必要がある．ミニマムスペックとはすなわち，国土形成計画にあるような広域連携を前提として「自治体の枠を超えて共有できるインフラは共有管理し，特定地域ごとに必要となるインフラについては，地域内で維持管理できる程度の規模にすべき」という考え方である．そしてその地域の人口が減少する際には，簡単に縮小できるよう，10〜20 年程度の短期間の利用を前提とし，強度も最低限の安全性が担保されるものであればよいと考えられる．

一方で，近年，道州制をはじめとする地方分権の議論が盛んである．この地方分権の議論をインフラ整備の観点から考えるとどのように見えるのであろうか．地方に権限と財源を渡した場合，地方のインフラは利用者減に苛まれ，ダウンサイジングするにしろ，更新するにしろ，少ない利用者で相当

量のインフラ整備費の負担を行っていく必要がある．他方，都市のインフラは，利用者がそれほど減少せず，現在と同程度の利用者でインフラ更新を考えていけばよいことになる．このため，人口減少時代にインフラ整備を地方分権化すると，結局，地方の負担を増加させることになる．もちろん，別途指摘しているように，地区別に受益と負担を明確にして無駄なインフラ新設や更新は防いでいかなければならないが，必要なインフラを全国ある程度の等しい負担で整備していくことも，憲法が保障する居住の自由を実現していくために重要であると考えられる．このため，地方を中心とした部分最適と，国全体の全体最適とをどのようにバランスを取っていくかが問題になる．基本的には全体最適を目指して，都市で金を浮かせて地方に回すことが必要になっていくと考えられる．この際に，ナショナル・ミニマムの明確化や，ダウンサイジングの促進など，サービスレベル上のギャップを地域的に発生させないことも重要になる．

　このように，人口減少時代のインフラ整備計画とは，維持管理に注力しつつ，更新の際には人口動向を見ながらスペックダウンを含めたインフラ整備水準の適正化や，耐用年数の短縮化によるインフラ容量とインフラサービス需要のギャップマネジメントにあるといえる．このギャップマネジメントには，空間計画のマネジメントが必要である．これらの人口減少と十分なインフラ量を持った地域が，人口減少に対応していくためには，以下の対応が必要と考えられる．

- 残すべきインフラを決める（規模の効率性と密度の効率性から決まる）
- 残すインフラの周りに人を集める
- 不要となったインフラを撤去する

　人口減少時代のインフラ整備計画は，インフラだけみるのではなく，人口配置と同時に議論する必要がある．人口成長時代にインフラ整備が産業基盤整備を中心に行われ産業政策と連動していたように，人口減少時代であっても，インフラ整備計画は，引き続き産業振興策や土地利用計画や都市計画と連動させていく必要がある．ただし，全体の人口が減少していくなかで，過剰な期待に基づいたインフラ整備は地域の財政負担能力を超えることになる．この点に留意する必要がある．

　空間性を考慮した議論として，減築の際に，一棟の集合住宅を解体する

だけでなく，上層階や端部等を部分的に撤去したり，市街地の周縁部から中心部に向かって解体を進めたりする方法も試みられている（松野・吉田，2008b）．また，この減築に関して，上下水道などのネットワークインフラでは，ネットワークの途中を減築するよりも末端部を減築した方が効率的である旨も指摘されている (Koziol, 2004)．さらに，分散化する市街地を線的ネットワーク上に配置したり，利便性が高い地域での立替を促進したりするなど，インフラサービス供給の効率化を図るために市街地の空間配置を再編成することの重要性も指摘されている（内田・出口，2006）．また，従来のスローガン "More green, less density" は，人口減少時代では不適切であり，インフラの観点からみてもより高密度の都市に誘導していく必要も指摘されている (Schiller and Siedentop, 2006)．これらの対応策は，単独で行われるだけでなく組み合わせて導入することも提案されている．たとえば，ネットワーク系インフラのダウンサイズと住宅のダウンサイズを統合的に行うことの必要性が指摘されており，多くの場合，大規模な除却がピンポイントの除却よりも良い結果をもたらすと指摘されている (Just, 2004)．また，広がりすぎた都市をコンパクトな姿に戻し，社会資本の量的拡大という考え方を改め，既存の社会資本を有効に使いつつ，自然環境や生産緑地との調和を図り，人々の生活環境と自然環境の双方の質的向上を目指すことが重要であるとの指摘もされている（丹保，2002）．また，社会資本のタイプ間でも連携を図れる可能性が指摘されており，道路の舗装をはがすことで，雨水を集める必要がなくなったり，公共交通への依存はエネルギー利用量を減らしたり，上水サービス地域の拡大を最低限に抑えることはエネルギー使用量の削減につながると指摘されている (Hoornbeek and Schwarz, 2009)．

　これらの人口減少によって発生する影響への対応策は，詰まるところ，時間的・空間的に変化しにくいというインフラを，人口減少によって発生する連続的な需要変化に柔軟に対応させていこうという努力であるといえる．ハードなインフラ整備に，柔軟な空間計画のマネジメントをいかに持たせるかということが，人口減少時代の都市・インフラ整備に必要な視点であろう．

表 4.2 インフラ整備の技術論における持続可能性，公平性，効率性

3 側面	技術論に関連する内容
持続可能性	人・資源・技術の継続性
公平性	技術開発と公平性の関係
効率性	トヨタ生産方式の「7 つのムダ」からみた 計画・建設・維持管理の効率化

4.2 技術論

インフラ整備の技術論に関して，持続可能性，公平性，効率性からみた論点を整理したものが表 4.2 である．技術論における持続可能性は，主に，人材・資源・技術の継続性についてどのように担保していくかを議論することになる．また，技術論における公平性について，インフラの立地やアクセシビリティについては，サービス水準や計画論で議論したとおりである．さらに，技術論における効率性について，技術論からみたインフラ整備の効率性については，製造業では一般的なトヨタ生産方式で用いられる 7 つのムダのフレームワークを用いて整理する．

4.2.1 技術と持続可能性

インフラ整備の持続可能性は，「社会・経済・環境・技術の各側面で現在および将来世代のインフラサービスへのニーズを満たすこと」と考えられるが，インフラ整備の一側面である技術における持続可能性，つまり，インフラ整備技術の持続可能性とは何であろうか．

社会面のインフラ技術とは，災害への安全性を高めるような免振・制振技術などの耐震化技術や，インフラ利用に伴う事故を防ぐ技術，インフラの維持管理・補修・更新のための供用停止をできるだけ防ぐ建設期間短縮技術などが考えられる．また，信頼性の向上などもインフラ技術に求められている社会面の要素であろう．

インフラ整備の経済面である総費用や 1 人当たり費用を削減する手段として，技術面でも指摘されているようにアセットマネジメントによるイン

フラの長寿命化を図り，更新の回数を削減する取り組みが行われている．また，設計を簡素化し，規格を統一し，部材単位で量産が可能になるような設計を導入することで，コスト削減が可能になるだろう．既に，プレキャストコンクリート工法やエバーループなど部材のリサイクルや量産化が可能な工法が見られつつある．同じインフラを整備する際に単位費用を削減していくための技術は，持続可能なインフラ整備に必要な技術といえる．インフラ整備の環境面である景観の悪化や公害の発生や緩和，資源・エネルギー利用の削減については，さまざまな方法が考えられ，実際に取り組みも始まっている．たとえば，景観の悪化について，国道の付け替えを行った後に，舗装や路盤を撤去し近隣の植生に合わせた植生の回復を行うなどの環境修復事業が行われている．

　また，インフラ由来の公害発生を緩和させるために，さまざまな技術が開発され，既に整備も始まっている．下水道分野における放流水質改善のための汚水高度処理施設の開発と導入などはその最たる例であろう．資源利用の低減の観点から，インフラ整備材料のリサイクルや資材の地元調達が考えられる．たとえば，インフラ整備で有名なローマによって作られた都市遺構やインフラは石材で出来ている．時の経過によってローマ時代のインフラは，後世の建物の一部として再利用されている．ローマ時代も現代も，建築物の資材が大きく変わっていないからであろう．日本でも，以前は，旧家の古材や瓦を，住宅新築の際にできるだけ活用してきた．また，山形鉄道荒砥鉄橋の建設の際に東海道線で不要になった鉄橋を転用したように，国家財政が貧弱であった明治・大正期には鉄橋の移設がしばしば行われていた．最近，開発・導入が進められているプレキャスト型コンクリート構造物や，既存施設で使われていた構造材を再利用したコンビニエンスストアや住宅なども，部材のリサイクルを想定した技術といえる．このように，インフラや建築物の部材をリサイクルするのは，昔から一般的なことであり，現代でも引き続き息づいている技術である（植村，2010a）．日本の場合，鉄は輸入に頼っているが，木材は全国各地で容易に入手できる．既に土木学会，日本森林学会，日本木材学会が連携して「土木に関する木材の利用拡大に関する横断的研究会」も開催されており，木造車道橋，木製砂防ダム，木製治山ダム，治水用の聖牛，地盤改良用の木杭，港湾のウッドデッキ，木製ガードレール，

法面補強用の木製型枠などが検討されている．また，荷物輸送用の木造パレットに国産材を使う取り組みも見られる（柳沢・駒村，2007）．特に，地盤改良用の木杭は，木材が水中で腐朽しない特性（中村ら，2009）を利用し，軟弱地盤対策と共に木材を地中に埋設することで「地中カーボンストック」として地球温暖化対策にもなっている（沼田・久保，2010）．すべてのインフラを木製で作ることはできないが，市町村道や砂防ダム，治山施設などでは，木材利用を促進することも，持続可能なインフラ整備にとって重要であろう．

インフラ整備，特に，インフラの運営を行う際にはエネルギー消費も無視できない．既に，信号や外灯の電源に太陽光パネルを設置するなどの取り組みも進んでいる．段階的に整備されてきたインフラネットワークも，ある程度整備が進んだ段階で不要なネットワークのノードを廃止することで，ネットワークの最適化が可能になり，ネットワークを運営するエネルギー効率も改善されると考えられる．近年，スマートインフラストラクチャの概念も提示されつつあり，インフラ整備のエネルギー効率化に向けた議論も盛んに行われている．

インフラ整備の持続可能性の技術面は，ネットワーク効率の低下や維持管理水準の低下に対応するものと考えられる．これらはいずれもインフラをモニタリングすることが必要になる．インフラの状態管理のためのヘルスモニタリングという考え方で，既にさまざまな検討がされている．また，インフラ運営のためのエネルギー効率化についても，メータリングやセンサリングによってインフラ運営に必要なエネルギー消費を最適化しようとするスマートインフラの概念が近年提唱されており，必要な技術開発や実証実験も行われている．

一方で，技術者の確保や，技術継承の問題について，既に多くの先行研究で議論されている．しかしながら，これらの先行研究や先行文献における技術者不足，技術継承の議論は，主に団塊世代の退職問題や就業者の高齢化，離職率の高さ等に端を発しており，既存の技術を若手に伝えていくための「暗黙知の形式知化」，「若手への機会の提供」，入職者を増やすための「資格制度」と「高校等からの教育改革」，「継続教育」等によって解決を目指すものである．他方，将来のインフラの更新時までを見通した人材確保や技術

継承のために，具体的に「いつどれくらいの技術者とどのような技術が必要か」という観点からの議論は行われていない．また，長期的に，建設業就業者が大きく減少することが予想されるなか，「限られた産業人口で将来の維持管理・更新に必要な技術を温存していく」のか「産業人口減少によって既存の技術が失われても，将来の更新時には新たな技術を開発すればよいと割り切るのか」も明確に議論されていない．将来的に更新のための新たな技術開発を行うにしろ，その基盤となる技術の継承の必要性はある．したがって，本来的には人材確保と技術継承（将来的な技術開発）を見通した中長期の計画なり方針を持つことが必要である．

4.2.2 技術と公平性

インフラ整備の公平性については，世代間公平性と地域間公平性が含まれるが，それぞれどのような技術と関連性があるのだろうか．世代間公平性は，世代ごとの受益と負担費用が計測できさえすれば，財政的なやりとりで調整が可能である．ただし，将来の環境変化にインフラが柔軟に対応できないと，将来世代は，容量不足や過大な負債・維持管理費などの前世代の負の遺産を継承することになる．したがって世代間公平性を保ちやすい技術とは，インフラの容量やインフラサービス水準を社会環境変化に合わせて柔軟に変えていけるような技術といえよう．具体的には巨大なインフラを1つ建設するのではなく，中小規模のインフラを複数まとめることで大きな需要に対応したり，単一の使用目的でなく複数の使用目的に対応できるような汎用性の高い施設整備を可能にしたりする技術が想定される．

地域間公平性は，生活している地域に関わらずある程度同水準のインフラサービスを享受できることであると考えられる．インフラのうち，一定の支持人口を必要とする施設系のインフラの場合，都市に比べて地方部での立地が困難になる．このため，日本では昔から，道路や空港，港湾などの交通網を整備することによって，地域間のインフラサービス享受の公平性を実現しようとしてきた．この過程で，長大橋や長大トンネルの建設，新幹線等の高速鉄道，大深度地下鉄や道路などの工法や素材等といった新技術の開発が同時に行われてきた．このようにインフラの公共事業が技術開発を促した側面もあり，今後も引き続き，リニア新幹線の建設などのなかで新技術の開発が

134 第4章 人口減少時代の都市・インフラ整備の5つの視点

進められるだろう．ところが，人口減少時代には，これらの大規模インフラ
をこれ以上新規に整備する財政的余力は期待できない．地域的なインフラサ
ービス享受の公平性を実現するためには，同時に世代間や地域間のインフラ
サービス利用者の負担の公平性も実現せねばならず，特に，人口減少地域で
は少ない財政負担でインフラサービス水準を維持していけるような方策が
必要とされている．公平性を実現するための技術は，まさに，「低コストで
必要なインフラサービスへの需要を満たす」という要件を満たすものとなろ
う．

4.2.3 技術と効率性

　技術面から見た効率的なインフラ整備について，既に多くの先行研究が存
在する（中川，2005; 猪熊ら，2014）．特に建設作業については，リーン・
コンストラクションの考え方が紹介されている．リーン・コンストラクシ
ョンの議論では，トヨタ生産方式における「ジャストインタイム」や「標準
作業の遵守」，「平準化」，「自働化」，「改善活動」などの方法論を建設作業に
当てはめる議論が行われているが，ここでは，もう一段戻って，インフラ整
備における「ムダ」とは何かについて，「7つのムダ」の枠組みを用いて考
えてみたい．トヨタ生産方式に関する文献の多くは，ジャストインタイム
(JIT)，カンバン，5S，自働化等の方法論を特徴として位置付け，それらの
方法論を現場に当てはめて解決しようとするが，このアプローチはしばしば
現場で成果を生まない．特に，ボトムアップでの効率化を図るためには，ど
ういうムダが発生しているかという「ムダ」の分別とその原因を理解し，原
因を取り除くための適切なカイゼンを行う必要がある．

　たとえば，現場が整理整頓されておらず部材を探して持ってくるまでの時
間がかかっている場合に JIT やカンバンの導入を試みても効果がない．そ
の前に，2S とよばれる整理，整頓（置き場所の番地化）を行うだけで十分
効果を生むことも多い．JIT やカンバンなどの手法に頼らず，「ムダ」探し，
原因分析（現地現物によるなぜなぜ分析），対策の創造（知恵を使う）とい
う原始的なアプローチを徹底する必要がある．表 4.3 は，インフラ整備にお
ける7つのムダについて整理したものである．「想定される場面」で記載し
たように，インフラ整備の「ムダ」とは，計画時，設計時，建設時，維持管

表 4.3　インフラ整備における 7 つのムダと想定される対応策

ムダの種類	内容	想定される場面
作りすぎのムダ	過大な需要を想定し必要以上に容量の大きい施設・設備を整備	計画時，建設時
動作・動きのムダ	作業のやりにくさによって時間がかかったり，疲労したりする	設計時，建設時，維持管理時
加工のムダ	必要以上の部材を加工し，結局使わないような場合	建設時
不良・手直しのムダ	不良品の手直しによって余分な時間がかかり作業のやり直しが発生する	建設時
手待ちのムダ	工種間の引継ぎ時の手待ちや材料・機械等の未着による手待ち	建設時，維持管理時
運搬・歩行のムダ	建設時や維持管理の際に，材料等の運搬・移動に多くの時間がかかる	建設時，維持管理時
在庫・予備のムダ	必要以上に在庫や予備品を保有する	維持管理時

出所）中川 (2005) を加工して作成.

理時，それぞれのタイミングで発生する可能性があることに留意すべきである．特に，「作りすぎのムダ」は，計画時の需要予測が過大・過剰であることによって生み出されるものであり，建設時以降では修正が利かない．また，維持管理においても，修繕用の予備品を持ちすぎるなどの「ムダ」が発生する可能性がある．効率的なインフラ整備を行うためには，計画時，建設時，維持管理時，それぞれで「ムダ」を排除するような取り組みが必要である．特に，「動作・動きのムダ」については，設計時にメンテナンス性等を考えておく必要がある．

4.2.4　人口減少時代における技術論の考察

　人口減少時代のインフラ整備の技術論として直観的に理解されるのは，「造る技術」から「守る技術」，「組み合わせる技術」への転換であろう．同様の議論は，いろいろな言い方がされており，インフラをフローの側面ではなくストックの側面として捉えることを強調する場合は「使う技術」あるいは「活かす技術」といわれる．近年注目を集め始めたアセットマネジメントの考え方から述べる場合は，点検，維持・修理・補修，（大規模）更新・

交換する技術であるといえよう．さらに，それを広く捉える観点からは，管理・運営技術，民営化技術，マネジメントやガバナンス技術も含むものと考えられる．スマートシュリンクやコンパクトシティの概念から説き起こせば，「ダウンサイジング技術」や「取り壊す技術」ということになる．

　また，環境問題や美しい国土形成などの観点からいえば，「環境と調和・共生する技術」であり，サスティナブルディベロップメントに端を発する持続可能性の議論をするとすれば，「持続可能にする技術」である．いずれも，日本に現在存在するインフラの大半を支えてきた高度成長期以降の旧来の思想とは，趣を異にするものである．人口減少時代は，技術の効率性，機能性，持続可能性のバランスを取り戻すことが求められる．一方で，人口減少地域で社会資本の削減費用を減らすような技術や戦略は見当たらず，人口減少に合わせた固定費の削減は難しいとの意見もある (Hoornbeek and Schwarz, 2009)．また，アセットマネジメントによる長期的なインフラ管理は，必要性を指摘する研究 (Hoornbeek and Schwarz, 2009) と同時に，技術者の不足や財政部局の理解不足で実現が困難との指摘も出てきている（松野・吉田，2008b）．このように，人口減少時代のインフラ整備技術の方向性は概念的に提示（表 4.4）できるものの，その社会での実現には大きなハードルが横たわっているといえよう．

4.3　ファイナンス論

4.3.1　従来型の公共ファイナンス

　一般的にインフラ整備には多額の資金が整備当初に必要である．この「多額」というのは，当該インフラのライフサイクル（通常は長期である）における各年度の収入や維持管理費用に比して当初の整備費用が「多額」であるということである．また，その金額の絶対額も大きいことが多い．道路や空港，上下水道施設，発電施設などにおいて，新規整備にしても更新・アップグレードのような工事にしても，1 件当たりの費用は数百億円～数兆円規模になることもある．このような「多額」の整備費用は単年度の税収や利用料金だけでは十分な資金量を確保できないため，国や地方公共団体などがインフラ整備を行う際には建設国債と呼ばれる国債や地方債，郵便貯金や

表 4.4　人口減少時代のインフラ整備技術の方向性

人口増加局面	人口減少局面
巨大化・長大化技術	ダウンサイジング，モジュール化技術
強度・耐久性向上技術	強度維持・劣化緩和技術
材料の高度化（石・土・木→レンガ→セメント→鉄筋コンクリート→鉄・鉄鋼）	環境との調和を目指した材料（石・土・木）への回帰
ネットワーク化	地域資源の分布を前提としてネットワークを整備するのではなく，既存ネットワークを前提として地域資源を移動させる．
高規格化	選択的高規格化
長寿命化	技術革新や社会環境変化が著しい分野では，変化と調和しながら，モジュール化することで，インフラそのものの寿命を長期化させる．
自然対抗型	自然共生型
専門特化・分野深掘型	学際化・分野横断型

簡易保険の積立金等を原資とした財政投融資からの借り入れ（現在は，財投債で調達した資金の借り入れ）によって資金調達されてきた．建設国債は，1993 年度，1995 年度のバブル崩壊後と 1998 年度に景気対策も兼ねて極大値を記録し 16 兆円以上の単年度発行額を記録している．他方，財政投融資も 1998 年度のピーク時には単年度で 65 兆円に達するファイナンスを行っている．昭和 50 年度時点で国・特殊法人・地方自治体合計で 20 兆円に満たなかったものが，バブル時には最大 50 兆円強に達した．その後，公共事業費縮減計画等の支出抑制策の結果，2007 年時点で 20 兆円強の水準まで低下してきている．橋本龍太郎総理大臣主導による行政改革の一環で始まった財政投融資改革によって，財政投融資資金を地方のインフラ整備に回してきた公営企業金融公庫（現，地方公共団体金融機構）と日本政策投資銀行が政府保証の対象から段階的に外れていき，更に小泉改革によって出口金融機関に資金を供給してきた郵便貯金は 2007 年 10 月に完全に株式会社化された．実質脱炭素の影響で特定財源ではなくなったものの，地方のインフラ整備の財源として使われている化石燃料に対する課税額が今後減少することが予想されている（植村ら，2021）．また，近年，道路特定財源の一般財源化や高

速道路の無料化に代表されるように，特定財源や利用料金によって整備されてきた公的なファイナンスによるインフラ整備も近年，その形を大きく変えつつある．

　一方で，これらの財投資金や財投機関債による資金は，家計の資金や市場資金を活用しているという面で民間資金調達ともいえる．つまり，既に日本では民間資金によるインフラ整備が行われてきたとも解釈可能である．ただし，投資の意思決定や，インフラ整備主体が公的部門で行われてきたため，「民間資金によるインフラ整備」議論においては，民間資金によるインフラ整備とみなされないことが多い点に留意する必要がある．以降，民間資金によるインフラ整備について議論するときは，整備主体・資金提供者の両方が官だけでない場合を想定して議論を行う．

コラム

インフラ整備は主に，応益負担原則の下に建設されてきたが，それを区分経理する仕組みとして特別会計や地方公営企業会計があった．一般に，社会資本整備に関する特別会計は，その歳入を特定財源に必ずしも頼るものではないが，いくつかの特別会計，つまり，電源開発促進対策特別会計，道路整備特別会計，空港整備特別会計は，その歳入の一部を特定財源で調達している．小泉改革以降，特定財源制度には使途硬直化を理由に批判が集まり，道路特定財源制度に代表されるようにいくつかの特定財源制度は改革の対象になってきた．道路特定財源制度は1952年に始まる（植村，2006）が，道路特定財源は，2009年4月に「道路整備事業に係る国の財政上の特別措置に関する法律等の一部を改正する法律」によって，「道路整備事業に係る国の財政上の特別措置に関する法律第三条」に規定されていた使途特定の規定が廃止されている（山越，2018）．ただし，2012年までは旧道路特定財源であった自動車関連諸税の合計値を少し下回る程度の国と地方の道路投資額実績であったものが，一般財源化されている2013年以降に自動車関連諸税の合計値を上回る水準に増加していることは興味深い（門野，2019）．ただし，一般財源化されたことで地方財政における道路建設支出は誘発されておらず，福祉や教育の支出が誘発されたとの分析も報告されている（田中，2017）．一方で，道路維持補修については，一般財源化後も，道路特定財源に相当する税収は，地方交付税等の一般財源以上の道路維持補修支出の誘発効果があることが示されている（田中，2017）．

4.3.2 インフラプロジェクトと民間ファイナンス

　本項において「インフラプロジェクト」とは，1つの塊としてのインフラ施設や事業を指すこととする．塊といっても，たとえば水道事業においては，1つの浄水場であったり，浄水場内のポンプ場1つであったり，あるいはある自治体の水道事業全体を1つの塊として捉えたり，といろいろな形が可能である．現在までいろいろなファイナンスの形態・手法が開発されてきており，ファイナンス（資金調達）を試みようとする主体が対象として一定の塊として想定しているものが「インフラプロジェクト」である（一般的には機器製造企業や運営管理受託を行う企業のような永続的な企業体は「インフラプロジェクト」として捉えないこともあるが，本項で論ずるファイナンスにおいては企業体も対象として考えても差し支えない）．

　インフラプロジェクトにおける資金流は，基本的に，かなりシンプルである（図 4.2）．民営化や PFI，コンセッション，包括的長期委託など民間がインフラ整備・運営に関与する場合のスキームは，インフラプロジェクトの主体が官か民か，当該インフラプロジェクトの運営の部分を官と民でどのように分担するか，資金調達を誰が行うかという違いで細かく分類されるが，基本的に，利用料金，もしくは，税収を基にしたインフラプロジェクトへの公的支出によって，株式市場や債券市場，銀行等の間接金融等を通じて調達された資金の利払い，配当，返済を行っていくというところまで抽象化すれば，インフラプロジェクトのキャッシュフローはこの図に尽きる．本節では，民間によるインフラプロジェクトに対するファイナンス（資金調達）に関し，インフラプロジェクトの収入面，資金調達面に分けて，種類や特徴，留意点などを紹介する．

　1）インフラプロジェクトの収入

　インフラプロジェクトの収入は，税収か利用料金かで大別できる．PFIなどでアニュアルペイメントを受ける場合の原資は国・自治体の税収を基にした財源である．税収は，一般財源か特定財源に分類され，特定財源はさらに使途を特定した一般財源と目的税収に分けられる．利用料金は，水道料金や鉄道料金，公共施設の利用料金などである（図 4.3）．

　特定財源制度には，本来，普通税であるべき国税税収を特定目的に使うために4種類の使途特定の方法がある．一方で，地方税の場合は，国税とは

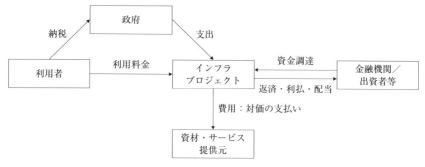

図 4.2　インフラプロジェクトのキャッシュフロー

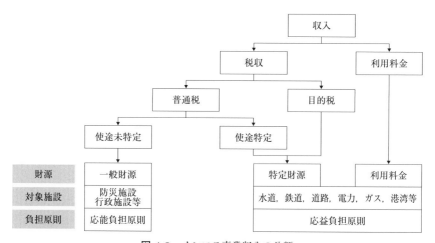

図 4.3　インフラ事業収入の分類

異なり多くの目的税が認められている．たとえば，市町村税の「事業所税」，「都市計画税」，「水利地益税」，「共同施設税」，「宅地開発税」などは，都市施設整備や林道整備等に充てられることから社会資本整備の特定財源になっているといえる．

　インフラプロジェクトの収入として一般財源が充てられるか，特定財源もしくは利用料金が充てられるかは，整備されるインフラの財としての性格によって変わる．蛇口をひねらないと使えない水道や，改札・料金所を通過しないと利用できない鉄道・有料道路，外形的に利用者を特定できる一般道路

表 4.5　インフラプロジェクトの収入分類

収入のタイプ	内容・特徴
契約料金型	特定の契約により，当該プロジェクトの収入が明記されているようなもの．PFI やコンセッションなどプロジェクト固有の契約のなかで料金や税金からの充当額などが明記されているもの．FIT（固定買い取り制度）で収入が明確に規定されている再生可能エネルギープロジェクトなどもこの形態である．収入の将来予見性は非常に高い．
規制料金型（独占）	プロジェクトの契約ではなく当該プロジェクトが属する事業を規制する法令等により当該プロジェクトの料金が規定されるもの．そのうち契約や認可等により独占事業（およびそれに準ずる独占性・寡占性）を営めるプロジェクト．水道や特定の有料道路など．規制の将来展開については政治的リスクが伴うものの，将来予見性は比較的高いといえる．
規制料金型（競合）	上記同様料金が規制されている事業であるが競争性があり，料金単価は予見性が一定程度あるものの「販売数量」が競争に晒され，収入全体の長期的予見性は高いとはいえない．電力やガスの小売事業，タクシー事業などはこの形態といえる（電力は自由化以前には地域独占性があり規制料金（独占）型だったといえる）．
自由競争型	一般にインフラプロジェクトとしてファイナンスの対象として想定されるようなプロジェクトは上記 3 つのいずれかに分類されることが多いが，インフラの周辺事業にはこれらの収入の特性に当てはまらないものも多い．たとえば水道会社や鉄道会社にソフトウェアを開発し納入する企業や，ガス会社に管路材料やバルブなどを製造・納入する企業などは，所属する事業分野がインフラ事業であるものの，その収入は単価・数量ともに長期予見性が高いとはいえない．近年多く計画されているアリーナのような施設も本質的にはその収入は自由競争型に近いといえる．

は，受益者が明確に特定できるため，受益者負担で整備されてきた（クラブ財・コモンプール財）．一方で，利用者の特定が難しい防災関連設備やすべての市民・国民が対象になるような行政施設・図書館などは一般財源で整備されてきている（純粋公共財）．

　ファイナンスの観点から留意すべき点は，当該インフラプロジェクトの収入の長期安定性である．長期安定性は長期的な予見可能性と言い換えてもよく，必ずしも一定額が増減なく継続する必要はなく，あくまで長期的に収入がどのような推移をたどるかということが高い確度で予見されうるか，予定されているかということである．長期安定性・予見可能性の観点から，イン

142　第 4 章　人口減少時代の都市・インフラ整備の 5 つの視点

フラプロジェクトの収入は表 4.5 のように分類することができる.

　端的にいえば，インフラプロジェクトのファイナンスの特徴を決定する大きな要因は，そのプロジェクトの収入の特性である．従来プロジェクトファイナンスの教科書などでは，収入の予見可能性が高いほうがプロジェクトファイナンスの組成には有利であるとされてきた．従来型の巨大金融機関による大型ノンリコースローンに関していえばそれは正しいが，後述するように近年ファイナンスの形態や金融市場も変化・多様化してきており，収入の長期安定性・予見可能性が高いことが単純に「良いこと」ということではない.

表 4.6　初期投資における留意点

留意点・リスク	内容・特徴
期間	初期投資に必要な期間はどのくらいか．土地取得に要する期間は予見が難しいことが多く，また自然や社会相手の大規模工事は，当初想定された期間から大幅に遅延することも少なくない.
費用	当初予定していた初期投資費用から最終的にどの程度増減するか．大規模な土地収用や大規模・広範な工事などは開始前に費用総額を確定させることが難しいことが多い．費用と期間の予見可能性とは一定の相関があるといえる．なお費用を「必ず/できるだけ」当初予算内に収めたいという何らかの理由があり，一方で費用の予見可能性が高くない場合に，コンティンジェンシー（予備費）を大幅に積むことで予算を増額することもあり，その場合はプロジェクト費用総額の上限という点では予見可能性が高まったといえる（あるいは費用の予見可能性をコンティンジェンシーで買ったという見方もできる）.
瑕疵	初期投資が終了した後に発見され発生する不具合のこと．初期投資は，当該プロジェクトを長期的に運営し何らかのサービスや効果を長期的に提供するために施設・設備などを整備するために行われることが多いが，その工事や設備納入などが完了した後でその設備・施設が実は想定通りの性能を発揮できないなどの不具合が発見されることがある．瑕疵は一定程度発生することは確率的には避けられないが，その発生確度・発生時のダメージ・発生時の対応費用などを事前に抑制するような工夫は可能である.
競争優位性	当該インフラプロジェクトが中長期的に一定の競争環境に置かれる場合，その初期投資で得られる設備・施設に中長期的に競争優位性が保てるか．これを事前に予見・推定することは一般的には難しいが，可能な限り考慮すべき点である.

2) インフラプロジェクトの初期投資

一部のインフラプロジェクトにおいては,「大規模な初期投資（整備）→
長期的な運営（その期間の更新投資も含む）」というサイクルを持つものが
ある. PFI や再生可能エネルギープロジェクトなどがこの形態であり, 読
者の皆さんのなかには「インフラプロジェクト」としてこのようなものを想
定している方もいるであろう.

初期投資は, 当該インフラプロジェクトの主体がそのプロジェクトの初期
に短期的に支出するもので, 大抵は工事や土地取得などである（M&A によ
る事業取得の際の支出も一種の初期投資といえる）. この初期投資において,
ファイナンスの観点から留意すべき点は表 4.6 のとおりである.

1）でみた収入と同様に, 上記の各リスクが初期投資実施前の段階でどの
程度予見可能か, 変動可能性があるか, ということが, 当該インフラプロジ
ェクトのファイナンスの特徴を決定する要因の 1 つである. 収入に関して
は, 予見可能性の高さが必ずしも「良い」こととは限らないと述べたが, 初
期投資に関しては, 期間・費用の予見可能性が高いこと, 瑕疵のリスクが低
いこと, 競争優位性があることはいずれのファイナンス形態においても有
利に働く. 初期投資を計画する際にはこれらの点に留意することが重要であ
る.

3) インフラプロジェクトの民間ファイナンス

インフラプロジェクトに対する民間ファイナンスにはいくつかの特徴的な
形態がある. 近年デジタル技術の進化や金融市場の変化などによりファイナ
ンス形態は更に多様化してきているが, 現在の時点で代表的なファイナンス
は以下のようなものである. 各々の詳細や組成のテクニックなどは書籍や論
文も多く, 金融機関のウェブサイトなどでも多くの説明があるので, ここで
は簡単な特徴の紹介にとどめる.

(i) ノンリコース・プロジェクトファイナンス

収入の長期予見可能性が高く, 初期投資の各リスクも低い場合に
利用されることが多い. プロジェクトの生み出す収益そのものやプ
ロジェクトの資産・契約等を担保とし, プロジェクト以外（株主等
の他者・外部）への遡及がない（ノンリコース）ローンのことをさ
す. プロジェクトファイナンス・プロファイなどと呼ばれる.

メリット

・レバレッジが高い．総プロジェクト費用に対してノンリコース・プロジェクトファイナンスで調達できる金額が比較的大きい（過去のPFI案件や中東の大型発電所案件などでは90〜95％超をプロジェクトファイナンスで調達した例もある）．

・長期ローンが可能である．当該プロジェクトが予見できる収入の期間に応じてかなり長期間でファイナンスを組成することが可能である（長期のファイナンスとは，返済期間が長いローンであるという意味である）．

・ノンリコースである．すなわち，ファイナンス（ローン借入れ）を行う主体であるインフラプロジェクト（SPC：特定目的会社など）に対して，その親会社（SPCに出資を行う企業）などが保証を提供する必要がないことが多い．

親会社にとっては

・大型ファイナンスが可能である．数百億円〜数千億円（時には数兆円も）にのぼる資金調達も可能である（金融市場の状況によるが）．

デメリット

・コストが高い．一般的にノンリコースローンは親会社の保証や固定資産担保による保証ローンと比較して金利やフィーなどが高いことが多い．またファイナンスを組成するコストも大きい（金融機関への手数料に加え弁護士費用なども）．

・組成に時間がかかる．ファイナンスを提供する金融機関によるプロジェクト精査（デュー・ディリジェンス）や，金融機関との契約交渉など，ファイナンスを組成するための時間が非常に長くなることが多い．近年は金融機関による環境影響評価も厳格化されており，さらに長い時間がかかる傾向にある．

・小型プロジェクトが難しい．上記のように組成コストが大きく組成に時間がかかるため，小型プロジェクトにとっては，たとえ収入予見性が高く初期投資のリスクが抑えられていてもノンリコース・プロジェクトファイナンスは実質的に選択肢にならないこともあ

る．一般的にはファイナンス規模が数十億円〜100億円程度が経済性の観点から下限とされている（条件次第ではより小さい案件も不可能ではない）．

・通貨・地域が限定される．ノンリコース・プロジェクトファイナンスの組成は，その通貨の流動性が十分にあり，過去に同様のファイナンスの実績が豊富でないと難しい．またプロジェクトが実施される地域もカントリーリスクの点から選別される．実際は，いわゆるハード・カレンシーと呼ばれる国際通貨（USD，EUR，JPY等）以外では，一部の中進国通貨（タイバーツ，メキシコペソ等）を除いてノンリコース・プロジェクトファイナンスは活用が難しい．

ファイナンスの提供主体

・大型民間金融機関．欧米や日本・シンガポール・香港・オーストラリアなどの大型国際金融機関がプロジェクトファイナンスの組成を牽引する．一部市場では現地の大型金融機関がファイナンス組成をリードできることもある．

・国際金融機関．民間ではないが，IFC や ADB などの国際開発銀行も積極的にプロジェクトファイナンスを提供する．ファイナンス市場の拡大・発展をリードするため，現地国通貨のファイナンスも積極的に検討することもある．ただし案件精査・リスク精査は民間に比べさらに厳格であり，プロジェクトの条件も厳しく組成に時間がかかることが多い．

・各国の国際開発銀行．これも民間ではないが，JBIC・JICA や各国の政府系開発銀行が，他国のプロジェクト（ODA：政府開発援助）に資金提供を行うことも多い．一般的に ODA（他国への開発資金提供）は国際金融機関に準ずるような条件となり，協調融資も多い．

なお，途上国・中進国の開発銀行が自国のプロジェクトに資金拠出する場合は公共支出の性格が強いため各国それぞれにさまざまな条件や規制があり，各国の財政状況や政策にも大きく左右される．

さまざまな形態

ノンリコース・プロジェクトファイナンスの形態として，SPC が直接金融機関から借り入れる以外に，SPC が社債を発行する形や，SPC のファイナンス部分を証券化して複数の投資家・金融機関に拠出させる形態などさまざまあるが，これらの特徴や留意点などは本質的には上記のノンリコース・プロジェクトファイナンスとして大きく整理できる．これらの形態の選択は，主に税制面での得失と，ファイナンス提供主体の将来的な流動性（ローンを提供している各金融機関等がローン自体を売買してプロジェクトに出入りする自由度）によって決定されることが多い．

(ii) コーポレート・ファイナンス

資金調達をしようとするプロジェクトに対して，そのプロジェクトの外部（一般的にはそのインフラプロジェクトの親会社・関連会社）が保証を提供し調達するローンのこと．構造としては，プロジェクトの主体（SPC など）が直接銀行等から借り入れを行い，その借入の契約に対し親会社が返済保証（SPC が何らかの理由で返済できない際に親会社が肩代わりして返済すること）を差し入れるような形となる．収入の長期予見可能性が低い場合やプロジェクトが小型でノンリコース・プロジェクトファイナンスが経済的に難しい場合，現地通貨建てのノンリコース・プロジェクトファイナンスが利用できない場合，比較的緊急に資金調達が必要な場合，などに利用されることが多い．なお，他の条件はノンリコース・プロジェクトファイナンスに適うものであるものの初期投資のリスクが高い場合には，初期投資が終わるまで親会社が保証を差し入れ，初期投資完了後・運営開始後にノンリコースに切り替えるということもある．

メリット

・コストが比較的安い．組成費用，金利・フィー等も比較的安く組成できる．これは親会社が「信用」「エクスポージャー」を提供することでローンのコストが低減しているためであり，当該プロジェクトのファイナンス費用の一部を親会社が肩代わりしているとも

いえる（そのため，コーポレート・ファイナンスを組成する場合には，プロジェクト全体の投資効率・投資リターンを評価する際に親会社が差し入れる保証のコストを定量化して加味することが一般的である）．

・ファイナンス組成が比較的短期で可能である．親会社の信用の範囲でローンを組成するため，ファイナンスを提供する金融機関は親会社の企業としての信用評価を中心に審査を行う．ノンリコース・プロジェクトファイナンスと比較してプロジェクトの評価・精査や契約書類の整備・交渉は比較的短期で行うことが可能である．

・小型プロジェクトにも活用可能である．組成コストが比較的安いため，小型のプロジェクトにも小回りよく活用できる．

・通貨の柔軟性が高い．ノンリコース・プロジェクトファイナンスと比較してさまざまな通貨でファイナンス組成が可能である．ただしその通貨の流動性や市場規模・市場慣習などから，保証があってもファイナンスの条件（規模・期間など）に制約がある場合もある．

デメリット

・ファイナンス規模に親会社の制約がある．大規模な資金調達の場合，親会社が差し入れる保障の金額も大きくなるため，親会社の負担も大きい．プロジェクト規模，ファイナンス規模が，親会社の全社的な規模と比較して十分に小さい範囲内でのみコーポレート・ファイナンスは可能である．

・長期ファイナンスは難しい．一般的にコーポレート・ファイナンスは5〜10年程度が通常であり，30〜50年といった長期は難しい．これは，親会社が企業として30〜50年間十分に大規模かつ健全であり続けることの予見可能性が高くないからである．ただしファイナンスの対象であるプロジェクトそのものが生み出す収入（キャッシュフロー）の予見可能性が十分に高いがほかの理由から（規模・通貨・緊急性など）コーポレート・ファイナンスとなる場合には例外的に長期融資も可能なこともある．

148 第4章 人口減少時代の都市・インフラ整備の5つの視点

ファイナンスの提供主体

・民間金融機関．欧米や日本・シンガポール・香港・オーストラリアなどの大型国際金融機関のみならず，親会社の信用力を評価することのできる現地金融機関もコーポレート・ファイナンスの提供主体となる．

・親会社そのもの．下記の通り，いわゆる親会社ローンのような形態で親会社そのものがファイナンスを提供することもある．

さまざまな形態

親会社が保証を行う，すなわち最終的には親会社の信用力・資金力でインフラプロジェクトがファイナンスを行う資金調達の形態として，SPCが直接金融機関から借り入れ，そこに親会社が保証を差し入れる形以外に，SPCが親会社から直接資金を借り入れる形態（親会社ローン）もある．なお，ファイナンスの借り手（資金拠出の受け手）であるSPCなどの親会社が複数である場合，信用ある大きな会社が小さな会社の保証分を肩代わりしたり，出資比率と異なる比率で保証を提供したり，あるいは「Joint & Several」と呼ばれる連帯保証のような形で保証を差し入れたり，と，さまざまなバリエーションがある．また，親会社がSPCに出資金の形で直接資金を注入するのも，広義のコーポレート・ファイナンスと考えることもできる．これらの形態の選択は，税制面での得失に加え，そのインフラプロジェクトを規制する（あるいはそのインフラプロジェクトのサービスを受領する）側，一般的に「発注者」「お客」といわれる側が親会社に対しどの程度プロジェクトの責任を負担させたいかという思想にもよる．また，親会社側の財務戦略による部分も大きく，どの形態が正しいか，有利であるかは一概に決定できるものではなく，プロジェクトごとに慎重に検討される．

4.3.3 民間ファイナンスの留意点と近年の動向

1）民間ファイナンスの目的

これまで述べた資金拠出者のうち，シニアローン・社債・劣後ローン等に共通していることは，金利および元本返済が予定通り行われるという，事業

表 4.7 インフラプロジェクトへのファイナンス拠出の目的・狙い

対象企業事業	主な投資家	リターン	売却益	周辺事業	本業シナジー
上場（上場ファンド含む）	大株主（50% 以上） 大株主（50% 未満） 一般株主	○ ○ ○	○ ○	○ ○	 ○
非上場	インフラファンド 大株主（50% 以上） 大株主（50% 未満） 少数株主	○ ○ ○	○ ○	 ○ ○ ○	 ○ ○ ○
ファンド	GP LP	○ ○	○ ○		

計画の確度の高さがある．すなわち，リスクリターンのバランスは若干異なるものの，これら資金の出し手にとって資金拠出の目的はほぼ純粋な利益回収（金利＋元本）である．これに対し，出資金拠出者としてインフラ事業そのものの経営権を保有し事業運営を主体的に行う立場である事業スポンサーに着目してみる．JRや電力会社，ガス会社などは日本では上場会社であり株主は多様であるが，一部の私鉄や私有道路，フェリー会社のように非上場で少数の株主に保有されているものもある．また海外では，有料道路や空港，上下水道など規模も分野もさまざまなインフラプロジェクトが，上場・非上場を問わずさまざまな株主により保有され，ときにその株式が売買される．これら出資金拠出者にとっての資金拠出は，リターンの確保だけでなく，その出資金の持つ自由度と権利の大きさから，いろいろな目的・狙いがある．これらを整理したものが表 4.7 である．

　第一の投資目的として，スポンサーにとっても毎期の収益は最も基本的かつ重要な目的である．ここでいう収益は，株主である投資家へ事業から分配（配当）される毎期の収益をさす．ただし，その収益をどの程度の時間軸 (Investment Horizon) あるいはどの指標で見るかは投資家によって異なる．たとえば長期投資家は，しばしば建設段階から事業へ参画することがあるが，この場合，建設中はもちろん，事業運営開始後も数年間は大きな金利負担などから株主へ対する利益配分がほとんどないことが多い．それでもじっくりと長期に取り組むことを目的とする投資家のみが，このような時間軸で

150 第4章 人口減少時代の都市・インフラ整備の5つの視点

の取り組みが可能である.

第二の投資目的が売却益である.ある程度短期的な利益を追求する投資家にとっては売却益は利益実現の重要な要素である.これは言い換えれば,長期で回収すべき利益を(一部割り引いて評価したとしても)短期で実現するということである.

第三の目的が周辺事業の取り込みである.そのインフラプロジェクトへ投資を行うことで,機器販売や建設工事,運転維持管理,メンテナンスなど関連事業の受注をも同時に獲得しようというものである.これは本来的には利益相反がある(たとえば「安く工事を発注したい」というプロジェクトオーナーとしての立場と「高く工事を受注したい」という建設会社としての立場の相反)が,それでも長期安定的に周辺事業を確保するという視点から,これを目的の1つとして事業投資を行う投資家も少なくない.ただし,周辺事業の獲得を目的に安易に事業投資を行うことは時に大きな損失を発生させる.90年代に総合商社が東南アジアなどで,製品取引を狙いとして石油化学プラントに投資をして投資そのものが大きな損失を生んでしまったという事例もある.

第四の目的は本業との相乗効果である.これは周辺業務の取り込みと類似しているが,たとえば電力会社が海外IPP事業(Independent Power Producer:発電事業者)を行うことは,建設等周辺業務を請け負うことを目的としているというよりむしろ,自社のノウハウ・人材を海外で活用することや,その海外事業で得たノウハウを国内の業務に活かすといった相乗効果を狙ってのことが多い.また,同様のIPP案件で,たとえばLNGを多く輸入する電力会社がLNGの調達・消費における柔軟性の確保や価格交渉力の強化を狙って参画するというのも,本業との相乗効果を期待してのものといえる.ロールアップ(同業他社を買収して規模の拡大を行うこと)や,電力事業者がガス田や炭鉱を買収するようなバリューチェーンの拡大も相乗効果を狙ったものである.このほかにも,その地域で公益に資するような事業を営むいわゆる地域の名門企業が,有形無形の要請を受けて本業ではないインフラプロジェクトに参画するということもあるし,また,風力発電事業など企業イメージの向上などを目的とした事業参画というのもある.

表 4.8 インフラプロジェクトに民間資金を導入する目的・意義

目的・意義	説明
迅速な資金調達	たとえば首都圏の外環道など，いますぐに整備することで大きな経済効果を得られると見込まれるような事業があるが，他の事業との兼ね合いなどから予算制約上，最適なタイミングより遅れたスケジュールで事業が進められることがある．この場合に，多少余計な金利（＋利益）を民間事業者に支払ってでも，今すぐに資金調達を行ってインフラ整備を進めたほうがいいという判断があれば，民間資金の活用は有効な選択肢の1つである．
巨額な資金調達	インフラ整備はその種類にもよるが莫大な資金が必要となる場合が多い．その場合に，時間的な制約だけでなく絶対的な金額として，公共予算だけで調達するのは難しいと判断された場合に，民間資金を導入して資金調達を補完する場合がある．民間資金の出し手は多様でありリスク選好も極めて多様であるので，巨額なプロジェクトであってもリスクリターンの設計を適切に行うことで十分な資金調達が可能となることがある．
払い下げによる現金獲得	特に先進国などで，政府機能を必要最小限にし，公共セクターとして集中的に取り組むべき分野に注力すべきであるという議論に基づき，上下水道や電力，公営鉄道などキャッシュを生み出すインフラ資産を民間に払い下げ，そこで得た資金を注力する公共分野に重点的に投下する．
効率化・技術	公共セクターが最初から最後まで自身で事業を実施した場合と，事業実施を大きく民間に任せた場合 (PPP) とで，その効率性に顕著な違いがある（＝民間のほうが効率的）．また途上国などでは，公共側にインフラプロジェクト遂行の十分な技術やノウハウがなく，ファイナンスと併せて民間にインフラ整備・遂行を丸ごと委託するというインセンティブもある．

2) インフラプロジェクトへの民間ファイナンスの導入の課題

公共側の資金制約が強まるなか，インフラプロジェクトに民間資金を導入する目的意義としてはどのようなものがあるだろうか．一般的に議論されているものは，迅速な資金調達，巨額な資金の調達，払い下げによる現金確保，効率化である．具体的には表4.8のような内容が説明されている．

3点目の実際の民間への払い下げインフラプロジェクトの例としては，英国鉄道の民営化やオーストラリアの空港民営化などがあり，金額も100億ドルから300億ドル（数兆円規模）と，いずれも巨額の売却額である．この売却収入を活用して，公的部門の債務負担を軽減した．4点目の効率化について，「公共は非効率であり民間は効率的である」というのは古典的な論

である．一方で，「同じ人間なのだから公共も頑張れば民間と同じパフォーマンスを達成できる」というのも，よく議論されるロジックである．現実にはどうであろうか．日本においては，本格的にインフラプロジェクトに民間資金・民間事業者を導入した事例が少なくコンセッションのような新しい試みも発展途上であるため比較検討する材料がないが，官民パートナーシップ (PPP) と呼ばれる形態で民間事業者を活用したインフラ事業実施に長い歴史と豊富な実績を有するオーストラリアでは，公共セクターが最初から最後まで自身で事業を実施した場合と，事業実施を大きく民間に任せた場合 (PPP) とで，その効率性に顕著な違いがある（＝民間のほうが効率的）という調査事例がある．組織の意思決定の構造や人事の問題，単年度予算の弊害など，公共発注がなぜ PPP より効率性で劣るかという原因についてはさまざまな議論があり，本書ではその原因について掘り下げることはしないが，他国とはいえ PPP が公共発注に比べ圧倒的に効率的であるという事実は非常に興味深い．

インフラプロジェクトへ民間資金の導入を行おうということは，事業の公共性・公平性・持続可能性・安定性などを担保しつつ資金や事業運営に関する規制・制限を最低限にし，より自由な経済活動を促すということである．これは裏を返せば，上記のような投資家の視点を十分に意識した制度設計を行わない限り，数ある投資対象のなかから，「インフラ」という，通常のビジネスより規制・制約が多く政治的関与も大きいような投資アセットクラスを選択してはもらえないということである．これから民間資金の導入をより積極的に進めようとする日本において，これら投資家の視点をきちんと理解し，投資家が「投資しやすい」あるいはもっといえば「投資したくなる」ようなプロジェクトとして制度設計を見直すことが必要であろう．

これまで，特に多くの公営のインフラプロジェクトにおいては，上記のような収益指標・経営指標がきちんと示されてきていない．今後民間資金の導入を計画するにあたっては，まず現状の事業がどのような数値指標となっているか，そしてそこから民間資金を呼び込むにあたってどのような点をどの程度改善する必要があるか，そのあたりを丁寧に検討する必要があろう．民間資金を導入するインフラプロジェクトといえば PFI などがこれまでの主流であるが，過去の経緯やハコモノ案件の多さなどから，いまだに公共＝

発注者，民間事業者＝受注者という意識が双方とも抜けておらず，公共側は「仕事を発注する＝投資させてやる」，民間側は「仕事を頂く＝投資させてもらう」という意識があるのではないだろうか．これまでは半ば導入期としてのトライアルの要素もあった PFI であるため案件も少なく，実績が欲しい民間事業者の思惑もあってそのような構図が成り立ってきたが，今後本格的に民間投資が進むにつれ，民間側も案件の取捨選択を行うようになり，魅力的でない案件には民間資金が集まらないという事態も十分想定される．民間資金を呼び込む公共側も，上記のような民間投資家の視点などを十分に研究・理解し，「投資してもらえる」案件づくりを心掛けなければならない．

　また，前述（1.3.5 項）のように，欧米を中心として民間ファイナンス，民間によるインフラプロジェクトの遂行に対する揺り戻しも見られる．ファイナンス市場も，後述するように変化を続けており，インフラプロジェクト，インフラ市場もデジタル技術の進展や気候変動対応などから変化を続けている．一方でこれまで途上国として認識されてきた国々のなかで中進国に差し掛かってきている国も多く，これらの国はインフラ投資家にとって投資対象となる．これらのなかには，先進国が 90 年代〜2000 年代に積極的に推進した PFI やコンセッションなどを活用して一気にインフラ整備を進めようとしている国もあるが，拙速な民間ファイナンスの導入によるひずみや将来にリスクを残すようなプロジェクトも散見される．民間のインフラ投資家（ファイナンスを提供する側）も，それを受けようとする事業者側（公共を含む）も，時代に合わせたトレンドを理解しつつ，一方でインフラファイナンスが内包する本質的な特徴やリスクなどに留意をしながら，多様化するファイナンスを活用していきたい．

　3）インフラファンド

　インフラプロジェクトに対するファイナンスの提供者として，インフラファンドと呼ばれるプレーヤは依然として大きな存在感を示している．ファンドとは，広く投資家の資金を集め，一定のルール・約束事のもとで投資を行いその利益を投資家に返す組織である．その形態は会社組織であることもあれば，法人格を持たない組合のような組織であることもあり，税制などを勘案しながらさまざまな形態・様態が見られる．インフラファンドとは，その

154 第4章 人口減少時代の都市・インフラ整備の5つの視点

表 4.9 インフラファンドの種類と特徴

種類	特徴
企業型	インフラ関連企業の上場株式に投資するもので，広くインフラというより，地域や商品を限定したものが多い（インド・インフラファンド，グローバル・ウォーター・ファンドなど）．また，投資信託としてオープンエンド型の運用が多い．上場株式を扱うため流動性が確保されている一方で，株価が上下するリスクを併せ持つ．
アセット（セクター）型	空港や道路，電力，環境関連など，セクターに絞ってアセット投資を行うもの．資産評価やアセットマネジメントなどにおいては同じセクターを集めることでノウハウを集積することができるというメリットがある．一方で，セクターに一極集中するため，セクター全体のパフォーマンスの浮沈の影響が如実に出る．
アセット（地域）型	アジアやヨーロッパ，あるいは特定の国など地域を絞ってその地域のなかにあるインフラ資産に投資するというもの．インフラ事業は一般に法制度などに対して深い知見を要求され，またその地域での信用度が大きなポイントとなるため，地域に特化するメリットは大きい．銀行なども自身の地域のリスクはより把握しやすい傾向にあるため地域特化する利点は大きい．一方で，その地域や国の経済情勢の影響を直接的に受けるというリスクはある．

なかでも特にインフラに投資することに特化したファンドであり，投資対象によりいくつかの種類に分類される（表 4.9）．

　90 年代から 2000 年代にかけて，豪州マッコーリーグループなどインフラファンドが隆盛した．インフラファンドが急速に発達した背景は政治主導によるインフラの民営化・民間化である．英国で 80 年代にはじまった国営企業の民営化の流れは，国の財政難を解消することが主目的であり，赤字の垂れ流しを止め，民営化より先の負担に関しては原則ユーザー（市場）に負ってもらう，という発想であった．1987 年の日本の国鉄民営化も同様の動きである．しかしその後，英国で一部の民営化された事業が順調に軌道に乗り，また同時に金融市場がプロジェクトファイナンス技術の進展により発展していくなかで，政府が PFI/PPP を導入し社会インフラの整備に最初から民間資金の導入を前提とするようになるに至り，建設会社やコンサル，金融機関などが多くインフラ市場へ参入するようになってきた．その後，長い時間と多くの案件でのトライ・アンド・エラーを経て，徐々に使い勝手の良い制度へとアップグレードされ，インフラへ民間資金を導入する制度が定

着していった．この経験は英国だけでなく，欧州各国や米国・オーストラリア・カナダ・シンガポール・香港あるいは一部の中東湾岸諸国などとも共有されていき，また途上国・中進国などでも先進国の PPP 事例を参考に自国のインフラ整備に民間資金の導入を行うようになるに至った．

　今振り返れば，90 年代から 2000 年代にかけてインフラファンドを中心に一気に資金とプレーヤがインフラ投資市場に流れ込み，世界的な好景気を背景にある意味での「インフラバブル」を形成していたといえる．これは不動産バブルと似たような構造であり，ポイントは以下のようなものであると考えられる．

- 一部初期の民間インフラ投資は，政府側が民間投資を呼び込むという目的もあり，比較的投資家に有利な制度設計になっているものが多かった
- 一方でインフラ投資を行うような投資家はさほど多くなかったため，先行者利益を享受できる投資家優位の市場であり，一部の初期参入者は比較的大きな利益を上げることができた
- それを見た他の投資家は，初期投資家と同程度の利益水準を求めて市場に参入した
- 比較的初期はそれでも利益が出たが，徐々に競争条件が厳しくなると，通常の取引・運営では十分な利益が出なくなってきた
- そこで投資家は，通常のリターン（事業から得られる収益）に加え，事業を高く売却することによる利益（高く売却できるだろうという想定）を合わせ，ようやく十分な利益を得る（見込む）という構造に変化していった
- ただし，それでも市場は依然として参入してきたい新規投資家が多かったので，多少のプレミアムを払っても買いたいという投資家が多く，結果として徐々にインフラ資産の売買取引は実態以上の高値で行われるようになっていった

　このような形で，長期安定的に「そこそこのリターン」をあげることが特徴であったはずのインフラは，短期に売買されキャピタルゲインを狙う「投機」対象になっていった．このバブルともいえる流れを加速させたのがインフラファンドである．インフラ市場が活況を呈し，それを見た一般投資家がインフラの実態を十分に理解しないままインフラファンドへ投資し，その期

待を背負ったインフラファンド側は期待リターンに応えるべく若干無理な売買を繰り返し，その結果更に投資家の要求水準が上がる，という循環のなかで，いつしかインフラ投資は，インフラ事業そのものが持つ適正なリスクリターンの水準とかけ離れて取引されるようになっていったのである．

そこへ来て，世界経済危機による不況が訪れ，多くのファンドおよびその資金の出し手である投資家にとって投資余力がなくなったため，高値で売れるはずのインフラ資産が急に売れなくなり，安値で売らざるをえなくなったり，あるいは最悪の場合はファンドそのものが破綻したりするというバブル崩壊が起こった（不動産市場でも同様のことが起こった）．不動産もインフラも，市場の潮目が変わった時点で高値掴みをした資産を持っている者が負けというマネーゲームになってしまっていた．

インフラバブルが崩壊し，いくつかのインフラファンドが巨額の損失を計上しあるものは破綻にまで追い込まれたが，一方で現実の上下水道や道路といったインフラのサービス水準が急速に悪化したりサービスが止まったり，ということはほとんどみられなかった．それはなぜか．世界的にはインフラ事業の民間による運営は数十年（分野によっては更に相当長い期間）の歴史と経験を有しており，インフラ事業運営そのものが満たすべき要件というのは当局により厳しく規制・管理されていることが多い．すなわち，運営と所有の分離がきちんとできていた案件が多く，所有者であるインフラファンドや投資家がファイナンス的に破綻の危機にさらされてもインフラ運営そのものへ影響が直接出たということは少なく，ファイナンス提供者であるインフラファンド（およびそこへの資金の拠出者）が損失を蒙るまでで済んだ例が多かったのは，制度設計が比較的優秀であった証拠であろう．

2000年代後半から2010年代前半にかけていったんインフラファンドのバブル的状況が解消されたのち，現在までに再びいくつかのインフラファンドが活発にビジネスを展開するようになってきているが，以前に比べ比較的安定した状況となってきている．マッコーリーグループも依然として多様なファンドを多く有し，運用会社のマッコーリー・アセット・マネジメントのグローバル・インフラストラクチャ運用資産は，2022年3月末現在で1,970億豪ドルに達している．日本でも三菱UFJ/マッコーリーグローバル・インフラ債券ファンドが投資信託として人気を集めている．投資対象と

して 2010 年代以降，FIT 制度に支えられた再生可能エネルギープロジェクトが急速に増加し，大型洋上風力案件など数千億円規模の案件から比較的小型の太陽光発電・バイオマス発電などまで世界中で多くの再生可能エネルギープロジェクトが民間ファイナンス主導で開発されてきた．データセンターや携帯電話の基地局などデジタル社会の発展に伴い新しいアセットも登場し，インフラファンドが積極的にファイナンスを提供している．これら社会の変化と同時に，大規模な電力会社やその他のインフラ企業の再編・解体もいくつか見られ，そこでもインフラファンドはファイナンスを提供している．中東やアジア，中国などの政府系ファンドも，地政学的な戦略に基づきインフラ投資を自国・他国で積極的に進め，インフラファンドの一角として大量の資金を多様なインフラプロジェクトに提供している．

　過去も現在も，インフラファンドに資金を提供する大きな主体の 1 つが年金基金である．年金の運用先は，歴史的には社債や国債などの債券と，株式などの大きく 2 つに分かれていたが，90 年代以降第三の投資先としていわゆる「オルタナティブ」商品が注目されてきた．これは，ローリスク・ローリターンの債券と比較的ハイリスク・ハイリターンの株式の中間くらいのアセットクラスを投資家が求めるようになってきたことと，各国のインフラ投資市場（および不動産投資市場）の実績が積みあがってきたタイミングが合い，インフラ資産に対する投資が認知され受け入れられてきたという経緯がある．高齢化や，確定拠出型年金（いわゆる 401k）などの発達に伴い，年金資金の積立額は先進国を中心に年々増加している．その年金資金にとってインフラは，「長期」「安定」「そこそこのリターン」という非常に親和性の高い投資商品として有力な運用先の 1 つとして認識されるようになったのである．80〜90 年代の先進国インフラ民営化の波，2000 年代のインフラバブル，そして世界経済危機からのバブル崩壊を経て，再生エネルギーやデジタル技術の進展，中進国の発展などによりインフラプロジェクトへの民間投資は新たに「インフラの世界になくてはならないもの」としてその意義や技術，市場をよりしっかりと確立してきている．そのなかでインフラファンドは依然として中心的な役割を果たし，そして年金基金はインフラファンドへの主たる資金供給源としてますますその役割を大きくさせていると感じられる．家計とインフラファイナンスを直接つなぐ年金基金は，急速に変化す

る社会，そして人口減少に直面する日本において，今後さらに重要な役割を果たすと考える．

4）小型化・分散化・短期化するインフラプロジェクト

近年顕著に見られる変化として，太陽光発電施設やバイオマス発電施設など一部の再生可能エネルギー施設が小型化・分散化してきているという点がある．今後は自動運転や電気自動車の発達・普及により移動・物流もいわゆるハブ＆スポーク型から分散化していくことも想定される．更なる変化として，近い将来自動運転の電気自動車1台1台や，携帯の基地局1台，電気自動車の充電器，駐車場1台分など，非常に細分化して「インフラプロジェクト」を再定義することも可能であると考える．

こういった変化は主に技術の進化によってもたらされている．デジタル技術を活用し，需要に対して直接的にサービスを供給することが可能になってきており，またサービスを提供する際の安全・安心の確保やサービス水準の担保・確認も，巨大施設で責任ある主体が集中管理する形からデジタル技術を駆使して，インフラが分散していても適切に運営管理することが可能となってきている．まさに先に論じた Infra-aaS のような世界に差し掛かっているといえる．この変化はファイナンス面では大きく3つの変化をもたらす．1つは各インフラプロジェクトの整備費用の絶対額が圧倒的に小さくなるという点である．分散型のインフラが必要な場所に適宜整備されるような場合は，社会全体で必要になる費用の合計額はともかく，1件当たりのプロジェクトの費用は従来型の中央集約型大規模施設と比較して格段に小さくなる．2つ目はライフサイクルの短期化である．小型施設は一般的に基礎構造や周辺環境との調整なども簡易であり，構造・機構も簡易になることが多い．従来の大型・集中管理型インフラは，構成する施設・設備の寿命が短いものはあるとしても，システム全体をプロジェクトとして捉えた場合には非常に長期と認識することが多かった（個別の施設・設備の更新はあくまで長期プロジェクトの中のメンテナンスの一環という整理）．しかし小型施設1つ1つを独立したインフラプロジェクトと認識できれば，その施設・設備の寿命がそのプロジェクトそのものの期間となるため，当然に従来のプロジェクト期間より短くなる．

インフラプロジェクトが極端に小型化・短期化すると，ファイナンスにも

大きな変化が現れる．ファイナンスの出し手が非常に多様化し，これまで参加していなかった異業種や小規模プレーヤがインフラプロジェクトにファイナンスを供与するようになる一方，伝統的なファイナンスの出し手であった大規模な金融機関等が競争力を失いインフラのファイナンス市場から徐々に退場していく（実際は，従来型の大規模長期プロジェクトにより特化していき，市場が二分していく）．インフラプロジェクトそのものにとってはファイナンスの多様化はプロジェクト実現へ向けてオプションが広がるという点で好ましい反面，経験や能力のないプレーヤが「気軽に」ファイナンスを供与することで，ファイナンス提供者側からの監視や評価・修正が効きにくくなる．いわゆるレンダーガバナンスが失われることでインフラプロジェクトの初期的な実現は一部加速する反面，中長期的に（あるいは短期的にも）問題が発生する可能性がある．ファイナンスの出し手にとって当該インフラプロジェクトは規模が小さく短期の「気軽な」「片手間の」投資であるから，万一そのプロジェクトがうまくいかなくなり投資が棄損したとしても「まあ仕方ない」で済ませてしまうかもしれない．そのときに最も被害を受けるのは，そのインフラプロジェクトのサービスを受けていた利用者・市民である．

　こうした小型・短期のプロジェクトを多く積み重ねてサービス全体を形成していくような社会になっていく場合に，改めて政治・行政による適切な規制やデジタル技術によるサービス水準の監視と担保，そして何より優良なサービス提供者による善意・使命感によるガバナンスが重要である．ファイナンスにおいてもトライ・アンド・エラーによってさまざまな新しい技術や価値が生み出されていくものであるが，インフラという社会にとって不可欠で失敗の許容度が低い（失敗による社会のダメージが大きい）分野においては，より拙速を避け抑制的に新しい試みに取り組んでいきたい．従来からインフラ市場において社会に対し価値提供に努めてきたプレーヤたちにこそ新しい技術や手法と積極的に対話して欲しいと考える．

┌─コラム─
│近年，普及しつつあるクラウド・ファンディングのなかに，ガバメント・ク
│ラウド・ファンディング（梶，2016）と呼ばれるものがあり，ふるさと納税
│の対象になるプロジェクトがある．インフラ・交通・施設としてタグ付けさ

れたプロジェクトのなかには「大竹駅再生プロジェクト」や「国分寺駅北口地区の再開発事業における交通広場の整備事業」などがあり，法律で規定されていない形の特定財源とみなすことが可能な資金流が生じている．「ふるさと納税」は，納税者からそれぞれの自治体に寄付する形をとっているが，実質的に翌年度の所得税・住民税の先払いであるため，インフラ事業の収入としては一般税に分類されるが，使途の特定が法令によるものではなく，納税者の意思による点が従来の制度と大きく異なる．制度の想定は自治体の外に住む市民が，居住地以外のガバメント・クラウド・ファンディング自体が特定プロジェクトでガバメント・クラウド・ファンディングを行っている場合は，自ら税収使途を指定できる点で，より直接的なプロジェクトに対する意思表明が可能になる．

4.3.4　持続可能性・公平性・効率性とファイナンス論

1）インフラ整備の持続可能性とファイナンス論

　これまでの日本のインフラ整備は，税金と国債（借金）で将来の経済成長のために施設整備を行ってきた．これを世代間の負担という考え方でみると，現世代（税金）と将来世代（借金）の資金負担により現世代のインフラ資産を整備してきたということになる．人口成長社会では，インフラ整備による受益の対価として現世代と総額で同規模の負担を将来世代に求めても，1人当たり負担でみると現世代より将来世代の負担は小さくなることが常であった．このため，世代間の負担の公平性の観点からも積極的に将来世代に負担を求めるデットファイナンス（有利子負債による長期資金調達）が正当化された．

　一方，人口減少社会では，現世代と同規模の負担を将来世代に求めると，将来世代の1人当たり負担は，現世代よりはるかに大きくなる．これは，受益と費用負担のバランスでみると現世代の水準よりも悪化していることを意味し，持続可能な状況とはいえなくなる．この状況は，利用料金や課税水準に上限を設けずに，インフラ整備のファイナンスを検討する場合に発生する．この状況を回避するためには，現世代の負担を大きくする，つまり，できるだけ税収の範囲内でインフラ整備を行うことが必要になる．もしくは，料金水準や課税水準を固定した場合に将来期待できるキャッシュフローの範囲内で資金調達を検討しインフラ整備を行う必要がある．別の方法と

して，仮に，過去に建設したインフラの利用が建設費用を超過しており，インフラ単体で見た場合の資金収支が黒字の場合に，この資産を別の主体に売却し，インフラという物体を資金に変換し，この資金を現在必要なインフラ整備の資金や必要な公的資金需要に充当するということも考えられる（民営化）．これは，過去に税金や料金収入の余剰などで整備したインフラ事業の含み益を顕在化させ，福祉や教育，環境という別分野でユーザー（市民）に還元する手法ともいえる．言い換えると，過去の納税者・利用者の払った料金を現在・未来の利用者が享受するという見方もできる．どのようなやり方をするにしろ，インフラ整備の持続可能性を考える上で，ファイナンスの観点からは受益と負担の世代間公平性をどのように調整していくかが最大の課題になろう．

　本節では，人口減少という未体験ゾーンへ突入し何が起こるかわからないという将来のインフラ事業環境において，その未体験ゾーンで何が起ころうとも急激なショックを緩和しつつ柔軟に対応するために，ファイナンスの観点からは多様な民間資金の導入を含めたファイナンスオプションの多様性を整備することが必要であると結論している．さらに，人口減少が直接的なトリガーではないものの，一部のインフラプロジェクトが急速に小型化・分散化・短期化しファイナンスもそれに併せ急速に変化していることを紹介したが，この新しい動きも人口減少への対応の1つの方策であると考える．しかし一方で，持続可能性の観点からは，闇雲に多様なファイナンスの選択肢を用意するだけでなく，それら新しいファイナンスツールが潜在的に有している危険性・リスクを十分に勘案し，そのリスクマネジメントの方策も同時に整備することが肝要である．たとえば現在は，電力事業や鉄道事業などは資金調達面からはほぼ完全な民営事業として成立しているように見えるが，一方で電気事業法や鉄道事業法などのいわゆる「業法」によりその事業の自由度は一定程度制限されている．ファイナンス面においても，収入の大半を規定する料金や事業の地域独占性が業法により担保されている（許認可制）ことで，その資金調達の確度をある程度「業法」がコントロールすることが可能になっている．ファイナンスの自由度を高めるということは，その分端的には事業破綻の可能性も大きくなると考えてよいだろう．事業破綻が起こりやすいということは，前述のように，急激な社会情勢・事業環境の変化の

もとで事業の形態や規模を，一定のリズムとスピード感を持って変化させていくためには重要であるが，ここで忘れてならないことは，事業破綻とサービス水準の急低下・破綻を十分に切り離しておくような制度設計が必要であるということである．持続可能性の側面からファイナンスを論ずる際は，ファイナンスオプションの多様化とサービスの持続可能性は時に背反することがあり，ファイナンスの多様化は事業（企業）の持続可能性を一般的に低下させる．そのため，それに反してサービスの持続可能性をどのように担保していくかという制度設計の思想が求められるということも常に留意する必要があろう．

2）インフラ整備の公平性とファイナンス論

インフラ整備の公平性をファイナンスの側面から論じる際には，「誰にとって公平か」という点で整理する必要がある．まず，ファイナンスを利用してインフラを整備し利用する市民（およびその預託を受けていると見なせる自治体や国などの公的整備・運営主体）の視点から考えると，公平性とは各地域に必要な資金が適切に分配されるかどうかである．日本の地方部は，成長余力以前に人口減少等で成長余地が見込まれず，高コスト・低リターンになっている．このような条件の地域に民間資金が投下されることは難しい．インフラ整備の観点から見ると，民間から資金調達をしようが，公的財源から資金調達しようが，お金に色が付いているわけではないし，異なったものができるわけではない．一般的に，公的主体の信用力が民間に比べて大きく，プロジェクトファイナンスのような資金調達を試みるより，国や広域自治体の信用力を背景にした資金調達（つまり，建設国債や地方債）のほうが，民間より低コストで資金調達できる．地域間で公平なインフラ整備を目指していくのであれば，民間資金の活用にこだわることなく，公的資金も必要な地域に適切に活用することを前提にした議論が必要になる．

次に，日本の電力会社や鉄道会社，ガス会社のような民間インフラ事業者から見たファイナンスの公平性ということを考えてみよう．民間インフラ事業の特徴として，必要十分なサービス水準を担保するために，さまざまな規制やルールによって事業の自由度をある程度制限する必要があることは，インフラ事業の持続性の観点からも重要である．一方で，適正な規制のもとでできる限り多様なファイナンスソースを利用でき，その利用・アクセスもで

きる限り適正な競争に則るという意味での公平さが担保されるべきという観点から，さまざまなファイナンスソースに対するアクセスが過度に制限されたり，本来競争環境下にあるべき資金調達を過度に保護することで適正な競争を阻害したりということは，好ましくない．言い換えると，多様なファイナンスへのアクセスが不十分である場合，インフラ運営事業者の資金調達が歪み，利用料金面で国際競争力も低下することが危惧される．また，異なったインフラセクター間での競争（たとえば，新幹線と航空）もなくなり，利用者が高い料金を払い続けることになる．

　もう1つの視点は，資金の出し手である多様な投資家からの公平性の視点である．元来，資金に区別はない．戦略投資家であれば本業とのシナジーやリスクヘッジなど複雑な視点から投資を行う可能性もあるが，ほとんどの機関投資家やファンドなどは，ほぼリスクリターンだけを投資基準に置いて投資行為を行う．そこに，さまざまな税制や規制などで投資リスクリターンに不公平を生じさせる，規制や課税により特定の性質の資金を排除するという意味で不公平を生む．さらに，さまざまな優遇策である性質のカネだけを呼び込むという歪みを生む．どちらも本来，同じリスクリターン性向で同じような競争環境下におかれているべきである資金の利用を歪めるということである．これは，ファイナンスの出し手である投資家から見れば，ただ不自然な選択行為であると捉えられて，そのような作為的な不自然な選択行為が許容される市場は投資に適さないと判断され，投資家が離れていくこととなる．優遇された資金も一時的に集まるが，資金の求心力（ファイナンスを惹きつける力）を優遇措置のコストで買ったとしても，「不自然な不公平な市場である」と投資家が敬遠するコストの分だけ効果は割り引かれると考えられるので，長期的にはインフラ整備の効率（費用対効果）は落ちる可能性がある．持続可能性を担保する必要最小限の規制・制約は確保しつつ，公平な競争環境を最大限に用意することが，結果的には効率的なインフラ整備につながるものと考えられる．

　次に，インフラファイナンスに関しても地域的な公平性の観点からの議論も重要である．世界的にみれば，制度や技術が未熟で価格水準が低く通貨リスクも高い途上国・新興国におけるインフラプロジェクトにもさまざまな工夫や思惑から民間資金は投下されている．それは，成熟した先進国＝ロー

リスク・ローリターン，途上国・新興国＝ハイリスク・ハイリターンというようなポートフォリオのなかで民間ファイナンスが結果的に比較的広く行き先を探すという特性があるからであり，低価格・ハイリスクな途上国・新興国でも，将来の成長余力によってリスクを踏まえた十分な回収ができると考えられるからである．一方で日本の地方部は，前述の通り人口減少等で成長余地が見込まれず，高コスト・低リターンである．このような条件の地域に民間ファイナンスが投下されることは難しいであろう．このような人口減少時代においてプロジェクトファイナンスのような資金調達を無理に試みても，なんらかの「下駄」を履かせなければ民間ファイナンスは他のインフラプロジェクト（他国や成長分野，都市部など）に向かってしまう．それを無理やりに引き留めようとすればその「下駄」がインフラプロジェクトを実施しようとする側（多くはその地方の公共）にとってコストやエクスポージャーとなる．一般的には，人口減少で成長の望めない状況で，もし地域間で公平なインフラ整備を依然として目指していくのであれば，民間資金の活用にこだわることなく，公的資金を必要な地域に適切に活用することを前提にした議論が必要になるであろう．

　3）インフラ整備の効率性とファイナンス論

　インフラ整備の効率性とファイナンスは，投下資金に対してより多くのインフラ整備ができるという「資金利用効率性」の議論と，同じ量や質のインフラ整備を行うために適切な資金調達を行うという「調達効率性」の両面が存在する．前者は，技術論で取り扱うこととし，ここでは特に後者について議論を行っている．

　長期にわたり供用されメンテナンスされていくインフラにとってのファイナンスの効率性とは，ファイナンスを供与する主体から見ると供与したファイナンスによって期待通りの利益があがることであり，ファイナンスを調達する側からみると金利等の支払い費用に対して効率的に必要なファイナンスを確保することといえる．供与主体にとっても調達主体にとっても効率的なファイナンスを行うためには，できるだけ多様なファイナンスの選択肢が用意されることが必要である．先に引用したオーストラリアの例を挙げるまでもなく，公共ファイナンスと競合し比較検討する形で民間ファイナンスを導入することが経済効率性をもたらすといわれることが多い．しかし，公共調

達と民間資金導入ではその件数も歴史も異なっており，また民間ファイナンスの導入から比較的日が浅いプロジェクトや分野も多く，一概に「民間＝効率的」と決めてしまうだけの根拠があるとは言い切れない．むしろ，ファイナンスに関して画一的・硬直的な制度や方式を決めてしまうのではなく，事業開始時から事業実施中を含め，常にフレキシブルな選択肢を用意しておくことが重要であると考えられる．なぜならば効率性の定義は，時代によっても視点によっても変化しうるからである．日本は他の先進諸国に比べ，インフラにおける調達のオプションが少ない．主体論・リスク論と同様，「官か民か」という二元論ではなく，官にせよ民にせよ，その特徴を活かした多様なファイナンスを常に持ち寄り，時代にとって最も効率的なインフラ整備が持続可能になるような，ファイナンスの柔軟性を確保するための制度設計が，効率性の観点からも重要である．

4.3.5　人口減少時代におけるファイナンス論の考察

インフラファイナンスは一般的にインフラそのものの寿命と一致させるために，長期の方がよいと考えられるが，特に，右肩下がりの時代には不確実性が高まるため，長期のファイナンスをすると，現時点ではリスクを過大に評価することになる．人口減少時代におけるインフラファイナンスの方向性を以下2点論じる．

1）期間・量・質の多様化と適切なバランス

前述の通り，人口減少時代においてファイナンスはより選択肢が多く多様性を確保することで効率性が担保される（効率性の低下を避けられる）．持続可能性からも公平性からも，「多様性」は重要なキーワードである．

一般的に，長期ファイナンスは調達コストが高く，短期ファイナンスに切り替えることでコストを下げることができる．一方で，2000年代のインフラファンドバブルとその後の破綻は，インフラ本来の寿命と一致しない短期の資金が増加し，インフラのアセットとしての収益性と関係なく，ファンドから資金が引き上げられたためと考えられている．また近年の一部の小型再生可能エネルギー案件に対する他業種からの積極的なファイナンス供与が，レンダーガバナンスの低下を招き，プロジェクトの破綻や失敗の原因の1つとなっている．従来インフラプロジェクトに対するファイナンスは，

長期的な予見可能性に裏付けられた「大規模・長期」が一般的であったが，「小型・短期」というオプションが利用可能となったことは歓迎すべきことである一方，大半のインフラプロジェクトの本質的な性格が大規模・長期である以上，やはりインフラファイナンスも本質的には大規模・長期であるべきであろう．そのなかで，デジタル技術や社会情勢の変化にあわせ，さまざまな新しいファイナンス手法の導入を検討・試行していくべきである．検討は積極的に，しかし導入と運用は慎重に抑制的に，リスクとコストのバランスを考えながら組み合わせていくことで，先行き不透明な世界に対応していくことが必要である．

　これまで，インフラアセットマネジメントの文脈では長期的なコスト削減を目指して長寿命化の議論が進み，結果的にファイナンスの期間と物的耐用年数の差が拡大している．人口減少社会の変化を考えると，人口要因の変動が激しい（急激に減少する）地域ではインフラの短命化（もしくは非長寿命化）が１つの重要な選択肢となってくる一方で，人口要因が安定しておりインフラを依然として長期に使うことが想定される場所ではインフラの長寿命化が正しい方向になる．従来のような長期資金の借り入れ，税収・利用料金による返済というシンプルなファイナンスモデルではなく，市民に対して提供しなければならないインフラサービスや今後のインフラプロジェクトのあるべき姿を見極めたうえで，その期間・量・質に応じた多様なファイナンスを考えていく必要がある．

　2）民間ファンドの将来

　多様なファイナンスを実現していくための手法は，インフラファンドを始め，既にいくつか説明している．興味深いことに，90年代から現在まで形を変えながらもインフラファイナンスを牽引するエンジンとして役割を果たしてきたインフラファンドと旧来の財政投融資の仕組みを比較すると，年金資金や家計の貯蓄を原資にし，それをファンドや資金運用部預託によってインフラに導き，長期でインフラにファイナンスを提供している構造が非常によく似ている．いわば，財政投融資は官製インフラファンドといえる．ただし，官製インフラファンドと比較して，民間のインフラファンドは市場による規律がより機能することが期待される．

　既に指摘したように，日本の地方部は人口減少に直面するため，単純に民

間ファイナンスが活用されることを期待することは難しい．公共側による保証や，必要に応じて公共の資金を一部投入した形でのインフラファイナンスが必要になろう．将来的には国や道州制などの広域の単位で受け皿となるような官製インフラファンドを設立し，地元資金でインフラ整備資金を調達することも考えられる．これは，現在の地方自治体の地方債の共同発行を考えても，現実性のない考え方ではない．グローバリゼーションの世界では，よりローカライズした動きが発生するのである．ただし，この場合は，リージョナルリスクがそのまま地域に残る．言い換えると，地震などの災害時や社会経済状況などの地域特有のリスクがヘッジできない．この点について，投資された資金の出口としてのセカンダリー市場を整備することにより，より広範な地域から資金を集める仕組みを構築することも必要である．また，地域別にインフラ整備資金を調達するときには，地域別にインフラ整備水準やインフラサービス供給水準を変えられるようにすることが重要になる．このことによって，アセットクラスとしてのインフラに「地域差」という多様性が生まれ，インフラファンドのポートフォリオが充実する．また，コスト削減や新たなサービス付加の可能性も生まれる．限られた資金で，最適なインフラサービス供給が実現できることが期待される．

更に，現状のインフラファンドは主に機関投資家や金融機関がファイナンスの提供者であるが，地域に根差したインフラファンドの場合，コミュニティボンドのような市民の資金を直接吸収するということも重要である．現在，公募もしくは上場ファンドでなければ個人は投資できず，この結果，普通の市民がインフラファンドに直接投資することはできないが，前述のようにガバメント・クラウド・ファンディングのような新しい動きもある．世界経済危機以降のインフラファンドの反省として近年非上場化が進むなか，今後は，一般投資家が地域のインフラの整備に直接資金提供をできる仕組みを考えることも必要になるだろう．一方で，従来，大蔵省理財局を通じて官製インフラファンドとしてインフラ整備に資金提供していた郵便貯金や簡易保険などの資金や，まさに年金そのものである GPIF の資金が現在は運用先を失い，国債や ETF 等に向かっている．しかし，これらの家計の資金を再び直接インフラに向ける骨太の仕組みが必要である．すなわち，官製・民間インフラファンドそれぞれへ適切にファイナンスを提供する大きな主体とし

て再登場することが期待されるのである.

このように，年金等を活用した民間版財投の復活，応能負担から応益負担への転換などのように従来のインフラファイナンスのあり方の発想の転換を行う必要がある. また，民営化や市場化テストのようにインフラ運営を民間に一度移転させ，コストを削減させた後で，将来，大幅な人口減少によって区分された事業だけでは民間が運営できなくなった後に，再び公営化し，スリムなインフラを官が運営するということもありえよう. インフラセクターの大規模なリボルビングドアのような仕組みのなかで，変化する時代にインフラがファイナンスを含め最適化していくことが期待される.

ただし，常に留意すべきは，大きな権力と決定権を持つ中央から地方への資金再分配が適切に行われない可能性があるということである. 人口減少社会において最初に変化の歪みを受けてしまうのは地方部であり，このためには，地方交付税交付金を活用した都市と地方の再配分システムを再度，丁寧に設計する必要がある. この点については，今後の検討課題である.

4.4　主体論

4.4.1　多様化するインフラ整備のスキーム

都市の「かたち」に相関するインフラ事業をいかなる主体が実施するかという議論においては，官民の役割分担という視点を欠かすことはできない. 日本では従来から民間主体によるインフラ整備が行われてきている.

1）分野別にみた運営主体

電力は戦後に民間会社となり，10の地域電力会社が上場民間事業者として電力供給事業を担ってきたが，2016年の電力市場の自由化に伴う発送電分離を経て，送電ビジネス，小売ビジネス，発電ビジネス等，上流から下流まで多様な事業主体が参入している. 引き続き民間事業者が主たる担い手であるが，地域によっては公営電気事業者による電力供給も一部行われている.

ガスは，東京ガス・大阪ガスをはじめとする大手ガス事業者も，長く優良な民間インフラ事業者として存在し続けている. ガス事業は公民入り混じっており，中小規模の民間地域ガス会社は多く存在する. 熱量変更，導管網の

耐震化，市場自由化などを契機に公営事業も順次民営化されている．

　鉄道は，日本は古くからいわゆる私鉄が多く存在し，その歴史は 1884 年に設立された南海鉄道までさかのぼる．現在，東京地下鉄を含む 16 社の大手私鉄・5 社の準大手私鉄および多くの中小私鉄が存在し，鉄道事業法に基づき運営されている．いずれも不動産事業や百貨店事業との相乗効果を生みながら比較的堅調な経営を行っている．連結売上高 1 兆 3,000 億円の東京急行以下，比較的規模の大きな企業が多い．

　道路については，観光道路など道路運送法に基づく道路の運営は，しばしば民間会社によって行われている．

　空港については，空港ビル運営と離発着業務がそれぞれ分けられており，空港ビル業務は民営化あるいは三セク化されているものが多い．たとえば，羽田空港のビルを運営する日本空港ビルデングは売上高 1,000 億円を超す大企業である．

　一般廃棄物は，地方自治体が担っている．産業廃棄物は専門業者という区分になっているが，一般廃棄物の処理（運搬収集，中間処理，最終処分）も一部民間企業によって行われている．廃棄物の 9 割を占める産業廃棄物は民間事業者によって運営されており，30 兆円ともいわれる巨大市場であるが，一方で地域中小企業が多く，焼却炉メーカーなどを除いて大企業が少ない産業である．

　上記以外のインフラ整備は従来，公的主体を中心に行われてきた．他方，2000 年代以降，財政難を契機に PFI を初めとする民間資金の活用も検討され，民間主体によるインフラ整備も実現されている．

2）BOT/BOO

　民間資金等の活用による公共施設等の整備等の促進に関する法律（いわゆる「PFI 法」）で多く活用されるスキームであり，建設 (Build) およびその資金調達とその後の長期の運営 (Operate) を民間事業者に委託するもの．一定期間経過後にそのインフラ事業を，発注者である公共側に無償譲渡 (Transfer) する場合と，永続的に民間事業者が所有 (Own) するような形態がある．DBFO (Design-Build-Finance-Operate) などと呼ばれることもある．

3) コンセッション

コンセッションは，自治体や政府から民間事業者が長期にわたって事業権を付与され，民間事業者の独立採算事業として経営を任される形態であり，日本では PFI 法に基づく「公共施設等運営事業」として実施される．初期建設投資を伴わないことも多い．コンセッションはあくまで公共から権益を付与された民間企業が事業を行うため，その企業が一定レベルのサービスを提供できなくなったり，倒産した場合などは別業者を選定し事業継続をしたりする．民営化はあくまで民間事業であり，公共側が規制法等を通じて監視監督は行うものの，事業の最終責任は民間企業が取る．民営化の場合は倒産した場合の公共側の関与に強制力がないことが多い．したがって，理論上は民間事業者の倒産などの際にインフラサービスが停止してしまうリスクがあり，公共というクッションを経ずに民間事業者のリスクをユーザーである市民が直接取っている形である．

以上のような現状の姿からは，現状のインフラ事業では，誰が何を担うべきか，という問題に対する一律の解は存在せず，業態ごとに個別に制度が構築されてきているといえる．それらの制度には，歴史的な背景等一定の合理性があるものの，積み重ねにより作られた事実が，現在は所与の条件のように捉えられている面があるように思われる．

4) 官民の役割分担における主体論に関する考察

以降では，インフラの事業主体に関わるフレームワークの整理を行い，これまでのインフラ事業における官民の役割分担の基本的な考え方を整理する．その上で，効率性，公平性，持続可能性との視点から主体論の意味するところを確認し，今後の都市の「かたち」に深く関わるインフラ整備（再整備を含む）の主体のあり方について，再検討を加えてみたい．インフラ事業を，いわゆる経営主体の視点から見れば，官（国，地方自治体，公営企業や特殊法人）または民（私企業）のいずれかが担っているといえる．しかし，「主体」の意味するところは，必ずしも経営主体が誰か，という単純な問題にとどまらない．インフラ事業においては，その公益的な性質から，常に何らかの形で規制主体が存在し，また，インフラ事業の規模の大きさや技術的な要請から，さまざまな主体が関係して事業が実施されているという側面を持っている．そこで，規制から現場レベルの技術的業務の実施まで，具体的

①規制権限の行使	規制	料金上限規制，サービス水準・安全規制，財務規制等の各種規制の実施
	許認可	法令上の要件を満たす者に事業許認可を付与
	事業監視・監督	事業実施を監視し，各種監督権限を行使
事業の運営・管理	②事業計画の策定	事業に関する各種計画（工事計画，修繕計画，運転管理計画等）を策定
	③施設保有	事業に必要な施設の保有
	④資金調達	事業に必要な資本・負債の調達
	⑤料金決定	規制で定められた範囲内での料金を設定・変更
	⑥収入帰属	料金から発生する収入の計上
⑦個別業務の執行（事実行為）	工事実施	新設工事，維持管理工事の施工
	運営・維持管理の実施	個別の資産・施設の運営・維持管理の実施
	サービスの提供	料金徴収，個別のサービス提供

図 4.4 規制から現場での業務執行までの役割分担

な役割の分類から主体論を考える必要がある．規制面から現場レベルでの業務執行まで，役割の分類は，図 4.4 のように整理できる．現状の官と民という担い手を考えた場合，これらの役割のどの部分までを誰が担うのか，ということが主体論の中心となる．

　主体論を検討する場合，これを単純に技術的な問題として捉えるのは十分ではない．各種のインフラ事業は，程度の違いは事業ごとにさまざまながら，公益的側面を持った事業である．この「公益」という概念自体，理念的な価値を含んだものであるため，主体論については，官の活動領域はどうあるべきか，という国家や社会のあり方についての議論をまず整理する必要がある．具体的には，そもそも個別事業の制度設計以前の問題として，憲法や行政法といったレベルで，理念的に主体論のあり方について既定の枠組みがあるのか，という問題の整理が必要となる．

憲法第 25 条

　インフラ事業の実施について，国がどのような仕組み（法制度）を通じてこれを実現すべきかについては，福祉国家の理念に基づく憲法第 25 条が関連する．憲法第 25 条第 1 項および第 2 項はそれぞれ「すべて国民は，健康で文化的な最低限度の生活を営む権利を有する．」「国は，すべての生活部面について，社会福祉，社会保障及び公衆衛生の向上及び増進に努めなければならない．」と定めている．この規定の解釈としては，いわゆる朝日訴訟（最判昭和 42 年 5 月 25 日民集 21 巻 5 号 1043 頁）や堀木訴訟（最判昭和 57 年 7 月 7 日民集 36 巻 7 号 1235 頁）などで示され，憲法第 25 条をど

のような政策で実現するかは，立法府の広い裁量にゆだねられており，著しく合理性を欠き，明らかに裁量の逸脱・濫用となる場合にのみ違憲となる，とされている．このような解釈に従う限り，インフラ事業についても官がどのような役割を担い，制度としてどのような仕組みを作るかについては，その時々の状況に応じて立法裁量により決定されるものであり，あるインフラ事業について当然に官が主体となる，ということが憲法上基礎付けられているとはいえないであろう．

憲法第 65 条，73 条

憲法上，国には立法，行政および司法の三権が与えられている．このうちインフラ事業に直接関わりがあるのは行政権であるが，憲法第 65 条では行政権は内閣に属すると定め，同第 73 条は内閣の職務を具体的に規定している．そこで，これらの規定から，あるインフラ事業について官が主体となることが求められているという解釈が導けるか，という問題がある．しかしながら，憲法第 65 条の行政権の概念を「すべての国家作用のうちから，立法作用と司法作用を除いた残りの作用である」と解する「控除説」が通説とされ，「国家作用」とは何かについて，特に具体的な定義を行っているわけではない（実際それはほとんど不可能だろう）．また，憲法第 73 条の規定する「一般行政事務」も，憲法第 65 条の行政権を前提とする概念であるため，行政権の具体的なあり方を規定する具体的な基準とはいえない．

このように，憲法は抽象的な規定を設けるのみであり，結局行政活動の具体的な方法や形式は，立法に委ねられていると理解できる．そうすると，国として，国民を保護するための必要な規制自体を放棄してしまうような制度は認められないであろうが，インフラ事業の主体を官民いずれとするかを制度的にどのように定めたところで，それ自体が問題となるわけではなく，結局は全体の制度設計の合理性に帰着するといえるだろう．

行政法上の議論

インフラ事業の役割分担については，行政法学においても議論がなされている．すなわち，行政行為一般の分類として，命令的行為と形成的行為という区分がなされるのが通例であり，インフラ事業の実施主体との関係でいえば，前者の類型として許可（本来自由な活動について法律上禁止がされているものを，一定の要件を満たすことにより解除すること），後者の類型とし

て公企業の特許（本来持っていない新たな権利の付与），という区分がある，と説明される．この区分について，塩野 (2015) では，「公益事業の国家経営権の独占なる観念を認める実証的な根拠はない」とし，公益事業に関する業許可の規制も，その他の業種に関する規制も，結局は営業に対する規制方法の手法の違いに過ぎず，具体的な規制方法について，立法者の選択の幅は広く，このような行政行為の区分については問題がある，と指摘している．また，あるサービスの提供を，国や地方公共団体がすべきか，私企業が提供すべきなのかは当然には決まらず，外交や軍事といった直観的な国家事務を除けば，「サービスの提供主体について，官，公，私の区別を法律上概念的に導き出すのは困難」であり，「そこには，立法者の幅広い選択の余地がある」としている．

このような指摘に対し，

1. 立法者の選択についても，何らかの歯止めが必要であって，国家の生存権・社会権保護義務に違反するような方法は許されず
2. 公共性のある事業については，行政に対する民主的統制や行政に対する司法的統制の原理から，仮に民間企業がそれを担うとしても一定の統制が求められ
3. 憲法上公務員の存在が規定されている以上，国民の福利の実現にとって必要な事務・事業は公務員によって行われることを予定している

という見解が存在する．立法裁量といえども一定の制約があるのは当然であろうが，①は結局憲法第 25 条の違憲審査の問題であって，裁量権の逸脱といえるような極端な事例について該当する問題であり，インフラ事業といった公共性のある事業の主体をどのように選択するか，ということが直ちに問題になるわけではない．また，②や③についても，要は事業の公益性というべきものをどのように確保し，そのために公務員がどのような役割を担うか，という制度設計全般の問題であって，いかなる事業を誰が担うべきか，ということについて一義的な判断基準を与えるものではないだろう．

4.4.2 インフラ整備の主体の問題点

1）主体の現在の姿

インフラ事業には，その提供されるサービスが国民または地域住民の便益のために広く供給される必要があるという，公益的性質がある．そのため，官が規制権限の行使主体としての役割を担った上で，事業計画の策定から個別業務の執行まで，その担い手は官民の双方がありうることになる．このうち官については，国と都道府県・市町村（地方公共団体）が重要な主体であるが，これ以外にも，一部事務組合などの特別地方公共団体，独立行政法人，公社，個別立法に基づく特殊会社の他，第三セクターなどさまざまな形態をとっていることに注意を要する．他方，民の主体については，株式会社や合同会社といった通常の営利法人のほか，有限責任事業組合（LLP）といった組合形態，NPO法人，法人格のない団体などの非営利主体があるが，インフラ事業における主体としては，もっぱら営利企業としての法人形態を想定すれば足りるであろう．

2）インフラ事業における主体の参入規制

インフラ事業は社会生活の基盤となる施設であるため，一般に公益性のある事業として法律上さまざまな規制がかけられている．インフラ事業の主体の現状を理解する上でまず重要なのは，事業全体の担い手としての主体について，官と民を区分する規制（参入主体規制）が存在することである．ただし，個別のインフラ事業で参入主体規制の程度は異なり，公営以外認めないものから，官民で参入主体規制について特に区別の存在しないものもある．以下では，特にインフラ事業の基本的な主体のあり方として公営原則が採用されている主要な分野を整理する．

上水道を規制する水道法は，市町村による経営によることが原則とされている（水道法第6条第2項）．法律上は，民営の水道事業も許容されているが，供給地の市町村の同意が必要であり（同条項），実際我々が一般的に利用しているいわゆる水道事業は，すべて公営である（厚生労働省健康局の発表した水道の種類別箇所数（2022年3月31日現在）によれば，上水道（簡易水道を除く）の水道事業者1,304のうち，民営の事業者はわずかに9となっている）．

下水道については，下水道法第3条が，公営原則を定め，下水道事業は

市町村のみが事業主体として法定されている.

　道路（一般道や高速道路等. なお，極めて少数であるが道路運送法上の自動車道を除く）については，道路法，道路整備特別措置法その他道路の種類に応じて各種の規制がなされているが，いずれにおいても，道路の設置，維持管理，利用関係の管理，有料道路における料金設定・徴収などは，道路管理者（またはその権限代行者）である，国，特殊法人である高速道路会社，地方公共団体，地方道路公社等が行うことが法定され（道路法第12条，第15条，第16条，高速自動車国道法第6条，道路整備特別措置法第8条，第9条，第17条），民が道路管理者となることは原則として想定されていない.

　空港については，その主体規制は若干複雑である. いわゆる滑走路や管制塔といった空港の主要な施設については，空港法第4条および第5条に基づき，国内の空港のすべてについて，国，地方公共団体または特殊法人（成田，中部，関空）を空港管理者として法律上特定し，民間企業が空港管理者となることは原則として想定されていない. この空港管理者は，これらの施設について維持管理，利用関係の管理を行うほか，着陸料などの料金の徴収権限を持っている. 他方，旅客ターミナルビルや貨物ターミナルビル，駐車場，給油施設といった空港に付帯する施設については，空港機能施設事業者としての指定を受けることにより，民間企業であっても事業主体となることが認められている（空港法第15条）.

　港湾については，港湾法第2条に基づき，地方公共団体または地方公共団体が設立した公法上の法人である港湾局を港湾管理者として法律上特定している. この港湾管理者は，港湾施設を維持管理し，利用関係を管理する上（第12条）入港料などの徴収を行う権限を持っている（第44条の2）.

　以上に対して，鉄道（旧国鉄）や電話（旧電電公社）などは過去公営の事業として行われていたが，民営化（株式会社化および株式の譲渡）により，現在は参入主体規制が存在していない（鉄道事業法，電気通信事業法等）. また，ガス事業や電気事業，各種交通事業なども，歴史的にも民（民間の営利企業）が事業主体となって始まり，法律上の参入主体規制は存在していない（ガス事業法，電気事業法等）. これらの参入主体規制のない分野では，主に民が事業主体として活動し，何らかの理由により民が事業を行っていな

い地域等で，民の事業活動を補完する形で，官（地方公営企業や第三セクター）が事業を行っている例が多い．

　3）官と民の活動領域についての考え方と役割分担の現在の姿

　以上見たとおり，公営原則が定められているインフラ事業と，個別事業法において官民の参入主体規制を定めないインフラ事業が存在するが，いずれの事業であっても，参入主体規制に従って単一の主体が事業のすべてを行っているわけではない．主体論の現状の理解としては，参入主体規制を前提にしつつ，その規制に従った「主体」であることが何を意味しているのか，言い換えれば，「主体」であるには自ら何を行う必要があり，何を他者に委ねることが許されているか，ということも併せて検討しなければならない．これを図4.4の②ないし⑦の内容から整理するならば，これらの分類のどの部分を誰が担えるのか，という役割分担の議論になる．この問題点は，官が民の分野をどこまで行うことができ，民が官の分野をどこまで行うことができるのか，という問題に関する法的な議論と密接な関係を有している．

官の民分野での活動領域

　官が民間の行う営利事業にどこまで関与できるのか，については，ほとんど禁止がないといってよい．たとえば地方自治法上，地方公共団体が経済活動を行うことができるとする立場が実務上とられており，地方公営企業法もさまざまな企業的活動を地方公共団体が行うことを前提にした制度となっている．更に，ケーブルテレビ事業やホテル，レストラン，スポーツ施設など，多様な企業活動を行っている．また，第三セクターの形態により，出資にとどまらず，民間企業としての経営の参画まで行われており，民が事業主体のインフラ事業において，事実上あらゆる局面において官の関与は特に禁止されていないといえる．このような関与をなぜ地方公共団体が行えるのか，という理論的な問題については，直接に公共の目的とするところを要求する見解や，財政目的も認める見解などがあるが，何らの公共目的も認められないような事業はむしろ例外的であることを考えると，結局何らかの公益性が認められれば許容される，というのが一般的な整理のようである．

　また，国についても，過去の国鉄や電電公社の事例などを見れば明らかな通り，特殊法人による活動を含めれば，収益事業について関与の制約は実質的にはほとんどないといえるだろう．これら官が関与するさまざまな事業に

4.4 主体論 177

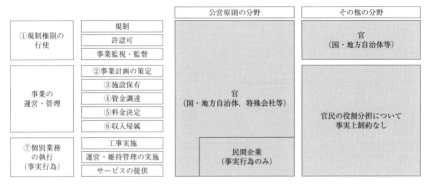

図 4.5 官と民の役割分担の制度的区分

ついて議論されるのは，制度的に可能か不可能かといった議論ではなく，民業圧迫であるといった，もっぱら適・不適の問題ということになる．

民の官分野での活動領域

これに対し，現状官が自らの業務として行っている活動を，民間企業がどこまで担えるのか，ということについては，制約が非常に強い．たとえば，地方公共団体が行う内部管理等の一般事務においては，「公権力の行使」に関わる事務や人事管理，財政権限等の地方公共団体の維持存続に直接関係する事務を委託することは適当でないとされている．公営原則が規定されているインフラ事業においても同様で，法令に別途定めがない限り，事実行為についてしか委託はできないとされている．ここでいう事実行為とは，業務として行うべき内容や方法についての判断を行うことなく，官によって設定された詳細な仕様通りに業務を行う，という形態を指している（図 4.4 の⑦に該当する）．このような考え方は，インフラ事業の個別法令においても，同様に解釈されている．

たとえば，下水道事業では，名古屋地裁平成 2 年 5 月 20 日判決（判例タイムズ 751 号 123 頁）が，「下水道管理の責任主体たる市町村が維持管理業務につき意思決定と指導監督をなし，右決定と監督のもとに現業的事務を第三者に委託して行わせることは（中略）……当該自治体の裁量的な判断に委ねられているものと解すべき」として，「公権力の行使と直接かかわりのない現業的部分」であれば法律上の根拠がなくても事務処理の委託ができる，

としている．また，公の施設の指定管理者制度（地方自治法第244条の2）や個別法の業務委託制度に関し，民間企業が行える業務の範囲について所管官庁が発出している通知においても，おおよそ同様の理解が示されている（河川について平成16年3月26日通知国河政第115号，港湾について平成16年3月29日通知国港管第1406号，下水道について平成16年3月30日通知国都下企第71号，道路について平成16年3月31日通知国道政第92号他）．また，民間資金等の活用による公共施設等の整備等の促進に関する法律（いわゆるPFI法）や地方自治上の指定管理者制度といった公益事業分野における民間企業の活用のための制度が存在するが，解釈上，これらの制度もインフラ事業の個別法令に優先しない，と位置付けられている（なお，2011年度のPFI法改正については後述する）．

このように，法律上公営原則が採用されている場合，事業の実施（図4.4の②ないし⑥）は「公権力の行使」に当たり，したがって，事実行為（図4.4の⑦）の範囲を超えた実質的な判断を行うような業務まで民間企業に委託してはならない，ということが根拠とされている．さらに，このような考え方の前提となる概念として，「公物管理権」が存在する．インフラ等，官が公共目的のために供する施設等は「公物」という特殊なものとして分類され，公物をその目的に従って管理する作用は「公物管理権」という特別な権利に基づいており，これは本来的に官が保有するものである以上，特別の法律がない限り，官以外の主体が行使することは想定されない，というものである．したがって，公物管理権の行使を民に委託するのは，法律上特別な定めがない限り，事実行為に限定される，と解されている．

以上をまとめると，主要なインフラ事業における公営原則分野とその他の分野において，伝統的な官と民の役割分担の制度的区分は図4.5のとおりとなる．

4.4.3　公権力の行使

このような区分の議論において重要な意味を持つ「公権力の行使」や「公物管理権」といった概念は，インフラ事業の主体論において，所与の条件として，法制度の如何にかかわらず存在しているものなのだろうか．公権力の行使や公物管理権についての議論について若干の検討を加えてみたい．

現在「公権力の行使」という文言が約 30 の法律で使用されているが，最も重要なのは，行政手続法（第 2 条第 2 号），行政不服審査法（第 1 条），行政事件訴訟法（第 3 条第 2 項）が，それぞれの手続の対象の定義として「行政庁の処分その他公権力の行使に当たる行為」と定めている部分である．これ以外には，国家賠償法第 1 条が，国等が賠償責任を負う行為の主体として「国又は公共団体の公権力の行使に当たる公務員」と定めているものがあることを除けば，そのほとんどは，個別法を所管する行政官庁に対する不服審査の手続対象として「公権力の行使」を規定しており，行政手続法等と同様の概念を使用していることがわかる．

行政手続法等に定める「行政庁の処分その他公権力の行使」の定義については，リーディングケースである最判昭和 39 年 10 月 29 日（民集 18 巻 8 号 1809 頁）が，「公権力の主体たる国又は公共団体が行う行為のうちで，その行為により直接国民の権利義務を形成し又はその範囲を確定することが法律上認められているものをいう」と判示し，これに該当するかの判断要素としては，行政庁の行為が公権力性を有するかという点（行為の公権力性）と，個人の法律上の地位に対する影響を与えるかという点の 2 点にある，とされている．

このうち，本項の検討に関連するのは，「行為の公権力性」の有無であるが，具体的な裁判例の集積を見る限り，結局その判断基準は，立法政策として個別の法律上行政庁に優越的な地位が認められ，かつ，行政庁の権限の行使について法律に根拠があること，または法律が立法政策として行政不服審査法の対象にしたものと，説明されている．

このような解釈や実務の集積を見る限り，「公権力」として具体的な事象に当てはめることができる所与の実態が法律以前に存在している，というよりは，国としての政策実行方法として，ある活動については優越的地位に立って国民の権利や自由を一定程度制限することが立法上根拠付けられた場合に，その活動について公権力性が認められる，と理解するのが自然であろう．つまり，インフラ事業に即していえば，ある事業に「公権力性」であるからそのような立法がなされている，のではなく，特定の政策実現方法を選択した結果，その法律の制度設計の存在ゆえに「公権力性」が認められるのである．

180　第4章　人口減少時代の都市・インフラ整備の5つの視点

　なお，国家賠償法第1条の定める「公権力の行使」については，行政作用のうち私経済作用を除いたすべてとする考え方（広義説）が判例・通説となっているが，これはもっぱら被害者救済の観点から広く捉えられている概念であるため，国家賠償法の「公権力の行使」概念と民の役割分担の範囲の議論とは直接関係しないといえるだろう．

　このように，あるインフラ事業について，それが「公権力の行使」であるから，事実行為以上の役割を民間企業が担うことは許されない，という議論は，結局は法律上の制度選択の結果が根拠となっているといえる（もちろん，その制度が採用されたことについては，一定の合理的な理由があるのだが）．したがって，司法手続ではなく行政の優越的な地位を通じて強制するのでなければ政策目的が達成できないのか，それとも他の方法でも技術的に達成可能な状況が存在するのか，というテクニカルな問題が，インフラ事業に「公権力性」を認めるかの本質的な部分であるといえる．公営原則を定める各種法律が立法された当時と異なり，民間企業の技術や各種ノウハウ，強制執行等司法手続の迅速化や多様化といった蓄積のある現在において，行政の優越的な地位を通じた強制のみが，政策目的達成のための唯一の合理的手段とは言い切れないであろう．

　更に，インフラ事業において，政策目的のために，ある場面で「公権力の行使」に該当する仕組みが必要であるとしても，それが当該インフラ事業のすべての活動が「公権力の行使」に該当する，と考える必要性まではないだろう．あくまで立法政策の問題と考えるならば，公権力の行使の側面を持つ事業について，当該公権力性を阻害しない範囲で，事実行為を超えた領域についても民間企業が役割を担うという制度的な整理をすることも十分可能なはずである．

　以上みたとおり，制度上「公権力の行使」として位置付けられたものは，ある政策目的の達成のために，官に許された優越的な権力の行使という手段が当面適当であるという選択がなされたことを意味するにとどまる．一般に，規制行政の分野（図4.4の①）や警察的活動についてはまさに行政の本分といえ，民間企業による代替性のある手段を考えることは，日本では難しいだろう（ただし，これも国によっては異なる．米国などでは，典型的な警察権力の行使である刑務所の運営それ自体についても，民間企業が担い手と

なっている）．しかし，給付行政分野としてのインフラ事業の多くの部分については，本質的には制度設計の技術的な問題であり，図 4.4 の②ないし⑥のすべてに「公権力の行使」性を認めることが不変のものである，とまではいうことはできないだろう．

4.4.4 公物管理権

行政法学上，公物とは「国会又は公共団体が直接に公の目的の為に供用する有体物」と定義され，具体的には庁舎や道路，河川，公園などを指しており，公営で行われているインフラ事業のための資産は，一般的にこの公物に該当する．この公物という概念は，日本の制定法で使用されていない用語であるが，行政法学においては，個別の公物に該当する資産に適用される特別な法律（水道法や道路法など）とは別に，公物として分類される物について通則的に適用される法規範が存在し，これを発見するという形で，公物法という 1 つの議論が構築されており，公物管理権もこの公物法の議論において形成されている概念である．

公物管理権という概念は，公物が供されている公の目的を増進し維持するための管理作用の根拠となる権利として観念されている．その具体的な内容は，

- 公物の範囲の確定
- 公物の維持・修繕
- 公物に対する侵害の防止
- 公物隣接区域に対する規制
- 他人の土地の立入，一時使用
- 公物の使用関係の規則

とされている．これらの作用は，いずれも行政主体が行使することが原則とされている．このような，所有権や使用権といった民法上の権利とは異なる，「公物管理権」の存在根拠については，公所有権説や，所有権とは別の包括的管理権能と理解する見解などがあるが，「公物の管理が行政作用だから公物管理権が認められる」という説明は，「公物管理権がなぜ通常の私権の行使と異なる行政作用の根拠となるのか」という問題に対して説明になっていない，という批判がなされている．結局のところ，公物管理権というの

は，公物が「公の目的」のために供されるものである以上，「当該目的に従った取り扱いについて内在的な制約や利用に関する特別のルールが必要であるということを説明するための概念である」と理解することができる．

現状の公物管理権は，そもそも前提となる公物の概念自体が，行政主体の供する有体物であることを前提に議論されているため，それは行政主体しか行使できない，ということが必然的な結論になる．しかし，少なくともインフラ事業に関していえば，誰がその施設を使用に供しているかということよりも，それがインフラ事業という公益性のある事業であれば，主体が誰であれ，その主体に対して行為規制が課されると考えるのが自然ではないだろうか．たとえば，公営ガス事業が事業譲渡によって民営化されたとしても，事業の本質はまったく異ならないはずであり，また主体に関わらず行為規制により規律していけば，十分に目的は達成されるはずである．無論，公物管理権という概念が行政活動の制度全体を説明するためのものとして構築され，その存在を前提に各種制度の整合性が維持されているため，このような概念自体を不要と言い切ることはできないが，不可侵絶対のものと捉えるのは適当ではないだろう．官や民の社会における役割の担い方は，制度以前に事実状態として時とともに変わっていくものである．現に福祉国家理念の下，政府の役割が拡大していく局面で，公物という対象自体も拡大していったという側面がある．特にインフラ事業について「公物管理権」という概念をどのように捉えていくのか，という問題は，その概念としての妥当性や有用性，代替的な概念整理の方法などは，状況に応じて柔軟に考えていくべきであろう．

4.4.5　持続可能性・公平性・効率性と主体論

インフラ事業の主体論について，持続可能性，公平性，効率性という，インフラ事業を考えるうえでの視点との関係で制度設計を考えた場合，それぞれの視点と主体の選択については，さまざまな考え方がありうることに注意が必要である．

1）持続可能性

インフラの持続可能性を主体論との関係で考えた場合，公的主体と民間企業の主体としての得失についても，それぞれの特徴を正確に理解することが

重要である．一般に，国や地方公共団体などは，財政の悪化を理由に法人として消滅することまでは制度的に予定されておらず，営利目的でないため長期的な視点での安定した事業運営に適している，といえる．他方で，これは同時に財務状態の悪化等により市場からの退出を強制される，という規律が強く働かず，同一地域で代替しうる組織体も存在しないため，最終的に財政破綻した場合にインフラサービスの水準や負担が極端に悪化する，という問題がある．他方，民間企業は営利目的のため短期的な利益を重視しがちである上，破綻によるサービスの停止といった事態が常に想定される，という意味では，官と比べると安定性が低い存在であるといえる．しかし市場のシステムでは，複数企業の存在により主体の流動性が高いため，適切な競争環境を用意すれば，むしろ損失や事業中断といった障害が大きくならないうちに他の民間企業が交代し，インフラ事業それ自体としては，むしろ高い持続性が期待できる，という側面がある．もちろん，インフラ事業は地域独占の傾向が強いため，事業者の交代がどの程度スムーズに行えるのかという問題があるが，それは事業に問題が生じた場合の不利益をどの程度まで許容することを前提に市場の競争環境を作るかという，競争とセーフティネットのバランス問題だといえるだろう．ガス事業や電気事業に見られるとおり，インフラは地域的独占を持ち，長期安定的な収入をもたらすものであるため，財務的安定性などを確保するための業規制を導入すれば，民間企業であっても，事業体としての永続性は，他の事業に比べれば高いといえる．また，そのような規制を通じて短期的な利益を追求するあまり破綻する，というリスクを抑えることも可能である．3.1 節で議論されている通り，インフラ自体の持続可能性は，むしろ負担とストックのバランスを長期的にどのように導いていくか，というより政策的な問題を含んでおり，持続可能性の議論そのものが主体について官民二者択一の議論を導くわけではない．インフラ事業の持続可能性を考えた場合，主体としての永続性よりも，技術やデータといったものが引き継がれていくという仕組みの存在のほうがより重要であろう．前述したとおり，官民ともにそれぞれ主体としての特性があるが，国や地方公共団体の財政状態が悪化し，公務員の純減が求められている状況下では，官主体であることが持続可能性の確保の唯一の解であるとはいえない．したがって民間企業が主体としてより重要な役割を果たす，という選択肢への移行

も可能とする制度設計を用意しておくことも重要である．

2）公平性

官が事業主体である場合，平等取扱原則が適用されるため，サービス提供における公平性がより担保されやすい，ということがいわれる．しかし，公営原則を取らないガス事業等においても，法律上供給区域やサービス水準に関する規制，供給義務を規定することにより，同様の平等な取扱は十分実現しており，この点で官に絶対的な優位性がある，とまではいえないだろう．更にこの議論は，同一時期に同一地域内で，提供されるサービスとその費用が平等である，ということを意味しているにとどまり，それが「公平」であるか，ということとはイコールではない，という点に注意を要する．3.2 節で議論されている通り，公平性を議論する場合，それは単純に平等であることを意味しない上，世代間公平性や地域間公平性といった問題については，上記のような平等はあまり意味を持たない．世代間公平性や地域間公平性といったものは，むしろ計画レベルから議論しなければならない問題であって，その計画で定められた事業のあり方を誰が実施していくのか，というレベルの問題は，料金設定の規制や補助金といった規制手段から，競争環境を作り出すことによる市場の規律まで，多様な対処法があるであろう．人口減少局面を迎え，世代間公平性や地域間公平性の問題がより顕著に現れることが予想され，また，成熟した社会において多様なニーズに応えていかなければならない現状からすると，インフラ事業で誰が何を担うかということについては，多様な対処法を許容することを考えていかなければならない．

3）効率性

市場原理に基づき競争に晒されているため，民間企業の方が官と比べて効率化を進めるのに優れている，という議論は一般論として否定することはできないだろうが，他方で，民間企業を活用したらサービスの質が下がった，効率化せずに利益を求める分だけ料金が上がった，といった指摘がしばしばなされる．しかし，そもそもどのような条件や枠組みで民間企業の活用を行ったのか，民間企業をどのような基準で選んだのか，といった点について適切な検証を行った上で，問題点の所在を明らかにする必要がある，という点に注意が必要である．民間企業に任せさえすれば，いかなる条件下でも適切な効率化がなされる，というわけではない．民間企業に対して適切な動機

付けを与えなければ，その効率化の利益を得ることはできない．たとえば，民間企業のノウハウを発揮する前提となる，経営判断に関する裁量を与えず，指定された仕様どおりの業務実施をアウトソースするだけの民活であるなら，効率化のインセンティブは働かないし，単に人件費カット程度の意味しか持たないだろう．また，たとえば業務の委託先として民間企業を選ぶ際に，委託費用の低廉性に重点を置いた選定基準を用いれば，当然状況の変化に対応する余力がなく，容易にサービス水準の低下をもたらす脆弱な事業主体を選んでしまう危険が高くなる．効率性を費用便益比で考えるのであれば，何を便益と考えるのか，という点を明確にした上で，民間企業を主体として関与させる場合の選定基準をバランスあるものとすることが重要であろう．

　料金の上昇といった局面についても，効率性との関係では注意が必要である．たとえば民間企業の活用は，補助金，税の免除といった優遇が失われるといった不利益の影響を受けることがあり，当該業務の費用便益比だけを比較すると効率が下がったことになるが，官側の補助金負担の軽減や税収の増加といった側面を見るならば，官全体としての効率性が上がるという評価も可能であろう．更に，効率化した，というのは何かの比較において議論されるはずだが，そもそも比較対象についての正確な情報が存在しなければ効率化を議論する意味がない．公営のインフラ事業においては，そのコスト構造や資産の現況が正確に把握されていないこともあり，単に料金の増加のみを比較して議論することが適当か，という問題を含んでいる．効率性ということで主体を比較していくのであれば，それにはプロセスの透明化と情報の非対称性の排除が極めて重要である．

4.4.6　主体論の本質的な解釈と近年の動向

　1）現状の枠組みの問題点とその相対化

　インフラ事業を担う主体の決定について，立法に対する制約は，事実上ほとんどない．立法に対する制約との関係で問題になるとすればそれは参入主体規制の有無のみの問題ではなく，それも含めた制度設計全体の適否の問題である．制度設計全体の適否という観点から見れば，結局「公共性」という概念や「公共の福祉」といった憲法上の概念との関係で，参入主体規制

がどれほどの意味を持つのかという観点をまず整理する必要がある．これは「官」が本来的に担うべき役割とは何か，という非常に抽象的なものであって，もはや国家観や思想のレベルでの立場の問題であると考えてよいだろう．いわば国家としての正統性に関わる部分や，憲法の価値の根幹に関わる部分，ということに関連するが，インフラの整備について，公平性や持続性を何らかの形で担保した仕組みであれば，参入主体規制をどのように定めたとしても，制度設計の問題として，そのような憲法的価値の中核部分と直接抵触するとは思われない．あるインフラ事業における関係主体の既存の役割分担のあり方については，常に何らかの正当化根拠があるはずである．したがってどのような役割分担を許容するかは，それぞれの正当化根拠の得失を比較検討し相対的に決めていくべきものであり，絶対的なものはない．規制緩和や民営化についてこれまでさまざまな議論がなされているが，官と民の双方について，メリット・デメリットがあることが繰り返し指摘されており，一方が他方に対して絶対的に優位といった議論はまずなされていない．現状のインフラ事業における官民の役割分担は，特に公営原則を選択している分野において硬直性が強いが，その根拠として議論されている「公権力の行使」は，むしろ憲法的な価値の実現という政策目的のため，その時々の合理的手段の選択の問題であり，また，「公物管理権」も公益目的実現のための，事業主体や利用者に対する行為規制の問題と整理し直すことも可能である．そうであるならば，インフラ事業において官民の役割分担を硬直的なものとすることは適切なあり方とはいえないだろう．むしろ，官と民のメリット・デメリットを見極めつつ，個別の事業ごとに役割分担のあり方を選び取っていく，という仕組みがより重要になるはずである．インフラ事業の担い手に関する現状の仕組みは，歴史的な背景を持つもので，単純な制度改正のみで議論するべきものではない，という側面も十分あるだろう．しかし他方で，団塊の世代の大量退職，少子高齢化，財政上の制約といった側面があり，インフラ整備の前提となる都市の「かたち」をどのように考えるか自体が課題になっている現状や，今後のインフラ施設の更新需要に対する問題，といった点を見ると，大きく前提が変わっているのも事実であろう．更にいうならば，平成，令和を通じた各種制度改正と官民連携事業の形態の多様化から，「公権力の行使」や「公物管理権」を背景とした整理自体も相当程度

の相対化が進んでいる.

2）公物管理権の代行

地方自治法第244条以下では，「公の施設」の設置や管理についての条文が存在する．この「公の施設」とは，住民の福祉を増進する目的をもってその利用に供するための施設であって（たとえば，公民館などがこれに該当する），その定義上当然に公物に該当し，これを設置・管理することは公物管理権の行使に他ならない．この公の施設の管理について，2003年の地方自治法改正により同法第244条の2以下が改正され，民間企業を指定管理者に指定することにより，当該民間企業が公の施設について使用の許可といった利用に関する処分を代行することができる上，使用料金を徴収して自らの収入とすることまで許容されている．しかも，この民間企業が行う利用に関する処分は，行政不服審査法の適用を受ける「公権力の行使」と整理されているのである（同法第244条の4）．

3）独立行政法人

独立行政法人通則法や地方独立行政法人法などに基づいて設置されている独立行政法人および地方独立行政法人は，それまで国や地方公共団体（地方公営企業を含む）が担っていた事業のうち，「公共上の見地から確実に実施されることが必要な事務および事業であって，国（地方公共団体）が自ら主体となって直接に実施する必要のないもののうち，民間の主体にゆだねた場合には必ずしも実施されないおそれのあるもの」を事業目的として設立される法人とされている．これらの独立行政法人には，国有財産法や地方自治法上の財産に関する規定の適用がないため，公営原則を明記した業規制の存在しない事業（病院や公の施設など）については，事業に用いられる施設の使用関係は民商法のみの適用を受けることになる．独立行政法人自体は，行政主体として位置付けられ，その事業の公益性は地方自治体が自ら実施する事業と異ならないにもかかわらず，事業に用いる施設の利用関係については，個別法がない限り公物管理法が適用されないのである．このような制度設計からは，公物の概念が相対的なものであると理解せざるをえないだろう．

4）競争の導入による公共サービスの改革に関する法律

競争の導入による公共サービスの改革に関する法律（「市場化テスト法」）では，公共サービスに関し，官民で競争入札を行うことにより，その質の維

持向上と経費削減を図ることを目的としている．市場化テスト法の対象となる「公共サービス」には，「施設の設置，運営又は管理の業務」（同法第2条第4項）を含んでおり，公営原則を取るインフラ事業もその対象となっている．しかも，同法において法律の特例を設けることにより，公権力の行使である「行政処分」を含む公共サービスまで，官民の競争入札の対象とすることを想定している．このような制度設計からも，何が「公権力の行使」かは，制度によって相対的に決まるものであることが示され，しかも市場化テスト法は，その制度内容自体を随時見直していくことを目的としているのである．

5）PFI法改正

2011年5月のPFI法の改正により，新たに「公共施設等運営権」という概念が導入された（PFI法第2条第7項）．この「公共施設等運営権」は，PFI法に定義される「公共施設等」（公営のインフラ施設を幅広く含む）のうち，利用料金を徴収するタイプの施設（道路，空港，上下水道等）について設定される権利である．公共施設等運営権がインフラ施設に設定された場合，管理者である官はその所有権を保持する一方で，民間企業が，インフラ施設を運営（更新投資なども含む）し，利用料金を自らの収入とすることができる．いわば，公営のインフラ事業について，実質的に民間企業に経営権を付与する仕組みであり，これは，公物管理権の重要な部分を民間企業に与える制度といえるのである．しかも，法案審議過程における衆議院内閣委員会での政府側答弁によれば，空港，道路および産業廃棄物処理施設以外のインフラ施設については，この公共施設等運営権を設定することと，個別事業法は矛盾しないと説明されている．これは公物管理権の概念を前提に，民間企業への委託を事実行為に限定するという従来の考え方から大きく前進する内容を含んでいるといえるだろう．また，このPFI法改正を受けて，各種インフラ事業において実際に公共施設等運営事業が導入されている．

まず，最も早く導入されたのが空港分野である．その最初の案件として，関西国際空港と大阪国際空港の経営を統合した上，この両空港について公共施設等運営権を設定し，民間企業による経営に移行するプロジェクトが実施され（2011年に成立した「関西国際空港及び大阪国際空港の一体的かつ効率的な設置及び管理に関する法律」による），2015年にオリックスとフ

ランスの Vinci のコンソーシアムが事業者として選定され，同年末には民間
による空港運営が開始されている．同時に，2013 年に成立した「民間の能
力を活用した国管理空港等の運営等に関する法律」により，国管理および地
方管理の各空港での公共施設等運営事業の実施が認められ，国管理空港では
2016 年に運営が開始された仙台空港をはじめ，高松空港，福岡空港，熊本
空港，北海道内 7 空港，広島空港が，地方管理空港では但馬空港，神戸空
港，鳥取空港，静岡空港，南紀白浜空港が，民間企業による経営に移行して
いる．

　上水道事業では，従来から水道法上民間企業が水道事業を実施することが
認められていたが，事業認可自体も含めて民間に移行することへの抵抗感が
あったため，2018 年の水道法改正により，官側が水道事業認可（最終的な
給水責任）を維持したうえで，公共施設等運営権を設定して，水道事業の経
営の大部分を民間に移行する方式が導入された．この水道法改正を受け，宮
城県では 2021 年に県営の上工下水事業を包括して民間経営に移行するプロ
ジェクトが実施されている．

　道路分野においても，2015 年に成立した改正構造改革特別区域法により
道路整備特別措置法の特例措置が定められ，地方道路公社の管理する有料
道路について，公共施設等運営権の設定が認められた．この改正を受け，
2016 年には愛知県道路公社が管理する 8 路線について民間経営への移行を
実施している．

　以上のように，「公権力の行使」や「公物管理権」というものも，現状の
制度設計においては，行政組織の活動全般において首尾一貫した概念とし
て使用されているとはいえない．また，PFI 法改正に伴う各種インフラ事
業への公共施設等運営事業の拡大は，民間企業であっても一定の制度的な措
置により，その「公権力の行使」や「公物管理権」の行使の主体たりうるこ
と，「公権力の行使」を基礎付ける制度自体が常に見直される相対的なもの
であることを，明確に示している．このような状況からすれば，「公物管理
権」や「公権力の行使」の概念自体が，公営原則のインフラ分野で民が事実
行為以外の業務を一切担うことができない，ということを導くものとはいえ
ないだろう．

4.4.7 人口減少時代における主体論の考察

公営原則が採用されてきたインフラ事業において，これまで事実行為のみを民間企業に委託すればよいとされてきたのは，高度経済成長時代の人口増加に伴う都市の面的な拡大とそれに伴う都市サービスの公平かつ迅速な提供というニーズに対応するため，官がイニシアチブを発揮して財政支出による公的な負担によりインフラ整備を推進することが望ましいという前提で制度設計がなされてきたからと考えるのが素直な理解であろう．

しかし，人口減少社会においては，所与の条件が異なるため，これに見合った主体論を考えなければならない．人口減少時代において都市の「かたち」そのものの再構成が必要になっているなか，社会保障費の増加や先進国のなかでも特に高い政府債務残高など，現状の日本は財政健全性について大きな問題を抱えている上，都市の「かたち」の再構成を，人口減少局面における所得の減少と，過去に大量に整備されたインフラの更新期到来の問題という，課題を解決しつつ推進しなければならないという，極めて困難な状況を迎えている．

更に，都市に求められる機能は，人口縮減の程度を含めた各地方の個別事情や，インフラに対するニーズの多様化から，より個別性の高い対応である．更に，地域間公平性以上に，持続可能性の観点から世代間公平性が問題になり，画一的な規制で適切に対処できるか疑問が生じる．

以上のような状況において，インフラ事業の主体についての枠組みは，図4.5のような二者択一的なものを原則とするのは，あまりにも単純といえるだろう．また公権力の行使や公物管理権といった概念が，図4.5のような主体の枠組み以外の主体選択を行うことの障害となるのは，現状与えられた問題への対応という意味では望ましいものとはいえない．前述した通り，公権力の行使や公物管理権といった概念は，インフラ事業の公営原則の前提としては，既に現行制度上も相当程度相対化しており，これはとりもなおさず，現在の社会の問題に対応するには，これらの概念自体にとらわれることなく制度設計を行うべきであることを示している．そうであるならば，インフラ事業の主体のあり方については，より多様な枠組みを許容することについて，再検討することが重要であろう．具体的には，

- 多様な選択肢を制度上許容する枠組みとし，公物管理権や公権力の行

使を主体から捉えるのではなく，機能から捉えることにより，Public Private Partnership (PPP) 等のより柔軟な主体の選択と組み合わせによる事業実施を可能とする．

- インフラ事業における主体の役割分担のあり方については，上記のような主体の選択と組み合わせの柔軟性を前提に，今後あるべき都市の「かたち」を踏まえ，地域ごとに役割分担を選択するプロセスをより重視し（その結果，従来どおりの公営原則を維持する，という選択も当然あるだろう），しかもそのプロセスを透明度の高いものとする前提として，既存のインフラ事業について十分な情報開示を行う．

- インフラ事業の公益性は，行為規制によって確保するが，他方で都市の多様なニーズ，地域特性などを踏まえた個別性の高い事業実施を行い，かつ当事者の適切な利害調整を行うために，行為規制は基本的・原則的なものにとどめ，役割分担を選択するプロセスにおいて，関係する主体間での交渉とその結果としての契約を通じ，より個別具体性の高い形で事業をコントロールする．

- 以上を通じて選択された主体については，官であるか民であるかを問わず，一定の公的役割を担うものとし，現状，官にのみ与えられていた便宜（補助金や税制優遇など）についても，合理的なものについては，これを付与する．

このような制度設計は，現状の制度設計の基本構造とはかなり異なる部分がある．しかし，だからといって直ちに実現困難なものと捉えるべきではないだろう．欧米各国においても，民営化と再公営化の試行錯誤や，官民連携のさまざまなスキームが絶えず検討され，制度化されている．日本においても，PFI法が施行されてから25年，公共施設等運営事業の創設からも10年以上が経過しており，行為規制と契約のミックスによるインフラ事業の実施という経験は蓄積されている．

他方で，日本においては，地域や事業分野で見た公共施設等運営事業の導入はいまだ部分的な範囲にとどまり，近年の諸外国におけるインフラ事業の状況と比べた場合に，課題に対する試行錯誤が質量ともに立ち遅れている観が否めない．インフラ事業における主体の多様化は，その導入において政治的なプロセスでの合意形成が課題になるが，それと同時に，日本の公共調達

制度の硬直性が，官と民の適切なパートナーシップ構築の障害となっている点も指摘しておかなければならない．

都市の「かたち」自体が今後の課題として重要になるなか，インフラ事業の主体の選択肢について，近年の制度改正はその自由度を高めており，また今後さらなる制度改正により選択可能な主体の「かたち」を拡大するに際し，その障害となる制度上の内在的制約もほぼないといえる．そうであるならば，次は適切なプロセスにより課題の解決策が選択されるための仕組みが必要であり，政治的なプロセスでの合意形成を後押しするような，より柔軟なプロセスが可能となるよう，公共調達制度の改善も含めた制度的な手当てが今後の大きな課題ではないだろうか．人口減少時代では，プロセスによる主体決定と契約的手法を通じた役割分担が，より一層求められるのである．

4.5 リスク分担論

4.5.1 リスク分担の基本的な考え方

インフラ整備にとどまらず，さまざまな事業を行うということは，その事業に伴って考えうるリスクにどう対応するかということと同義である．主体が官か民か，ということに関わらず，事業の当初の目的を達成する可能性をより高くするためには，リスクの所在とその顕在化する可能性，事業に与える影響などを精査し，もっとも適切なリスクへの対処方法を備えることが，事業運営において重要な要素を占める．

インフラ事業は，規模が大きい上，提供される便益を通じて社会生活に与える影響が大きいため，リスクへの適切な対処の要請は特に強いといえるだろう．しかも，前節で見たとおり，人口減少時代の社会においては，インフラ事業において多様な官民の役割分担を行うことが重要であるが，この役割分担は，常にリスク分担と表裏の関係に立っている．本節では，ある主体が，事業についての「リスク」を「分担」するということが，具体的に何を意味するのか，インフラ事業のなかでもリスク分担の議論になじみやすい，利用料金の徴収が可能で，独立採算性のある事業（経済的インフラ：Economic Infrastructure）を主に念頭において，整理する．次に，PFI (Private Finance Initiative) をはじめとした，各種インフラ事業における官民

連携事業でのリスク分担論に焦点を当てる．これまでの単純な事実行為の委託のみを行うことから始まって，次第に民間企業へのリスク分担を進めていったという実務の動きのなかで，リスクの精査とその分担の議論が深化している．

　以上を踏まえ，リスク分担が持続可能性，公平性，効率性とどのように関連するかを整理し，人口減少時代のインフラ整備における，リスク分担の論点を議論する．

　1）事業における「リスク」とは

　ある事業を行う場合，前提として事業の開始と継続に要するコストと，その事業から得られる収入が，事業期間を通じてバランスを保つ（採算性が取れる）ことが要求される．ここで，「コスト」とは，事業実施に必要な各種ランニングコスト（人件費等），将来的な更新投資に必要な資金の留保，調達資金の元利金の支払に加え，民の場合であれば投下資金に対する一定の期待利益を確保することを指し，これらのコストを賄えるだけの収入を得ることが事業継続に必要であり，かつ，事業を行う者の目的ということになる．

　事業を行う上での「リスク」とは，事業の各種の局面において，当該事業に要するコストが想定より増加することや，得られる収入が想定より減少することにより，収入でコストを賄えなくなること，またはその可能性を指している．事業を開始する前には，事業に関するさまざまな与条件を前提に，要するコストと得られる収入を予測し，採算性が取れることが確認されて初めて開始されるのが通常である．したがって，この採算性の前提となる，存在するまたは想定した与条件が変動することがリスクの内容となる．なお，このリスクには，事業を実施する関係者自身の問題から発生するものにとどまらず，外的な要因によって発生するものも含む．網羅的なリスクの所在をすべて列挙することは困難であるが，たとえば新たにインフラを整備して利用料を徴収し，投下資金を回収していく事業を想定した場合，リスクについては以下のような整理が可能だろう．

- 事業性リスク
- 用地・既存施設リスク
- 建設コスト見積リスク
- 建設遅延リスク

- 関連する各当事者の不履行リスク（業務不履行や倒産）
- 運営コスト見積リスク
- 物価変動リスク
- 法律変動リスク
- 不可抗力リスク
- 技術革新リスク
- マーケット（需要）リスク等

　これらのリスクが顕在化した場合，事業の収入が得られる期間が短くなる，利用者が減少するといった形で収入が減る，または事業の続行や法律の変更に対応するための追加費用が発生する，といった形で影響がでることになる．

　2)「リスク」の「分担」とは

　あるリスクを負担する，ということは，どういうことを意味するか．一般的にある事業に関与する当事者が複数いる場合，ある当事者がリスクを負担するとは，リスクが発生した場合の対処とリスクに起因した費用の増加または収入の減少をその当事者が自ら負担する，ということを意味する．

　リスクが生じた場合の経済的な影響を負担する者を単純にただ決める，というのでは，リスク分担を議論したことにはならない．リスクの分担は，事業に関与する者のなかで，「そのリスクにもっとも合理的に対処できる者が，当該リスクを負担する」という考え方に基づいて，最適な分担のあり方は何かということを検討し，これを法律や契約の形で制度化することによって実現されるのである．

　このリスク分担の考え方のうち，「合理的に対処できる」といえるには，2つの要素が必要となる．1つは，事業の与条件のなかで，リスクの負担者が，リスクの発生する蓋然性を低減させるか，またはリスクの発生自体を自らコントロールでき，かつ発生したリスクに対処する能力と対応方法についての決定権が与えられている，ということである．もう1つは，リスクへ対応することの対価（リスクプレミアム）としてリスクの負担者が必要とする金額が合理的な範囲である，ということである．

　前者のリスク負担能力と決定権限についていえば，たとえばリスクの負担者が，リスクに対応する能力を十分に持っていなければ，実際にリスクが顕

在化したとしても，当該者は何も行わないか破綻してしまうだけで終わってしまう．また，リスクに対処する能力があっても，その取りうる選択肢について決定権がなければ，実質的に能力がないのと同じであり，事業の継続性をリスクに晒すことになる．このようなリスク分担では，無駄なリスクプレミアムを支払って，リスクを野晒しにしていることになり，リスクプレミアムを支払って対処したつもりになっているだけに，リスクが顕在化したときの悪影響はより顕著になってしまう．

　後者のリスクプレミアムについていえば，特段能力を問わずとも，リスクに対応する費用を無尽蔵に対価として受け取ることができるならば，誰であってもリスクの負担者となることができるだろう．しかしながら，それでは事業に要するコストが無制限に上昇するだけであり，それ自体が事業の持続性において危険なリスク要因となる．また，一定の能力があったとしても，要求されるリスクプレミアムが予想される収入とバランスした水準に収まらなければ，やはりそれ自体事業におけるリスク要因となる．

　このように，上記2つの要素のバランスが適切であって初めて「合理的」と評価され，与えられた条件のなかで，事業の目的を達成するために最も適切で実現可能な役割の分担を行っている，ということができる．

　さまざまな官民連携事業において，官が民に業務を委託する際に，単純にコストカットを要求したり，対価を増額したりすることなく一方的にリスクを負担するよう求める例がある．これは一見官に有利になっているように見えるが，負担するリスクとの関係で適正なリスクプレミアムを支払わないことにより，負担者にとってリスクを負担する合理的な理由を見出せないという状況を招き，リスク負担者のモラルハザードを引き起こす（リスクに対処すべき適正な対応方法をとらないことになる）．更に，仮に契約において決められたリスク分担に合意していたとしても，合理性がないリスク分担は，合意の存在について紛争が発生する蓋然性を高めてしまい，その結果として官が負担することになるリスクはむしろ増え，しかもそのなかには官が適切に対処できないリスクまで含まれることもある．このように，不合理なリスク分担は，一見有利に見えたとしても，長期的に見れば官がより大きな負担を抱え込むことになる．

3）リスク分担のツール

リスク分担を具体的に実現するための方策としては，市場のあり方を含めた制度（事業規制等）と関係する当事者の契約の2つがあるが，リスク分担のあり方を考える場合には，この双方を常に一体で考える必要がある．

たとえば，不特定多数の利用者を前提とする事業の場合，この利用者に，事業について何らかの直接的な決定権が与えられる，ということは考えられない．他方で，事業に要する費用が増加した場合，利用料金の増額，という形で負担を迫られることは少なくない．この場合，利用者には当該サービスを利用しない，という決定権を行使し，その負担が不合理なものであれば，そのサービスを利用せず，結果として事業の採算性が取れなくなる，という形を通して，市場の競争を通じた合理的なリスク分担が実現されることになる．

これに加えて，インフラ事業については，地域独占がある上，サービスの性質上利用を拒否することができないものであるため，市場の競争による合理的なリスク分担が十分機能しない．そのため，利用者保護の観点から，法律で強制的にリスク分担をあらかじめ定めることが行われる（独占禁止法における罰則や個別の事業法における総括原価主義に基づく料金規制など）．

このような競争環境や事業規制は，一方の当事者の優越的な地位の濫用や利用者の保護といった，市場における枠組みとしてのリスク分担を定めたものである．しかし，個別のインフラ事業は，それぞれに個性があり，その事業の条件によってリスクの所在やその重要度は異なるため，競争関係や事業規制のみで合理的なリスク分担を行うことは困難である．そのため，より具体的に関係する当事者間で，どのようなリスクをどう分担するかは，当事者間の権利義務関係を規律する契約において定められることが必要になる．

たとえば，建設工事などでは，発注者と請負人の間で請負契約が締結される．ここで，たとえばリスク分担の1つとして，引渡し遅延のリスクを請負人が負担するということは，遅延期間に対する違約金を請負人が負担するということになり，対応した契約の条項が規定されることになる．

4）リスク分担の現在の姿

従来の官の直営から民への移転というなかで，たとえば民営化された事業では，リスクは基本的に民が負担し，官は市場の競争性や利用者の保護の観

点から規制主体として行動する．このような事業分野では，一定のマーケットの成熟と収益性の高さにより，公益的観点が業規制のみで行われ，たとえば総括原価方式での料金規制により事業の継続性を維持しつつ，過剰なリスクプレミアムを利用者に負担させない，といったことが制度的に担保されている．なお，収益性の高さなどが得られていない一部JRなどでは，基金による補助といった形で，リスク分担がなされていることもある．

　このような完全民営化事業は別として，官民が双方で事業の実施に一定の関与をしている公営のインフラ事業については，前節で議論したとおり，多くの分野で事実行為のみの業務委託や建設工事のみの発注といった形での民の関与がほとんどとなっている．このような関与形態はいずれも短期のものであり，かつ民は事業の実施そのものには直接関与しない形をとることが多いため，リスクの分担においても，民が負担するリスクは極めて限定的な形となっている．しかも，これらの委託や工事発注の実務では，案件の個性に関わらず定型的な雛形の契約を用いているため，リスク分担も極めて硬直的となり，具体の状況において適切なリスク分担を実現しているとは言いがたい状況となっていた．

　その後，PFI法に基づく多様な官民連携事業（公共施設等運営事業——いわゆる「コンセッション事業」を含む）の普及により，ある種の事業については，長期の業務が行われるようになり，リスク分担の考え方が強く導入されている．PFI法施行後約20年の間に，PFI法に基づく事業（"PFI事業"）は，2023年3月末時点で実施方針を公表した事業だけで1,004件となり（内閣府，2023a），前述のリスク分担の考え方に基づき，詳細な契約条項の実務や政府のガイドラインなどが蓄積されている．これに成果を受け，従来型の委託の範囲を超える要素を含んだ官民連携事業の契約（たとえば，下水道法上の包括委託や地方自治法上の指定管理者制度など）においても，長期の契約であることを前提にリスク分担の詳細化，オーダーメード化が一定程度進んできている．

　しかしながら，これらの契約によるリスク分担という考え方に対応して，現時点においてもなお，官側の基本的な制度が十分整理されていない．契約手続きの問題では官民連携を行うインフラ事業において，官から見て契約相手となる民間企業を選定する手続きは，いわゆる政府調達規制（会計法，地

方自治法などの契約に関する規制）の枠組みのなかで実施しなければならない．日本の政府調達規制は，主に売買や工事請負を想定した制度設計となっているため，官側で調達すべき物や施設の内容が明確になっており，それを入札手続でいかに低額で調達するか，ということがもっぱらの目的となっている．また，政府調達規制の基礎にある公平性，透明性，客観性といった要請について，形式的・外形的に制度を設計・運用する傾向が強いため，たとえば PFI 事業においても，事前の入札段階である程度事業の形を決め，官側でリスク分担を固めてしまった上で，民間企業にそのリスク分担を許容できるか，という形で事業者の選定を行うことになってしまう．しかしながら，そもそも民間企業が提供できるノウハウは多様であり，しかも官側が事前にそれを知ることはない以上，個々の民間企業が持つ問題解決能力を活かすには，それに対応した最も合理的なリスク分担を個別に検討し，契約の条項に落とし込むという作業を取り入れる必要がある．

このようなリスク分担の決定プロセスを実現するには，実施するインフラ事業の内容そのものや，官民の役割分担をあらかじめ固定せず，できるだけ多様な提案を取り入れ，契約交渉をしながら事業者を決定していくといった，より柔軟な制度設計が必要になるはずである．多様な事業類型の欠如のため，主体論で見たとおり，現状の日本のインフラ事業では官民の役割分担について選択肢が極めて限定的であり，公共施設等運営事業（いわゆるコンセッション事業）を除けば，官民連携のインフラ事業において民間企業の担える範囲は非常に狭い．しかも，上記の政府調達規制の硬直性もあいまって，官民連携のインフラ事業の典型である PFI 事業においても，現状においても多数は，民間企業が施設を整備し，整備した施設の維持管理などを限定的に行う，いわゆるハコモノ事業となっている．

このように民間企業の役割が限定されている状態では，より高度な議論や契約上の仕組みを必要とする運営リスクや需要リスクといったリスクの負担について蓄積が必要である．現状の PFI 事業において蓄積されたリスク分担に関する契約条項等の前例は，それ以前の公共工事や委託に比べれば，相当程度精緻なものとなっているが，諸外国で行われている多様なインフラ事業における官民連携において積み重ねられている議論と比較すると，いまだ不十分な点があるといえる．主体論における課題とともに，この多様な主

体の役割分担に応じ，更にリスク分担についても議論を深めていく必要がある．

4.5.2　持続可能性・公平性・効率性とリスク分担論

リスク分担は，インフラ事業において関係する当事者が設定するさまざまな動機や目的に対し，最も合理的な当事者の役割分担のあり方を規定するために重要な考え方となる．持続可能性，公平性および効率性という，インフラ事業のあり方を決める重要な要素についても，リスク分担の考え方を十分に踏まえる必要があるとともに，リスク分担の内容には1つの正解があるのではなく，前提となる条件によってリスク分担の具体的なあり方は異なりうることに注意を要する．

たとえば高速道路などの運営の包括委託を行い，利用料金も民間企業の収入とする一方で，民間企業に需要リスクを負わせる場合にも，官が民間に一定額・割合の収入保証をするスキームである最低収入保障制度 (Minimum Revenue Guarantee：MRG) を入れるかどうかにより大きくリスク分担が変わってくる．前述したとおり，リスク分担の内容は最終的に当事者間で締結される契約に，権利義務として規定されることが想定されるが，その内容は極めて個別性が高く，実際に現場で当てはめるレベルの具体性が要求されるものである．

1）持続可能性とリスク分担

経済成長が長期間継続していた時代であれば，インフラ事業については，増加する税収を財源に，官が実施する，というのは十分合理性があったといえる．そのような状況下では，官が必要なものはすべて整備し，維持管理，更新のための財源は常に存在し（必要だからという理由で予算措置され），かつ主体が破綻する可能性が非常に小さい，ということが前提とされていた．このような状況であれば，リスク分担そのものを問題にする必要性は小さいであろうし，インフラ事業の持続可能性自体も問題にはならないだろう．

しかし，人口減少時代の社会においては，前提が大きく異なり，官について財政的な制約が存在するなかで，将来にわたっていかにインフラ事業を一定の水準に維持するか，という持続可能性の問題は，より困難な問題になっ

ている.

　適切なリスク分担を行うことは，いかなる時代のいかなる事業においても必要なことであり，人口減少時代において持続可能性との関連で特有の解とはいえない．しかし，既に見たとおり，適切なリスク分担とは単純なコストカットではなくリスクを正確に査定することで，結果として多少費用が増加しても，それに対応した形で効果的に事業のリスクに対処し，事業の破綻や問題が起こってから多額の費用をかけて対応する，といった事態発生の可能性を低くする，という点で，持続可能性の確保との関係でも重要な意味を持っている.

　前節で見たとおり，公営原則が採用されていたインフラ事業では，そもそも官が事業主体としての役割をほぼすべて担うことを前提にしていたため，リスク分担の分析が精緻に行われてきていない，という問題がある．また，経済成長下においては，インフラ整備は原則として全国一律の基準で行われてきたため，個別事業の個性に応じた具体的なリスクの査定と対処，ということが従来十分に行われていない．このような現状からするならば，リスク分担をより個別化・精緻化することで，日本のインフラ事業の持続可能性を高める余地は十分存在するといえるだろう.

　なお，リスク分担と持続可能性を議論する場合，どのような時間軸で考えるか，という点に注意を要する．リスク分担を検討する場合，あまりにも長期の事業期間を想定すると，将来の予測可能性を低下させ，それ自体大きなリスクとなる．このような遠い将来のリスクを負担することは困難であり，または負担したとしても，顕在化した場合に実際には対処できない，といった結果を生んでしまう．他方で，期間が短期であれば，そもそもリスクが顕在化した際に，十分な対処を取る時間的・経済的余裕がない，あるいは事後的にコストを回収する期間がない，といった不都合を生み，リスク分担の選択肢の幅を狭くしてしまうという問題がある.

　このように，持続可能性の観点からリスク分担の対象となる期間をどのように設定するか，ということは，その事業の個別のリスクを評価する際の重要な要素となるのである．したがって，利用している技術の変化の速度や，経済状況の変動に対して影響を受けやすいか，といった個別のインフラ事業の特性を踏まえて，合理的な期間を設定する必要がある（大規模インフラの

場合，海外案件では最も長期で更新オプションも含め99年という事例もあるが，数十年というレベルで期間設定がなされるのが一般的である）．また，リスク分担の対象となる期間をある程度長期としつつ，他方で一定期間経過後に，契約の見直しを通じて，状況に応じたリスク分担の修正が可能な仕組みを設けておくことも重要であろう．

2）公平性とリスク分担

公平性の問題をどのように捉えるか，ということ自体，単純な問題ではないことは3.2節で議論されているとおりである．したがって，事業において何らかの公平性を要求するということは，リスク分担の観点からいえば，事業の与条件として，それ自体（公平性概念）が変動することがリスクであると捉えることになる．その結果，他のリスク要因が顕在化した場合に，その時々の「公平性」を維持することへの要請は，リスク負担者の選択肢を制約する要素にもなりうる．公平性の具体的な内容を規定することは必ずしも容易ではないが，公平性が抽象的に要求され，その具体的内容自体が変動するリスクは，リスクプレミアムを受け取るという経済的な条件で負担できるものとは通常評価されない．官民での多様な役割分担を行いつつ，適切なリスク分担をするのであれば，求められている公平性が具体的に何であるのか，公平性としてどの程度幅のある対応を許容するのか，といった点は明確に規定されている必要があるだろう．無論，あるインフラ事業において要求される公平性（地域的・世代間的）は，政治的・社会的な要因によって変わる可能性があり，長期間固定することは，かえって社会の要請に適応できないという不都合を生み，それ自体が大きなコスト要因となる可能性もある．したがって，公平性を考える場合，具体的な内容を定めることと同様に，それを決めるプロセスにおける社会的な合意が十分に得られている，ということも重要であろう．

3）効率性とリスク分担

B/C で示されるとおり，効率性はコストに対する便益の比率を見ることが原則となるが，リスク分担の観点から考えた場合，効率性の評価において，リスクプレミアムの総額と比較するのはプラスの効果である便益だけではなく，リスクの蓋然性とその影響や具体的な対応能力といった，マイナスの要素に対してどれほどの対応ができるのか，という要素も加味しなければ

ならないことに注意を要する.

リスク分担とは,「そのリスクに対処するためのコストを最も合理的に負担できる者が,当該リスクを負担する」というものであるが,前述のとおりこれは,当該リスク負担に対するリスクプレミアムが最も低い者が負担すべき,ということとは必ずしも同義ではない.リスクの負担者の決定においては,リスクプレミアムの算出根拠として,リスクが顕在化した場合の影響の大きさと,その顕在化の可能性をどのように評価しているか,ということや,そもそもリスクの負担者が,リスク発生時の現実の負担に耐えうるのか,といったことを踏まえる必要がある.

リスクの負担者が,リスクの影響や顕在化の蓋然性の評価をそもそも誤り,リスクプレミアムを過少にしている場合やリスクが顕在化したときの負担に実際には耐えられない者である場合には,契約上リスクを負担した形となっていても,それは単に「無理」をしているだけであり,実際にはリスク対処の実体(対応方法)を持っていない,ということになる(たとえば,リスクを取りすぎた民間企業が破綻した場合には,そもそもかかるリスク分担は効率的ではなかったことになる).

以上概観したようにリスク分担の考え方は,インフラ事業の視点として重要なものであるが,それは単に官と民を組み合わせればよいといった,単純な主体の選択の問題ではない.持続可能性,公平性および効率性の観点から,どのようなリスク分担が最適であるか,という問題は,より個別性の強い問題であり,ある種類のリスクについて,常に分担として同一の解が存在するわけではない.当事者の属性,対象となる事業の個性,問題となっているリスクの具体的な大きさ(経済的影響)などによって対応方法は異なるのであり,また,持続可能性,公平性および効率性についてどのような優先順位をつけるかによっても,リスク分担の具体的な方法は異なる.特に,既にインフラ事業において一定水準の整備を終えている日本では,均質的なサービス提供の継続よりも,より多様化したニーズに応えることが必要になっている.このような状況では,法律・制度的にリスク分担のあり方を事業にかかわらず画一的に定めるという方法は困難であろう.具体的インフラプロジェクトにより想定されるリスク分担を,交渉の過程を通じて吟味し,最終的には契約に規定していくことが必要となってくる.これは,たとえば官民連

携でいえば，既に PFI 事業などでかなり議論されているところであり，別
段目新しいものではない．しかし，このリスク分担の議論が詳細になされて
いるインフラ分野は，PFI 事業の手法を取った場合に限定される傾向があ
るが，PFI 事業といった特定の仕組みに限らず，基本的な考え方として検
討すべき時期にきている．

　またリスク分担としては以下のような方法があることに留意すべきであ
る．①官民のいずれかがすべて負担，②双方が一定の分担割合で負担（段階
的に割合を変化させることもありうる），③一定額まで一方当事者が負担し，
当該一定額を超えた場合に①または②の方法で分担，④一定額まで双方が一
定の分担割合で負担し，当該一定額を超えた場合に①の方法で分担．その他
プロフィット・ロスシェアリングや事業期間の延長等もとりうる方法である
（内閣府，2021b，2023b）．

4.5.3　人口減少時代におけるリスク分担論の考察

　人口減少時代では，官民連携における適切なリスク分担を行っていく必要
がある．ここでは，インフラ事業参入にあたり民間事業者にとってポイント
となる点をいくつか議論する．インフラ整備において官が必要のないリスク
分担までしていないか，また民が取れないリスクを取らされる構造になって
いないか，という適正なリスク負担の設計が課題である．

　1）自然災害など不可抗力リスク

　通常のインフラ事業では巨大な設備投資が要求されるだけに，自然災害
などで施設がダメージを受けると，その復旧には莫大な費用がかかり，最悪
の場合事業そのものの破綻・終了となりかねない．そのリスクは民間事業者
が負えるものではなく，契約などにより公共機関・政府などの官が自然災害
リスクを負担しているかが民間事業者にとっては重要である．ただし，一定
の火災，地震など損害保険で付保できるものは，保険でのリスクカバーとし
て，保険で塡補できないリスクについてはこれを民間事業者とすると破綻リ
スクが増大するため，通常は官側のリスク負担とすることが多いと考えられ
る．なお，当事者の責めに帰さない事由については，これをすべて不可抗力
として費用負担の問題に帰結させるのではなく，一定の事由（たとえばスト
ライキ）については，これは当事者に対する免責事由として契約下での義務

履行を当該事由が継続している間は免除するが，その間の費用負担を官民において分担するということはしないという考え方もあることに留意が必要である．

2）カントリーリスク/発注者リスク

通常，戦争や法令変更なども民間事業者のコントロールの範囲外であり，自然災害と同様民間事業者が取りうるリスクではなく，発生時には官側がリスクを負担する構造になっている．しかし自然災害との違いは，戦争や法令変更は人為的に起こる事象であり，

- そもそもそういったことが起こる可能性の低い国・地域であること
- そういうことが起こっても，政権交代を含め契約当事者としてリスク負担・契約履行の能力および意思が継続してあることという点

を民間事業者は見て判断する．法令変更については，当該プロジェクトの当事者である官側の組織がかならずしも立法権限を持っているとは限られないため，直ちに官側が法令変更リスクを負担する，という結論とはならない．しかしながら，変更された法令が，これらが当該プロジェクトを特に適用対象としているような場合（狙い撃ちの法令変更の場合）には，民間事業者が事前にそれを予測することは通常困難であり，その変更によって生じた費用等を内部で負担し，誰にも転嫁できないというリスク分担は，合理性がない場合が多いであろう．

また，官側がさまざまな理由からそのイニシアチブによりインフラ事業に関する官民間の契約を解約することも，契約上規定されていることが多い．ただし，かかる公共都合の解約権を認める前提としては，そのような解約においては，民間事業者側の損害（直接および間接）が塡補されることがインフラ事業への投融資において必要であるということが理解される必要がある．なお，海外の事例ではあるが，公共事由の解約の場合の支払金として，当該事業のために設立されたプロジェクトカンパニーの優先借入れ（解約により起因する金融費用を含む）および投資リターンの総額などが示されている．これらは金融による投融資の回復の観点から策定されており，かつこれら解約支払いの前提として，ベースケースのフィナンシャルモデルが合意されて計算要素として組み込まれている点に留意する必要がある．これに対して，従来の日本のPFI事業においては，契約時点までにおいて民間事業者

の財務的なプロジェクションは提出されていることがあるものの，一部の例外を除いてそれを官民で合意したフィナンシャルモデルとして，将来の解約時における解約支払金の計算要素として利用する，というまでの合意や理解が進んでいるものではないのが現状である．今後民間の資金調達によるインフラ事業（特に大型コンセッション事業等）を進展させていくためには，これらの共通理解が進んでいくことが必要となろう．

3）キャッシュフロー下振れリスク（需要・マーケットリスク）

新規に施設を建設した上で，その整備費用を長期の事業運営において回収する事業など，インフラ事業は初期投資が大きく寿命の長い事業である一方で，急激な需要の増加や単価の増加による収益の大幅な改善は一般に見込めないタイプの事業であるため，長期で安定したキャッシュフロー，特に下振れの少ないキャッシュフローの設計になっていることが重要である．すなわち，燃料費などの提供されるサービスの原価が（それが合理的なものである限り）サービスの受け手への販売価格にタイムリーに反映され，外部要因に左右されにくい収益構造が制度・契約として確保されているか，あるいは一定の想定収益に基づき投資が行われた事業であれば，サービスに対して受領する固定収入と変動収入の設計が長期的な需要減にも耐えられる程度になっているか，など，下振れリスクのバックストップが何らかの方法（保険や保証など）により為されていることが肝要である．なお，多くの伝統的な公共事業では，計画段階で見積もった需要が現実と比して結果的に過多となり，その結果現実の利用量が需要予測を大きく下回り，事業の採算性が悪化するといった例が少なくない．インフラ施設を新規に整備しかつ運営することを民間企業に委託し，利用者からの料金収入を民間事業者の唯一の収入とするような事業モデルの場合には，特に需要予測が重要となり，それにより事業の経済性・継続可能性が問題となる．またインフラ事業が官主導のものなのか，民間主導のものなのかにより，その需要リスクはどちらがとるべきかとの結論も左右されるであろう（たとえば韓国の社会基盤施設に対する民間投資法に基づく官民連携事業においては，従来は多くの経済インフラ（高速道路，空港連絡鉄道）などにおいて，現実の需要が予想を下回った場合に公共がその下振れの一定部分を補填する制度 (MRG) が組み込まれていたが，数度の制度改革を経て，それは民間発意のプロジェクトには適用されなくなっ

たという経緯がある).

　既存インフラを維持更新運営する場合には，それまでの利用実績があるので，需要リスクは比較的予想がしやすい面があるものの，

- 今後需要を分け合うようなインフラが整備された場合（たとえば高速道路と並行する道路や鉄道が整備されるケース）
- 長期的には人口の減少により利用者数が低減していく，といったケースにおいてどのような手当が可能か

という点を検討する必要があろう．前者において民間にリスク負担を課するのであれば，少なくとも官側は競合するようなインフラ整備を行わないことや競合インフラへの補助金などの支援を行わないことを約束することが考えられる．後者については，当該インフラを利用する地域や人口集団がある程度限定できるとの前提であれば，その一定の低減率をあらかじめ考慮にいれて民間事業者がそのリスクをとることも可能な場合があるだろう．また，そもそも民間事業者が主体となるべきインフラ事業は，国全体の人口減少の影響を受けにくい都市部や一定のインフラを対象とすべきで，官側はその他の経済性がより困難な地方のインフラを担当するなど，限られた財政的制約のなかで公共負担の選択と集中を行うべきとの考え方もあるであろう．また，事業の特性に応じつつプロフィット・ロスシェアリングの考え方を入れることもありうる．なお，COVID-19 のように需要に重大な影響を与える事象が生じた場合には，インフラ事業維持のため一定期間については官側での費用負担という考え方もありうる．

　4）施設の引渡しまたは運営開始の遅延リスク

　設計建設期間中の各種リスクの発生による建設工事の遅れや工期の変更は，施設の引渡しまたは運営開始の遅延を生じる場合がある．かかる遅延リスクについては，契約に規定しておく必要がある．サービスの公共性ゆえ，一定時期に施設の運営が開始されることが極めて重要であるため，民に対して工期遵守を経済的に動機付ける必要があることから，引渡しまたは運営開始予定日から，実際の引渡しまたは運営開始日までの遅延日数に応じて，一定の違約金を課することが多い．また同時に，施設の引渡しまたは運営開始の遅延が生じた場合には運営期間の終期も延長するのかが論点となる．運営期間の短縮は，民間事業者が想定していた事業収益想定に影響を与える可能

性が高く，このリスクを官民でどのように分担するかが問題となる．運営期間の終期を延長する場合にも，民間事業者の調達した融資返済スケジュールの組み直しなどの問題が生じる場合があり，仮にその金融費用が増加した場合にその分担が問題となることにも留意が必要である．

5) 事業用地・既存施設の瑕疵等のリスク

通常，官側は，事前に事業用地に関する情報を開示し，民間事業者は当該情報に基づいてプロジェクト提案を行うことになる．施設の整備を含む事業においては，建設工事を実施するために必要な測量，土壌調査，地盤調査，遺跡調査などの調査が民間事業者の事業に含まれるのが一般的である．

事業用地の物理的性状については，事前に官側により公表された情報に誤りがあった場合については，官側がリスク負担すべきであろうが，事業用地に関してすべて必要な調査が終了しており，開示されているという場合のみとは限らない．また，建設・土木事業に関して経験を有する者であれば，用地の性状について事前の想定が可能と考えられる．したがって，通常このようなリスクは民間事業者が負担することが可能であろう（海外ではトンネルなどの土木事業においても民間事業者がそのリスクを負担している例がある）．事業用地の権利関係については，民間事業者が事前に調査することは困難であり，また，権利関係に瑕疵があった場合は事業の遂行に重大な支障を及ぼす（あるいは事業そのものが実施不可能となる）こともあることから，官側にリスク負担を求めることが考えられる．そもそも事業の進捗に伴い用地取得していくようなプロジェクトにおいては，用地の手当ては官側で行うのが通常であり，かかる取得が適時に行われない場合のリスクは民間事業者が負担することは困難であろう．

またコンセッション事業において既存施設を民間が官から引渡しを受けて運営する場合には，瑕疵が通常の注意では発見できないことを踏まえ，資料や施設の実態を確認することに加え，官が一定期間責任を負うことも規定することもある．

6) 許認可取得リスク

事業のために必要となる種々の許認可については，民間事業者の責任において取得・維持する必要がある．ただし，インフラ事業においてその発注主体となる官側の機関と許認可の規制主体たる機関が異なる場合もありうる．

適正な民間事業者の申請や体制維持などの対応が前提となるが，事業遂行において実務的な困難が伴わないよう，当該事業に必要な規制主体間の協調など，官側でも今後検討が必要である．

　7）技術革新リスク

　長期にわたるインフラ事業で，たとえば IT システム整備などを含むものについては，事業期間中の技術陳腐化リスクへの対応が必要となる．当初より何らかの技術の陳腐化が想定される場合，あらかじめ契約において，かかる陳腐化への対応費用の分担，対応（業務内容の変更等）など対応方法の詳細について規定しておくのが望ましい．

　ただし，技術の陳腐化がいつ起こるかをあらかじめ想定することは容易ではなく，そもそも対応が必要な陳腐化であるかについて，官側と民間事業者側とで見解が異なる場合もありうるなど，技術革新にかかるリスクについては，当事者間または関係者間の協議で対応せざるをえない部分が残る．超長期のインフラ事業においては，システムの更新や解構築も含め通常のビジネスとしてかかるリスクの対応方法も含め民間事業者にゆだねることも考えられる．

　8）契約終了と施設の引継ぎ

　事業実施に関する官民間の契約が終了した場合であって，その後官側が継続的利用を予定している場合，維持管理・運営業務が引き続き円滑に実施されうる形で行われる必要がある．インフラ事業については，中断されることなく運営業務が実現されるべき必要性は高い．契約期間の終了に伴う事業実施主体の交替に備えて，終了前に，施設が官側の要求した水準を充足していることを確認することが必要である．官側が施設の引渡しを受ける際，業務のために継続して使用する上で支障のない状態において引渡しを受けること，さらにこれを担保するために終了の比較的近接した時点で大規模な修繕を民間事業者に負わせることもある．この場合民間事業者はその時点で必要な資金を内部留保により引き当てるか，その時点でファイナンスができるようなアレンジをすることになり，それらが契約内容になることも考えられる．

　9）事業運営に関するモニタリング

　インフラ事業において，継続的な良質のサービス提供を確保するために，官による事業のモニタリングという観点が必須である．サービスの提供が適

切に行われなかった場合には金銭的なペナルティとともに終局的には官側による契約の解約という事態に発展する．モニタリングの制度としては，客観性がある明確なものであることを要する．民間事業者の自己責任による業務不履行の改善をベースとした，継続的かつ良質なインフラ事業の実現を達成するためには，

- どのような業務を負っており，どのように業務を遂行していれば不履行とならないか
- 民間事業者が業務不履行をした場合に，どのような改善措置を講じる必要があるのか，かかる改善措置を講じない場合にはどのような不利益が生じるのか

について明確である必要がある．また，モニタリングの方法を提供するものとして，事業規制法における行為規制の他，当該インフラ事業の契約に基づくモニタリング方法の規定などが想定される．

　10）紛争処理制度

　インフラ事業の継続性などを考慮すると，訴訟による紛争解決というのは，紛争長期化の問題を発生させる上，必ずしも適切な裁判所の判断がなされるか予測可能性が低いため，望ましくない．事態が解決困難な状態になる前に，何らかの紛争解決制度によるソフトランディングをすることが最も望ましい．特に民間事業者側における資金調達の観点からすれば，予測可能性の確保は重要であり，単なる協議といった処理ではなく，中立の専門家の選定を前提としたパネルなどの第三者機関を通じた紛争処理といった仕組みを考えるべきであろう．海外のインフラ事業においては，紛争解決を，どのような機関・手続きを用いて行うか，ということは極めて重要な要素とされている．インフラ事業は，技術的な要素や金融の仕組みなど，多様な専門知識が必要である上，投資金額が多額にのぼり，利用者も含め利害関係人が多く，かつ政治的な問題も関連する可能性がある．そのため，紛争解決手続きは，多様な専門領域をカバーする能力があり，政治的な要素からも公平性が極力確保されることが重要となる．また上記のような要請に応えるため，訴訟による解決ではなく，仲裁合意を契約上約定して，仲裁人（パネル）による速やかでかつ拘束力のある判断を受け入れる仕組みも今後より活用が検討されるべきと考える．

第5章 人口減少時代の都市・インフラ整備論

5.1 複雑化する都市・インフラの将来

5.1.1 グローバル経済における日本の立ち位置の変化

1）未曽有の人口減少に直面する日本

日本の人口推移を超長期で見てみると，奈良時代から一貫して人口は増加傾向にあり，江戸時代と昭和時代に急速な人口増加が起きていることがわかる．江戸時代は約1,230万人から約3,400万人と約2.8倍に人口が増え，昭和時代は，約6,000万人から約1億2,400万人と約2倍となっている．特に昭和時代は人口規模の面での増加が大きく，昭和元 (1926) 年から昭和64(1989) 年までに約6,000万人増という欧州諸国並みの国が1つ出来る規模相当であった．このような急激な人口ボーナス期（人口増によって労働力人口が増加して経済成長が高まる期間）を経て，2010年に1億2,806万人でピークを迎え，その後は人口オーナス期（人口ボーナスと反対の現象が起きる期間）に突入し，2120年には現在の約1/3の水準となる4,123万人まで急速に減少することが予測されている．しかもその間には約8,000万人の人口が減少することとなり，昭和・平成・令和にかけて欧州諸国の1国に相当する人口が増加し，減少するという未曽有の人口変動を経験することとなる（図5.1）．このインパクトが小さいはずはないことは直観的に理解できる．世界的にみると人口減少は主に戦争や疫病等で起きている (Scheidel, 2019)．しかし，日本がこれから経験する人口減少は急速な少子高齢化という経済にとっても厳しい状況を伴っての人口オーナス期となるのであるから，単に人口だけが年齢階層ごとにほぼ均一に減少する戦争や疫病等といった人口減少のインパクトとはわけが違う．まさに世界で初めて大規模な人口

212　第5章　人口減少時代の都市・インフラ整備論

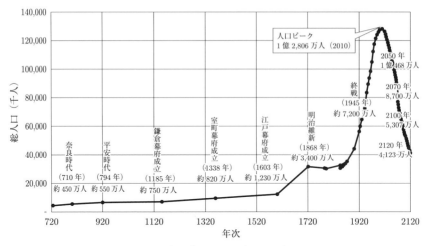

図 5.1　超長期でみた日本の人口推移

出所）720-1846年は鬼頭宏『人口から読む日本の歴史』講談社 (2000)．1847-1870年は，森田優三『人口増加の分析』日本評論社 (1944)．1871-2020年は国勢調査報告の実績値．2021-2070年は，日本の将来人口推計（令和5年推計），国立社会保障・人口問題研究所 (2023) の中位推計，2071-2120年は同推計の参考推計より作成．

の自然減を経験するのである．

　もう少し詳しく年齢階層別の人口動態をみると人口オーナスのインパクトが，より実感できる．2070年までは国立社会保障・人口問題研究所より，年齢階層別の人口推計が出ているため，現在から2070年までの将来推移を見てみる（図5.2）．これをみると，2056年に日本の人口は1億人を割り，2070年に欧州諸国並みの約8,700万人の規模まで縮む．2070年における高齢者は約3,400万人であり，ほぼ同じ人口規模であった1955年の約500万人と比較すると，実に約7倍多い高齢者となる．しかも高齢化率は38.7%に上り，人口の約4割が年金生活者となる．一方，その支え手となる労働人口をみてみると，2070年で約4,500万人とピーク時である1995年（約8,700万人）のほぼ半数である．すなわち，ピーク時の約半分の労働人口で人口の約4割を占める高齢者を支える社会となるのである．現在の経済水準を維持するには，2倍多く働くか，2倍の労働生産性を達成する必要があるが，どちらも現実的に困難であることは自明である．そう考えると生活の

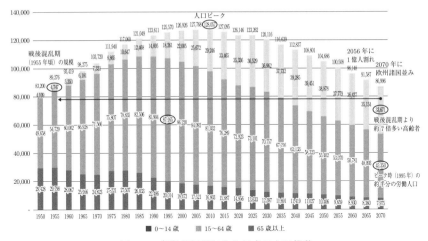

図 5.2 年齢階層別にみた日本の人口推移
出所）国立社会保障・人口問題研究所 (2023),「日本の将来人口推計（令和5年推計）」の中位推計より作成.

豊かさは今がほぼピークであり，今後は徐々に日常生活の水準も低下していくことがほぼ確実ということである．

2）世界経済での存在感が薄れる日本

ここでは，世界経済における日本の立ち位置の変化について見てみたい．実は過去約30年間，日本はまったく経済成長できておらず，失われた30年が既に経過している．主要諸国と比較すると，その格差は明らかである（図 5.3）．米国や中国は人口増加も大きいが，それほど人口増加がないドイツと比較しても日本の経済成長の低迷は際立っている．バブル経済期の絶頂であった1989年には，企業の世界時価総額ランキングのトップ10で日本企業が7割を占めていた．まさに終戦から高度経済成長を経て，日本が世界で第2位の経済大国となった瞬間である．この頃の日本は世界経済の約1割（IMFベース）を占めており，「Japan as No.1」という言葉に代表されるように，世界からもその経済力は一目置かれた存在であった．しかし，バブル経済が崩壊した1990年代以降は長い低迷期に入っていく．現在では世界時価総額ランキングのトップ10に日本企業はいない．日本で最大の時価総額を持つトヨタ自動車ですら2022年では39位と大きく後退して

214　第5章　人口減少時代の都市・インフラ整備論

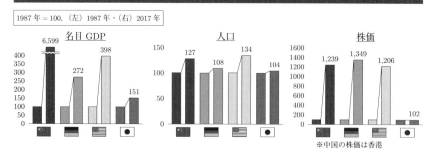

図 5.3　日本の失われた 30 年
出所）Bloomberg, IMF 等より作成.

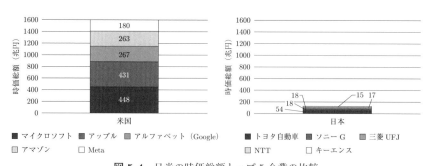

図 5.4　日米の時価総額トップ 5 企業の比較
出所）QUICK・ファクトセット（2024 年 2 月 6 日終値）より作成.

いる.このような低迷はどうして起きたのだろうか.バブル経済崩壊の後遺症から立ち直るため,長期にわたる異次元の金融緩和とそれに伴う円安が日本企業の産業構造転換を遅らせ,経済成長の低迷を常態化させたという指摘がある(野口,2022).この指摘は,非常に的を射ていると筆者らは考えている.たとえば,日米の時価総額のトップ5企業を見てみると,その差に愕然とせざるをえない(図5.4).米国はGAFAM(Google, Amazon, 旧Facebook, Apple, Microsoft)がナスダック市場のトップ5であるが,その時価総額の合計は1,589兆円(2024年2月6日終値ベース)であるが,日本のトップ5企業の時価総額合計は,122兆円(同)と10倍以上の開きがある.しかも日本のトップ企業は工業化社会の代表業種である自動車のままであり,米国はBig TechといわれるIT産業が経済を牽引している.米国は工業型産業から情報技術型産業への転換を行ったのに対し,日本は既存の業種がそのまま温存されている.その結果,GAFAMの5社だけで日本の上場企業をすべて合わせた時価総額である931兆円の1.7倍と,日本の上場企業すべてが束になってかかってもGAFAMのたった5社にすら対抗できないのである.また,経済力を時価総額の合計で比較すると,米国の7,100兆円(NY証券取引所とナスダックの合計)に対して,日本は931兆円(日本取引所グループの合計)であり,約8倍の差が生まれている(図5.5).このように,日本における産業構造転換の遅れが,今となっては巻き返すことが絶望的なほどの差を生んでしまっている.

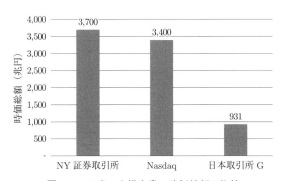

図5.5 日米の上場企業の時価総額の比較
出所)QUICK・ファクトセット(2024年2月6日終値)より作成.

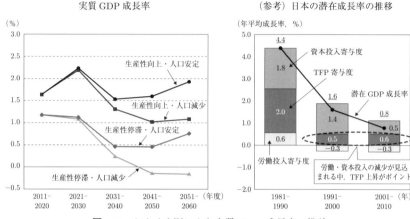

図 5.6 シナリオ別にみた実質 GDP 成長率の推計
出所）内閣府（2014a),「選択する未来」.

3）将来の経済成長も苦難の道

未曽有の人口減少が確実視されるなか，失われた30年による経済格差が鮮明となった今から，将来に挽回する機会はあるのだろうか．ここでは将来の経済成長率をシナリオ別に推計している「選択する未来」（内閣府，2014a) の推計をベースに考察を加えていきたい．そこでは，将来における日本の実質 GDP 成長率を現状のままである（生産性停滞，人口減少)，生産性が世界トップレベルに向上する，人口減少が1億人程度で安定する，といった要素シナリオを加えた4ケースにおける推計がなされている（図5.6). 日本経済の潜在成長率は，バブル期には4.4％程度であったものが直近では0.8％まで低下している．その大きな原因は，労働資本と資本投入の減少である．すなわち，人材不足と研究開発投資の少なさが起因しているということである．この2つとも将来増加する見込みは少ないため，これらを補うには全要素生産性 (TFP) を向上させるしかない．そうでないと，このままの状況では2040年以降の経済成長はマイナスになると推計されている．仮に TFP が世界トップ水準に向上し，人口が1億人程度で安定するとした楽観シナリオであれば2％程度の経済成長は可能という推計である．しかし，これはあまりにも楽観的すぎるシナリオである．現実的には現状水準をもとにした将来推計であるマイナス成長がベースシナリオであり，これ

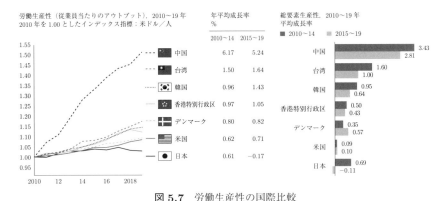

図 5.7 労働生産性の国際比較
出所) McKinsey & Company (2021),「2030 日本デジタル改革」.

を覆すには並大抵の政策では突破できないと考えるべきであろう．人口を1億人程度とするには，まずは出生率の大幅な改善が必要となるが，現状の合計特殊出生率は1.26（2023年）で低下傾向にある．人口が均衡状態となる2.07まではかなりの開きがある．子供を産むことへの不安や躊躇がない社会を早期に実現する必要がある．また世界トップレベルの生産性向上も至難の業である．日本の労働生産性は先進国でも最低水準であり，これを世界トップ水準にするには，現状の約2〜3倍以上の労働生産性の向上が必要である（図5.7）．日本の労働生産性の低さは，新興国のような労働集約型産業が多いためではなく，企業風土に根差した労働生産プロセスにある．たとえば，日本の就業形態や商慣行などである．そのため，これがいかに困難な数値であるかは自明であろう．デジタル化である程度は効率化するところもあるかもしれないが，これらを一斉に変えていくのはそう簡単ではない．

4）As is で行き着く日本の将来

グローバル経済の長期見通しのなかで，日本の相対的な立ち位置を見てみる．現状は米国と中国の2強の世界経済といってよい．経済圏でみると，アジア経済圏の躍進は大きく，2050年には世界経済の50%に達する見込みである．また，インドが現状の中国と同水準までの経済規模に成長し，米国，中国，インドとアジア経済圏がグローバル経済の覇権を握ることとなる．その一方で，日本の経済規模は縮小し続け，バブル期には約10%であったGDPの世界シェアも約3%まで低下し，存在感がかなり薄れていく

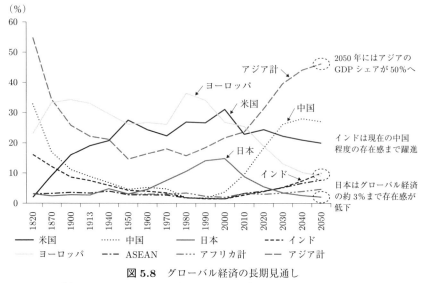

図 5.8 グローバル経済の長期見通し

注)ヨーロッパはユーロ圏諸国.アフリカ(北アフリカとサブサハラの合計)は国連および世界銀行のデータがともに取得可能な 53 か国.
出所)世界銀行「World Development Indicator」より作成.

(図 5.8).この規模にまでくると,経済大国とはもはやいえず「普通の国」として認識されるようになるだろう.G7 にとどまれるかも危ぶまれる雰囲気に包まれているかもしれない.成長し続けるグローバル経済の下,日本はいかにその存在感を示し続けられるのかが試されることになろう.

ここまで見てきたように,グローバル経済における日本の立ち位置は大きな変化を遂げている.それもポジティブな方向ではなく,どちらかというとネガティブな方向へと動いている.今後,人口減少が本格化し,グローバル経済の成長から取り残された日本には,どのような将来が待っているのであろうか.グローバルトレンドとそのなかで日本の将来像をまとめたものが図 5.9 である.無論,こうなって欲しくはないが,現状のまま大きな変化がない限り,訪れる将来だといわれれば,そうかもしれないと思うところは多々ある.成長するグローバル経済や社会潮流に受け身でいれば,日本の社会や都市・インフラの課題はますます深刻化するであろう.グローバルな動向も見つつ,我々は今何が一番必要な行動であるのかを真摯に問い直す時期に来

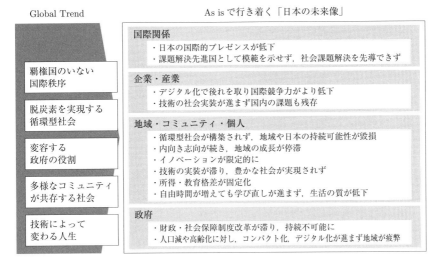

図 5.9 グローバル経済下における日本の将来像

ている．

5.1.2 無視できない資産デフレの影響

近年，日本では人口減少による住宅地価の下落トレンドが見られる．世界最大の大都市圏である東京圏（東京都・神奈川県・埼玉県・千葉県）であっても，地価と人口が共に減少している地域がある．東京都でも既に人口減少は始まっているが，世帯数は世帯分離による影響で増加している．ただ，2025年から世帯数も減少に転じる見込みである（社会保障・人口問題研究所，2023）．人口減少による住宅地価の下落は，日常生活にどのような影響があるのだろうか．人口減少は住宅需要を減少させるため，住宅資産価値は長期的に減少する．すなわち人口が減少すると，住宅資産価値は下落するのである．このような住宅資産価値のデフレは，住民にとって大きな経済的損失である．また，その程度によっては，将来の老後の生活にも影響を及ぼす．この検証のため，東京大都市圏を一例として将来の姿を展望してみたい．東京圏は，毎年平均して25万人が減少し，2045年には高齢化率が30%を超えると予想されている．このようななか，住宅資産デフレの空間的分布と2045年までの1世帯当たりの住宅資産デフレ額を推計した研究

(Uto *et al.*, 2023) をベースに資産デフレが都市に与える影響を考察する．この研究は，住宅資産価値のデフレが適正なコンパクトシティへの推進を遅らせる可能性があることを指摘している．

1）2045 年までに住宅資産の約 94 兆円が消失

まずは，東京大都市圏全体で，現在から 2045 年までの超長期の住宅資産のデフレ額の総額をみると，約 94 兆円の住宅資産が失われる（図 5.10）．住宅資産価値が上昇する自治体はわずか 3 自治体で都心 3 区（千代田区，中央区，港区）のみであった．すなわち，これから 2045 年までの超長期でみれば東京大都市圏のほとんどの自治体で住宅資産デフレが発生するといえる．ただ，これは実感を伴うかというとそうでもない可能性がある．それは，年率換算すると −1.3% の下落であるため日常では気づきにくく，緩やかに下落していき，約 25 年経ってみれば，いつの間にか大きな下落（約 3割）となったという印象を抱くことが予想される．つまり，住宅資産価値のデフレは気づきくい現象なのであるが，結果的に大きな経済的損失につながるのである．その意味では「ゆでガエル現象」と似ているともいえる．

ここでバブル経済からの下落の方が大きいので問題にはならないと考える人もいるであろう．しかし，バブル後の下落と現在からの下落では持っている意味が大きく異なる．バブル経済期は異常な土地高騰が生じ，東京 23 区内にサラリーマンが住宅を持つのはほぼ困難な価格であった．当時のサラリーマン川柳に，「一戸建て 手が出る土地は熊も出る（ヤドカリ，1990 年，第 4 回入賞作）」と詠まれたのが，その当時の状況を如実に物語っている．つまり，バブル期に一般のサラリーマンが一戸建てを取得しようとすれば郊外に求める以外に選択肢はなく，またマンションでも一戸建てほどではないにしても，ほぼ同様の傾向があった．しかもその頃はニュータウンや住宅団地の開発ラッシュで通勤に 1 時間半以上かかる郊外でも，今考えると信じがたい高価格の住宅であった．このような時期に住宅取得した世帯を巻き込み，これから住宅資産デフレがさらに進行するため，その影響は大きく顕在化する．郊外ニュータウンの荒廃や空家問題などはその萌芽現象ともいえよう．バブル期で最も高額だった東京 23 区内の住宅はそもそも富裕層か投資目的での取得がメインであったため，急激な下落となっても社会問題にはなりにくかったが，これからの住宅資産デフレは共働きが増えたため，都心

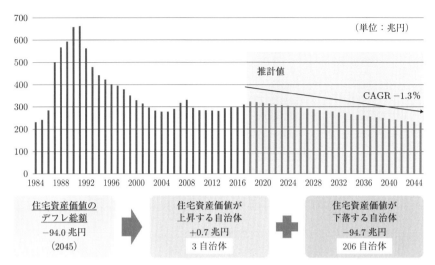

図 5.10 東京大都市圏の住宅資産価値の推移
出所）Uto *et al.* (2023).

近くでも住宅取得が可能となった一般世帯をも巻き込むことになり，一部の富裕層の話というわけにはいかないだろう．また，老後生活の保障という面でもバブル期と現在では大きな違いがある．バブル期に住宅を取得した世帯の老後生活は，公的年金や企業年金等がまだ手厚い世代である．しかし，これからの世代は老後生活を年金だけで賄えるかといえば疑問が残る．いや，難しいと考えた方が賢明であろう．海外先進国と比べると日本は，高齢者の老後資産の不動産比率が約6割と高く，金融資産は少ない．つまり自宅が主な老後資産という世帯が多く，自由に使える金融資産が少ないことが特徴である．しかも年齢が高くなると不動産比率はますます高くなる（荒川，2003）．そこに住宅資産デフレが直撃するのだから，老後生活の設計自体を見直さざるをえない世帯が増加することは必然である．このようにバブル期と現在では置かれている社会環境が大きく異なり，むしろこれからの住宅資産デフレの方が厳しい状況を作り出す可能性が高いと考えられる．

2）郊外ベッドタウンに顕著な住宅資産デフレ

住宅資産デフレの空間的分布を GIS で可視化してみると，郊外ベッドタウンの住宅資産価値のデフレが大きいことがわかる．図 5.11 は，2018 年の

222　第5章　人口減少時代の都市・インフラ整備論

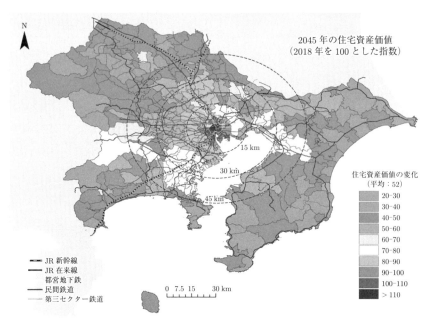

図 5.11　2045 年における住宅資産価値
出所）Uto et al. (2023).

　住宅資産価値を 100 に指数化した 2045 年の住宅資産価値である．2045 年に住宅資産価値が上昇するエリアと住宅資産価値が下落するエリアが明確に区別される．東京都心から 15 km 圏内（概ね通勤時間約 30 分以内）では，住宅資産価値は 2045 年まで上昇または微減を続ける．反対に，都心から 30 km 以上（概ね通勤時間約 60 分以上）のエリアでは，住宅資産価値は減少する．30 km を超えるエリアでは，1980 年代のバブル経済期における都心部の住宅地価格の高騰と鉄道網の延伸によって，多くの自治体が郊外のベッドタウンへと変貌を遂げた．このようなベッドタウンにおいて住宅資産価値の減少が顕著となっている．

　都心への通勤時間が 30 分以内の地域で住宅資産価値が上昇・維持されているのに対し，60 分以上の地域で下落しているのはなぜか．この点から考えると，人口減少のために郊外を中心に住宅需要が減少していると考えられるが，それだけが理由ではない．居住地の選択要因を見ると，通勤時間の

重要性が増している．そのなかでも，共働き世帯は通勤時間を非常に重要視しており，特に高所得者世帯ほど通勤時間を重要視している（リクルート，2020）．住宅価格を除けば，駅からの距離や通勤のしやすさが，住まいを選ぶ最も重要な理由の1つである．これは，共働き世帯が子育てをするには，子どもを保育園に預けなければならないためである．子どもに関する緊急事態（発熱，病変等）が発生した場合，すぐに迎えに行けるような通勤時間の短い住宅に住む必要が出てくる．したがって，30分以内の通勤時間が共働き世帯にとって理想的なのである．通勤時間30分以内は住宅資産価値にプラスに働くといえる．このように，東京大都市圏の住宅資産デフレは，人口減少による郊外の住宅需要の減少や近年，急増している共働き世帯の居住地選択行動によるところが大きいと考えられる．今後，人口減少や共働き世帯の増加傾向が続く限り，東京大都市圏郊外における資産デフレは継続するものと予想される．

3） 1世帯当たり1,000万円以上のデフレ

ここまでは自治体単位で住宅資産デフレの状況を見てきたが，生活への影

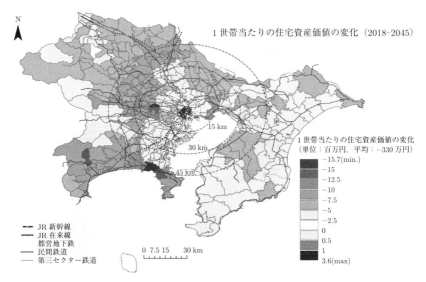

図 **5.12**　世帯当たりの住宅資産価値のデフレ額
出所）Uto *et al.* (2023).

響をみるためには1世帯当たりの住宅資産のデフレ額を見た方がわかりやすい．図5.12は1世帯当たりの住宅資産のデフレ額を見たものである．住宅資産価値が増加するのは東京都心部だけで，他の地域では減少する．都心から15 kmを超える地域では，1世帯当たり1,000万円以上も住宅資産価値が減少する．これは，高齢者世帯の家計に大きな影響を与え，多くの世帯が自宅の売却をためらったり，将来の老後生活に不安を抱いたりすると考えられる．資産デフレが顕著なのは東京都心から西側の30～45 km圏の地域であり，住宅資産価値が750～1,000万円減少している．これらの地域はベッドタウンとして発展し，ニュータウンや団地など大規模な住宅が建設されてきた．都心からの距離を考えれば住宅価格は高かったが，都市拡大期には人気の住宅地であった．しかし，都市が縮小していくなかで，これらの地域は住宅資産価値が著しく低下してくると考えられる．

4）通勤時間別に見た住宅資産価値のデフレ

通勤時間帯別に住宅資産価値のデフレをみると，通勤時間60分以内の立地は29.8%下落しているが，通勤時間がそれ以上になると下落率は急激に上昇する（表5.1）．通勤時間が90分以上になると，住宅資産価値は半分以下となり，この地域で住宅を購入した世帯が老後を迎えたときに大きな問題となることを意味している．大都市圏における住宅購入の平均年齢は約40歳であり（国土交通省，2020c），25年後の65歳の定年時には，通勤時間60分以上の地域では住宅資産価値は約半分になるわけであるから，老後生活に影響がないはずはない．

5）デフレ効果のケーススタディ

住宅資産価値のデフレ率の差異が通勤時間帯別で顕著に大きいことから，モデル世帯を想定してケーススタディを行った．ケーススタディを行うためには，高齢者世帯の収入，支出，貯蓄，住宅価格などのデータが通勤時間帯別に必要である．しかし，これらの統計データは通勤時間別で集計されていない．そこで，東京都の平均的な高齢者世帯をモデル世帯とした．住宅支出のウェイトがほぼ一定であると仮定すると，各世帯は理想の通勤時間を決め，その範囲内の住宅を選択する．しかし，今後予想される住宅資産価値の下落は，郊外エリアの選択に大きな影響を与えると予想される．

厚生労働省によれば，年金受給額のモデル世帯は，一方がフルタイム労

5.1 複雑化する都市・インフラの将来 225

表 5.1 22 世帯当たりの住宅資産価値の推移

				単位：円
通勤時間 グループ（分）	住宅資産価値 （2018 年）/世帯	住宅資産価値 （2045 年）/世帯	年平均 （%）	変化率 （%）
30	27,577,930	24,860,765	−0.4%	−9.9%
60	17,689,556	12,422,394	−1.3%	−29.8%
90	15,373,218	7,966,709	−2.4%	−48.2%
120	11,469,051	5,195,719	−2.9%	−54.7%
150	7,299,214	2,830,860	−3.4%	−61.2%
合計	18,442,323	13,064,759	−1.3%	−29.2%

出所）Uto *et al.* (2023).

働者，他方が専業主婦の夫婦世帯である．そこで，このような夫婦世帯をモデル世帯として採用した．また，データとして，東京大都市圏の平均年金収入，高齢者世帯の平均支出，在宅介護・介護施設の平均を用い，高齢者世帯の老後生活収支を算出した．さらに，高齢者世帯の老後生活は，介護パターンによって以下の 4 つのケースに分けた．

　　ケース 1：介護を必要としない，もしくは介護費用を子が負担

　　ケース 2：夫婦は 2 人とも在宅介護

　　ケース 3：1 人は介護施設，もう 1 人は在宅介護

　　ケース 4：夫婦は 2 人とも介護施設

　まずは住宅資産価値のデフレが起きないケースを見ておこう．デフレが起こらなければ，どの通勤時間帯のグループでも住宅資産価値は変わらない．そこで，ケース 1〜4 で資産残高がどのように変化するかを算出した．デフレが発生しない場合，図 5.13 に示すように，いずれのケースでも平均寿命（男性 81.05 歳，女性 87.09 歳，2023 年）までの介護や生活費を賄うことが可能となる．したがって，住宅資産デフレがなければ老後の生活は安泰だが，住宅資産がデフレになっても安泰なのか，危機なのか．この点に着目して各ケースを検討した．

　ケース 1 では，すべての通勤時間帯のグループが生活費を賄うことができた（図 5.14）．ケース 2 の結果も図 5.15 に示すように平均寿命までは安心である．とはいえ，モデル世帯が 93 歳を超えると，通勤時間が 150 分以上の地域では資産が底をつく．したがって，モデル世帯が在宅介護だけで生

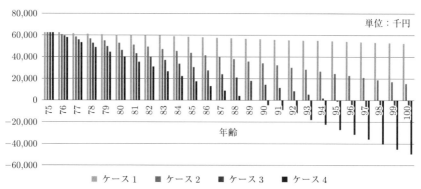

図 5.13 デフレが発生しない場合のモデル世帯の資産残高
出所）Uto *et al.* (2023).

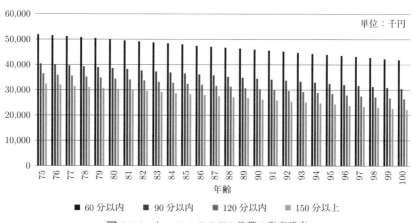

図 5.14 ケース 1 のモデル世帯の資産残高
出所）Uto *et al.* (2023).

活できる限り，平均寿命まで資産はマイナスにはならないが，長寿になると不安が残る．ケース 3 では，モデル世帯の 1 人が介護施設に入居する．1 人は寝たきりか認知症であると想定した．この場合，自宅と介護施設で生活費が 2 倍になるため，資産額は一気に減少する．したがって，通勤時間が 120 分以上の地域では，平均寿命前に生活資金が不足することになる．また，90 分以内の地域では 88 歳から，60 分以内の地域では 92 歳から生活資金が不足する（図 5.16）．最後に，ケース 4 では，介護施設に一緒に入居す

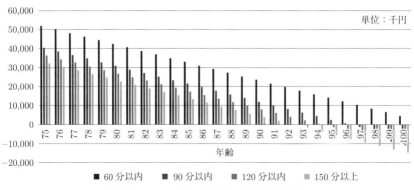

図 5.15 ケース 2 のモデル世帯の資産残高

出所）Uto *et al.* (2023).

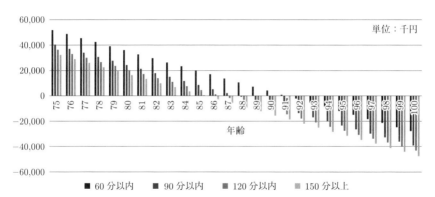

図 5.16 ケース 3 のモデル世帯の資産残高

出所）Uto *et al.* (2023).

るため，モデル世帯は75歳で自宅を売却できる．一方，ケース1〜3では，どちらか1人が必ず在宅のまま介護を受けるため，モデル世帯は自宅資産を売却できない（リバースモーゲージ，不動産担保ローン等による流動化はありうる）．ただ，ケース4では，すべての時間距離帯においてモデル世帯が自宅を流動化しても，一緒に介護施設に入居することは難しい現状が見えてくる．通勤時間が60分以内の地域であれば，平均寿命までは安心である．しかし，87歳を超えると介護施設の費用は賄えなくなる（図5.17）．このような状況は，モデル世帯の老後にとって大きな不安要素となろう．

228　第 5 章　人口減少時代の都市・インフラ整備論

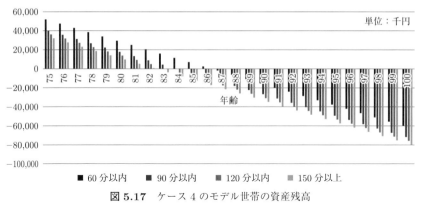

図 **5.17**　ケース 4 のモデル世帯の資産残高

出所）Uto et al. (2023).

　自分の寿命は誰にもわからないため，モデル世帯は介護施設への入居を躊躇し，在宅介護のみを選択せざるをえない．東京大都市圏では住宅資産価値のデフレが進行しているため，今後，介護施設に入居できない世帯が増える可能性が高い．そうなれば，老後の生活に不安を抱える世帯が増加し，政府は高齢者世帯の福祉に財政的な支援を行わざるをえなくなる．日本の財政状況はすでに厳しい．住宅資産価値のデフレで追加支援が必要となれば，国家財政への影響も無視できないだろう．

　6）住宅資産デフレがコンパクトシティ化を遅らせる

　日本の人口減少はすでに始まっており，それはやがて住宅資産価値のデフレにつながる．その住宅資産価値のデフレが，安定した豊かな老後生活に大きな影響を与えることがわかった．住宅資産デフレが発生しなければ，高齢者世帯は老後の生活や介護費用を賄うことができるが，発生すれば状況は一変する．多くの高齢者世帯が老後の生活費の不足に直面する可能性は極めて高い．したがって，東京大都市圏近郊の高齢世帯や自治体は，こうしたリスクを把握し，対策を検討する必要がある．住宅資産デフレが発生する地域の世帯は，早期に自宅を売却しようとするかもしれない．しかし，長年住み慣れた家や地域社会と決別することは難しい．そのような状況を強いる社会であってはならないとも思う．住宅資産デフレが起きれば，介護施設に夫婦で入居することも難しくなるため，在宅介護を選択せざるをえなくなる．住宅資産デフレは，動きたくても動けない高齢世帯を増やすことにつながるので

ある．こうした経済的な移転制約は，居住地の選択に大きな影響を与える．つまり，高齢世帯ほど転居制約を受けることになる．また，新規取得層がそれを見越し始めたら郊外からの住民流出に拍車がかかる危険性すらある．

コンパクトシティが思うように進まない最大の理由は，行政が住民の自主的な転居だけに頼っていることにある．コンパクトシティを推進するためには，都市部に転居する郊外居住者が，将来，より安定した定年後の生活を期待できるような経済的インセンティブ制度を構築する必要がある．また，減税や転居支援補助金によって一時的に財政支出が増加したとしても，コンパクト化によって都市経営にかかる総コスト（在宅介護費用の削減，都市インフラの更新・維持コストなど）が削減される．したがって，財政収支は長期的にはむしろプラスとなる可能性もある．世界的に見れば，人口減少が始まろうとしている先進国の大都市圏でも，住宅資産のデフレは進行すると予想され，これは東京だけのローカルな問題ではない．他の国でも，東京と同様に都市のダウンサイジングに関する困難な課題に直面するであろう．人口減少時代において，住宅資産デフレが高齢者世帯の生活にどのような影響を与えるかを知ることが重要であることを示唆している．つまり，コンパクトシティ政策を立案する際に，高齢世帯の経済的側面を軽視すべきではないということである．

5.1.3 都市・インフラのデジタル化は救世主となるか

ここでは都市・インフラのデジタル化が多少なりとも将来における日本の都市・インフラ整備にプラスの影響を与えてくれるのかを考察したい．そのなかでもスマートシティとインフラ分野のデジタル化について取り上げる．

1）スマートシティの変遷と実践例

スマートシティは 2000 年代に入ってから，世界の多くの都市で実装が試みられるようになった．当初はエネルギー利用の効率化が主なテーマであり，ICT 技術を駆使した都市におけるエネルギー制御のスマート化が多く見られた．ここではそれを第一世代と呼ぶ．日本では東日本大震災後の電力自由化や FIT (Feed-In Tariff) 導入の影響もあり，再生可能エネルギーや BEMS，HEMS といったエネルギー・マネジメントシステムを実装した都市やエリアが多く出現した．それから 2010 年代に入ると，安倍政権による

Society5.0 が提唱され，電子政府やセキュリティなど，スマート化する分野の適用範囲が広がったスマートシティが構想された．ここではそれを第二世代と呼ぶ．ここでの特徴は，エネルギーや電子政府，セキュリティといった情報を連携する基盤があり，それを活用した情報の相互連携と統合的なマネジメントシステムといった概念が導入されたことである．これによって，都市・インフラはより快適かつ効率的な制御が可能となり，日常生活の QOL (Quality of Life) の向上が目指された．さらに 2020 年代に入ると，都市・インフラのビッグデータを活用した効率的な交通管理システム構築，センサー技術を応用したインフラ保守・メンテナンス，自動運転による公共交通機関の運行，AI を活用した多用途ロボットによる人出不足の対応，画像技術を駆使した遠隔医療，などといった都市生活者へのサービスの効率化・高度化が期待されている．このような段階までくると，都市生活により密着した分野におけるスマート化が進んでいくこととなる．ここではそれを第三世代と呼ぶ．この世代の特徴は，これまでのスマートシティは，デベロッパや自治体が中心となって構築していたものが，GAFAM やアリババといったデジタルネイティブ企業が中心的な役割を担うスマート化が進んだことである．また，トヨタ自動車がスマートシティとしてウーブン・シティ構想を推進するなど，異業種参入も見られるようになった．さらに，ビッグデータと

スマートシティの変遷と現在注目されているスマートシティ

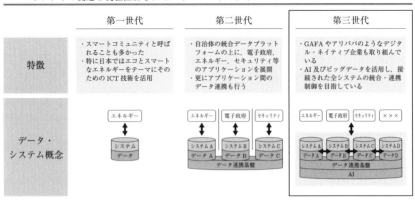

図 5.18　スマートシティの変遷
出所）野村総合研究所 (2019),「スマートシティ報告書」．

主要官庁のスマートシティ関連事業

省庁等		主な事業名	概要	都市例
省庁等	内閣府	スーパーシティ構想	AI及びビッグデータを活用し，社会の在り方を根本から変えるような都市設計の動きが国際的に急速に進展している．第四次産業革命を先行的に体現し，革新的な暮らしやすさを実現する最先端都市となる「スーパーシティ」の構想を実現する	現在はまだない
	国土交通省	スマートシティ実証調査／スマートシティプロジェクト支援事業（H31 新規）	先端技術をまちづくりに活かし，市民生活・都市活動や都市インフラの管理・活用を高度化・効率化	札幌市豊島区
	総務省	ICT 街づくり推進事業／データ利活用型スマートシティ推進事業	ICT を活用した分野横断的なスマートシティの街づくりを支援	札幌市，加古川市，高松市，会津若松市
	経済産業省	スマートコミュニティ実証事業／スマートコミュニティ構想普及支援事業	IT や蓄電池の技術を活用し，需要サイドを含めた分散型エネルギー管理を行う	横浜市，豊田市，けいはんな，北九州
	未来投資会議	成長戦略の一環としてスマートシティの構築を提起		
産業界	COCN	デジタルスマートシティの構築プロジェクトが進行中		
	経団連	Society5.0 の実現のためのアクションプランを公表（H30.11）		

海外における代表的なスマートシティ取り組み事例

都市	事業主体	内容
アムステルダム	自治体	CO_2 排出削減を目指した環境・エネルギー公共サービス，健康医療，農業等の試験事業を実施．また気象データと水路・運河の維持管理データを同時に分析し，氾濫を予測
コペンハーゲン	自治体	街灯，ゴミ箱，下水処理システム，携帯電話等からデータを収集し，信号制御の最適化，大気汚染や CO_2 排出の改善に活用．データは取引市場を介して民間企業等に提供
ドバイ	ドバイ政府	都市全体を ICT インフラで整備，官民問わずあらゆる情報をネット上で利用，ブロックチェーン技術，自動走行車，エアタクシー等
シンガポール	国家	国土全体を 3D モデル化し，建築物や土木インフラ等に情報をリンクさせたデータベースを作成
中国・杭州市	杭州市，アリババ，ET City Brain	道路交通情報を AI で分析し，交通取り締まり，渋滞緩和を実現
中国・雄安新区	国家	全面的なスマート環境（エネルギー，交通，物流システム）と行政システムを備えた新都市の建設
トロント	Alphabet（Google）子会社	都市の各所にセンサーを設置し，交通流・大気汚染・エネルギー使用量，旅行者の行動パターン等の情報を常時収集し，都市設計に反映
サンディエゴ	GE・AT&T・インテルなど	スマート街灯による街灯統制，歩行者・車両データの取得，スタートアップ企業へのデータ提供等による都市環境の構築
ヘルシンキ	MaaS グローバル	ベンチャー企業が開発した MaaS アプリを使い，シームレスなモビリティシステムを提供

図 5.19　国内外におけるスマートシティの実践例

出所）野村総合研究所 (2019)，「スマートシティ報告書」．

AI といったデジタル技術の活用が大きくクローズアップされたことも特徴である．その情報連携の基盤は，都市 OS ともいわれ，現実の都市空間を統合的に制御する大きなシステムとして機能し，都市生活者の Well-being 向上を目指している（図 5.18）．

このように，スマートシティの概念は近年大きく変貌を遂げつつあり，都市・インフラのハードと統合的なマネジメントシステムのソフトが結合したデジタルシティへと進化しつつある．このようなスマートシティ構想は，国

内外で多くの都市が実践中であり，一部は既に実装段階にまで来ている（図5.19）．

2）難しいビジネスモデルの構築

ここまで見てくるとスマートシティは，次世代の都市・インフラの理想郷としての期待が高まるが，課題がまったくないわけではない．それは，多くの実践例のうち，ほとんどが実証段階であり，実際にサービスインをした事例が見当たらないことである．補助金があるうちは運営できるが，それを持続的なものに変換するためにはビジネス化を図っていくことが求められる．しかし，それを担保するビジネスモデルがないことが大きな課題となっている．都市・インフラをスマート化するには，実装段階で大きなコストがかかる．ビジネス化するためにはそのコストを回収しつつ収益を上げることが必要となるが，それを負担する主体が不在なのである．スマート化すれば生活水準が上がるのであるから，都市生活者か地方自治体が受益者として負担するのが筋であるが，双方ともにその負担可能額が小さく，コストすら賄えないのが現状である．スマートシティビジネスは，アップフロントにコストがかかり，それを長期にわたって回収する典型的な装置型産業のビジネス（図5.20）であるが，コストを賄うことすら難しいのであれば，当然のことながらビジネスにはならない．よって，本格的なスマートシティが出現するためには，この壁を乗り越えなければならない．導入コストや運営コストをデジタル化やAI，ビックデータ活用によって下げられればいいが，未だ成功例がなく，スマートシティのビジネス化まではしばらく時間がかかるであろう．「スマート化という幻想」といわれる前に，新たなビジネスモデルが見つかることを期待したい．

3）メンテナンスのデジタル化

スマートシティは新規の都市開発では導入が比較的容易であるが，既存都市への導入は困難なことが多い．スマート化するためにはさまざまなセンサーやそれをデータとして整備・統合し，AIなどで評価させるマネジメントシステムを構築しなければならない．しかし，既存の都市ではまずデータ整備から行わなくてはならず，センサーなども後付けしていくには多大な時間とコストがかかる．そのようななかで，唯一進んでいる分野として挙げられるのが，インフラメンテナンスのデジタル化であろう．

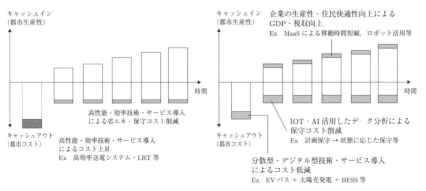

図 5.20 スマートシティのビジネスモデル
出所）野村総合研究所 (2019),「スマートシティ報告書」.

　たとえば，首都高速では，デジタル技術を活用したインフラマネジメントシステム (i-DREAMs) を開発し，2017年7月から実装し維持管理に活用している．ここでは，ドローンやロボットなどによるインフラ点検の省力化，高精度化とともにデジタル画像解析やモニタリングによる維持管理水準の向上が図られている．このマネジメントシステムのコアとなるのは，GIS をベースとしたデジタルプラットフォームで，点検や修繕履歴等のデータを GIS 上で統合し，可視化するものである．このシステムの導入によって，点検や維持管理業務の場面で必要となる構造物の位置や実寸等を都度，交通規制を行わずとも取得できるため，効率的なインフラメンテナンスが可能となっている（図5.21）．

　従前のインフラメンテナンスは目視検査，打音検査を現場の技術者が行い，その経験知は暗黙知化されていた．そのため，今後インフラの大量更新時期を迎えるにあたり，インフラメンテナンスを実施するには，技術者の教育や人材確保などが障壁となっていた．これを打開するためにインフラメンテナンスの分野でデジタル技術の活用が急速に普及している．メンテナンスのデジタル化は既に実用段階に入っており，既存の都市にでも容易にインストールできるため，今後も道路，橋梁，トンネルだけに限らず，さまざまなインフラ分野での活用が期待されている．

234 第5章 人口減少時代の都市・インフラ整備論

i−DREAMs® (intelligence-Dynamic Revolution for Asset Management systems)

DIM（Design Information Management）

CIM（Construction Information Management）

MIM（Maintenance Information Management）

調査　設計

材料データ　施工記録　出来形記録

健全度評価分析・劣化診断・予測

GIS プラットホーム
損傷推定 AI エンジン
地図情報

DB サーバー

補修結果の評価

FEM 解析
劣化予測

構造諸元
・しゅん功図
・台帳，管理図

点検・補修
・点検データベース
・補修データベース
・損傷データベース

維持管理支援
・点群データによる変状検出・図面作成

モニタリング
・施設のモニタリングデータベース

センサー

周辺情報
・高速上ビデオ
・高架下状況写真

事故・防災データ
・ハザードマップ
・事故・事象 DB

交通管理データ
・交通量データベース
・渋滞量データベース

infraDoctor

IoT　新技術の活用

タブレット PC や
iPhone による点検

ドローンに
よる点検

ロボットに
よる点検

（近）赤外線
による点検

新打音検査

デジタル
画像解析
自動抽出

モニタリング

補修計画・補修の実施

図 5.21　インフラメンテナンス分野のデジタル化事例
出所）土木学会 (2019).

5.2　将来における都市・インフラのトレンド仮説

　人口減少時代の都市・インフラ整備はいかにあるべきか．この問いはシンプルではあるものの，その答えは非常に難しい．いや答えを明確にいえる人はいないと考えた方がいい．それは，公平性，効率性を担保しつつ持続可能性を持たせなければ，これから我々が直面する人口減少時代は乗り越えていけないが，その絶妙なバランスを見出すのが非常に困難なためである．しかも都市・インフラを取り巻く社会環境はより複雑化してきている．これまで見てきたようにグローバル経済下の日本の立ち位置の変化，コンパクトシティ化へ向けた新たな課題，デジタル化の実装における課題などもある．これらをすべて乗り越えていくための処方箋としては，多様な考え方や方法を試し，トライ・アンド・エラーを繰り返して，徐々にその答えにたどり着く

表5.2　都市・インフラのトレンド仮説

将来における都市・インフラのトレンド	トレンドのキーワード	萌芽事例
コンパクト化による都市・インフラサービスの充実	・新たな都市サービスの勃興 ・余剰ストックの有効活用	・都市居住者向けサービスの充実（Uber Eats, 共働き向けサービス） ・コンバージョンによるストック活用（空家再生）
都市・インフラの異業種参入によるイノベーション	・異業種のインフラへの参入 ・顧客接点とDXを活かした異業種参入	・インフラ事業への異業種参入（英国鉄道民営化, 空港コンセッション） ・シェアリングビジネス（バイクシェア, カーシェア）
都市・インフラのサービス産業化	・ハードよりサービスが付加価値を生む	・エネルギーと生活サービスを付加した新たな住宅ビジネス（一括受電サービス）
都市・インフラの収益化	・稼ぐインフラ	・インフラの集客効果活用（SA・PA, Park-PFI, デジタルサイネージ広告）

しかないと考える. そこで, 筆者らは異分野の専門家が集まった利点を活かし, 集合知として1つのトレンド仮説を立てることを試みた. このトレンド仮説は, 将来の都市・インフラのあり方をすべて包含しているわけではなく, 一部分のみを切り出したものであろうが, まったく白紙のまま終わらせるより, 次なる議論の出発点を提供し, この論考を終わらせたいと考えた.

　以降では, これから将来に向けた都市・インフラのトレンド仮説について考察したい. これまで見てきたように人口減少, グローバル化, 技術革新, DX, ビジネスモデルの変化などに都市・インフラ整備も対応しなければならない状況になっている. では, どのような対応が必要になっているのであろうか. 将来の社会環境変化と萌芽事例として11事例のケーススタディ, 企業との情報交換などをベースに筆者らはディスカッションを重ねた. その結果をまとめると, 以下のような変化が都市・インフラにおいて起きていると考える（表5.2）.

　まずは, 将来における都市・インフラのトレンドであるが, 大きく4つ

236 第5章 人口減少時代の都市・インフラ整備論

あると考える．1つ目はコンパクト化による新たな都市・インフラサービスの充実である．2つ目は都市・インフラを運営するプレーヤの異業種参入である．3つ目は都市・インフラのハード事業からサービス産業への変化である．4つ目は都市・インフラの収益化の流れである．それぞれについて以下，萌芽事例の概要を述べ，位置付けを詳述していく．

5.2.1　コンパクト化による都市・インフラサービスの充実

　立地適正化計画にもあるように，人口減少とともに都市はコンパクト化へと誘導されていく．また，そのなかで新しいニーズに対応すべく，都市・インフラ機能はイノベーションを継続していくことが求められる．また，これまでの都市・インフラストックを有効活用することも重要なテーマとなろう．

　1）新たな都市サービスの勃興

　都市・インフラのコンパクト化によって，都市居住者の密度が以前よりも増すことが考えられる．その密度の高さは多様なビジネスを誘発し，可能としてきている．一例が Uber Eats のようなライドシェア，宅配ビジネスである．このビジネスは，人とモノの移動に対して AI を活用した非常に高度なマッチング技術をベースに成立している．ドライバーやパートナーは一般市民であり，専属の社員ではない．その空き時間，移動手段，現在位置は GPS でトラッキングされ，それを利用するユーザーも必要な移動内容，現在位置がトラッキングされている．これらをリアルタイムでマッチングして最適なパートナー選定，移動ルート，ほぼ正確な移動時間を提供する．そしてパートナー，ユーザーともに満足する収入とサービスを提供している．これは，デジタル化が生み出した新しいビジネスモデルである．しかし，これには1つのアキレス腱がある．それは一定数の都市住民が存在しなければ，パートナーとユーザーの双方をバランスよく配置できないことである．そのため，このビジネスが機能するにはある程度の都市密度が求められる．図5.22は，Uber Eats のサービス提供エリアをみたものであるが，やはり全域をカバーすることは難しく一定の密度がある都市でのみ提供可能なサービスとなっている．しかし，このサービスは都市居住者にとっては非常に利便性が高く，移動の効率性も高めている．都市密度が高まることで地方部でも

5.2 将来における都市・インフラのトレンド仮説　237

図 5.22　Uber Eats のサービス提供エリア（2019 年時点）
出所）Uber, ホームページ.

図 5.23　共働き・高齢者向けの都市サービス事例
出所）パルシステム，ホームページ．

今後，普及が期待される新しい移動インフラを提供する萌芽事例として位置付けられる．

　これ以外にも，都市部に増加している共働き世帯向けに短時間で調理可

能な食材を提供するサービスをパルシステムが提供している（図 5.23）．毎日の食事作りが負担な共働きや高齢者をターゲットにこだわりの食材を宅配するビジネスである．人気なのが時短キットで，15〜20 分という短時間で作れることが受けているポイントである．利用者（会員）の特性としては，20 代後半〜40 代後半，70 代以上に集中しており，ベビーカー所有率が高い．需要密度とサービスコンテンツ密度の高い都市なら，購買履歴（趣味嗜好）＆生活サイクルが把握できるため，食材調達の効率性も高めている．一方で，サービス提供エリアは東京，神奈川，千葉，埼玉，茨城，栃木，群馬，福島，山梨，静岡，新潟の 1 都 10 県に限定している．共働き世帯や高齢者の増加という都市居住のトレンドを摑んだ都市サービスの萌芽事例として位置付けられる．

2）余剰ストックの有効活用

人口減少時代では多くの都市・インフラストックが余剰を抱えることとなる．そのなかでも近年，空家に関する報道や研究が増加している．この点を踏まえて，空家のコンバージョンの事例を取り上げる．現在，空家は全国に 800 万戸ほど存在するが，そのほとんどが 200 m^2 未満の戸建て住宅である（総務省，2018）．そこで，住宅から非住宅へのコンバージョンを促進するために，建築基準法の一部が 2019 年に改正された．この改正で，コンバージョンを行う際に，建築確認手続きが不要な建築規模が 100 m^2 以下から 200 m^2 未満に拡大され，さらに 3 階建てで 200 m^2 未満の戸建て住宅を福祉施設・商業施設等に変更する際に耐火建築物等にすることが不要となった．コンバージョンを促進するためのいわゆる規制緩和であるが，この規制緩和は大きな意味を持っている．それは，現存する住宅ストックの約 9 割が 200 m^2 未満の戸建て住宅であるため，ほとんどの戸建て住宅のコンバージョンに際して，特定行政庁等への建築確認手続きが不要となり，耐火建築物等へ適合するための追加的な設備投資が不要となるため，収益面での改善も期待されるためである．

大阪府では「オープン空家構想」を掲げ，空家の積極的なコンバージョンを行っている．そこでは，造る時代から残す時代への変化を標榜し，コンバージョンによる地域の魅力再生に取り組んでいる．大阪メトロの蒲生四丁目駅前の小さなエリアには「がもよんにぎわいプロジェクト」と呼ばれる古い

5.2 将来における都市・インフラのトレンド仮説　239

図 5.24 戸建て住宅のコンバージョン事例
出所）国土交通省，ホームページ．

戸建て住宅をコンバージョンした飲食店，美容室，和菓子屋，民泊などが多く集中しており，地域の賑わいを作り出している（図5.24）．住宅としての使命は終わったのかもしれないが，他用途へコンバージョンすることで，地域の活性化につなげている点が，人口減少時代の都市における余剰ストック活用の萌芽事例として位置付けられる．

5.2.2　都市・インフラの異業種参入によるイノベーション

近年，都市・インフラビジネスへの異業種参入が散見されるようになった．たとえば，インフラ事業においては，音楽産業が出自の会社が鉄道事業に参入したり，空港コンセッションにデベロッパが参入したりしている．鉄道は移動するだけのものではなく，移動を楽しむサービス空間として捉えた発想のイノベーションが起きている．また，空港ビルはデベロッパからみると商業ビルであり，これまでのノウハウが十分に活かせる．空港ビルではなく商業施設と捉えた発想のイノベーションが起きている．このように異業種が都市・インフラビジネスに参入することで新たなイノベーションが起きる動きが始まっている．

1）異業種のインフラへの参入

　インフラ分野への異業種参入の事例として，初めに英国鉄道の民営化におけるヴァージン・グループの参入を取り上げる．ヴァージン・グループは，もともとは音楽レーベルの会社であり，映画，旅行，金融と多くの分野に参入し，それからさらに業容を拡大して，ヴァージン・エアラインやヴァージン・トレインズといったインフラ業界にも参入している．1997 年 3 月に営業を開始し，2019 年 12 月にアヴァンティ・ウェスト・コーストに運行を引き継ぐまで，約 23 年にわたってロンドン・ユーストン駅からのウェスト・コースト本線の中長距離列車（所要時間 4〜7 時間程度）などを運行していた．1 つ付言しておくと，運行が修了したのは経営不振といった理由ではなく，契約更新に際して英国鉄道年金の不足分負担が新たな条件となり採算性に問題が生じたためである．

　インフラ業界への参入に際して共通しているのは，ビジネスマンや観光，ファミリーの利用客の多さを考慮し，食事メニューを改善し，移動中も快適に仕事ができたり，エンターテイメントを楽しんだりできる環境を提供していることである．輸送サービスはインフラの根幹ビジネスの 1 つであるが，当時の英国では人やモノを安全に運ぶことだけが優先され，輸送中のサービス提供にはほとんど配慮がなされていなかった．そこで，ヴァージン・トレインズでは，英国で最もおいしいといわれるほどの食事を 1 等席では無料で提供したり，座席に音楽や映画といったエンターテイメント機能を当初から付加し，2010 年代からは全席で大容量の Wi-Fi が無料で使用可能といったサービスを導入したりして，移動におけるサービス水準を大きく引き上げた（図 5.25）．また，新規車両の導入に伴い，所要時間を 2 時間以上も大幅に短縮している．この時代にしては先進的なサービス水準であり，ここまで来ると，輸送業ではなく顧客へのサービス業という切り口での参入ともいえる．ここで着目すべきなのは，インフラ業界の常識である安全が第一，サービスは付随的といった発想を覆したことである．異業種からの参入が，その業界の常識を破り，利用者へのサービス向上を促すイノベーションを誘発した萌芽事例として位置付けられる．

　次に，日本初の大規模な空港 PFI (Private Finance Initiative) である関西国際空港と大阪国際空港（伊丹空港）のコンセッション事業を取り上げ

図 5.25 英国鉄道の民営化におけるヴァージン・グループの参入
出所）ヴァージン・トレイン，ホームページ．

る．このPFIは，新関西国際空港の経営において，政府補助金への依存体質を改善し，約1.3兆円に上る債務の返済を行うことで健全なバランスシートの早期確立と首都圏空港と並ぶ国際拠点空港としての機能再生・強化を通じて，日本の国際競争力強化および関西経済の活性化に寄与することを目的として，2016年から2060年までの44年間のコンセッション事業として始められた．関西国際空港と伊丹空港は，両空港合わせて年間約2,800万人（2016年当時）が利用し，従業員も約23,000人（2018年）と空港PFIとしては世界的に見ても大規模なものである．2017年からは神戸空港も加えた3空港をコンセッションの運営権者である関西エアポート株式会社が運営をしている．

運営権者は，着陸料やターミナルビル運営収入など運営事業の収益を得る一方で，事業開始時の履行保証金として約1,750億円，事業期間中の運営権の対価や固定資産税相当分などを合わせた年間約490億円を新関西国際空港に支払う仕組みとなっている．また，収益が1,500億円を超えた場合は，その3％を収益連動負担金として支払う条件も付されている．ここで運営権者となったのは，オリックスとフランスの世界的な空港運営会社であるヴァンシ・エアポートを核とするコンソーシアムである．代表企業はオリックスで全体の40％を出資し，残り40％をヴァンシ・エアポート，20％をコ

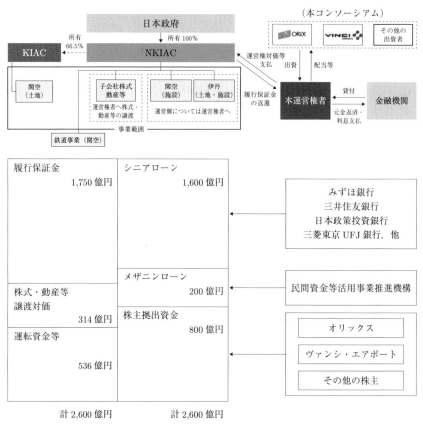

図 5.26 関西国際空港と伊丹空港の事業ストラクチャー
出所）日経 BP(2015).

ンソーシアム参加企業がそれぞれ出資している（図5.26）．初年度の営業収益は約1,700億円で，44年の事業期間中に約9,500億円の新規設備投資を実施する計画である．

オリックスは，金融，不動産事業を核としたリースおよびデベロッパ企業である．傘下のオリックス不動産は商業施設やホテルの再生ビジネスの実績が豊富である．空港ターミナルビルは，デベロッパからみると物販，飲食，宿泊，駐車場などを伴う商業施設である．従来の空港ターミナルビルは，搭乗までの待合所としての認識しかなく，最低限の物販，飲食サービスが提供

5.2 将来における都市・インフラのトレンド仮説　243

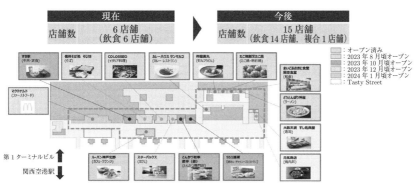

図 5.27 関西国際空港第 1 ターミナルビルの店舗構成
出所）関西エアポート，プレスリリース（2023 年 3 月）．

され，ここで収益を大きくするという発想はなかった．それは日本全国の空港ターミナルビルの現状を見れば明らかである．そこにデベロッパが参入することで，魅力あるブランドショップや飲食店，さらには利用者の利便性を考慮したフロア構成，サイン計画などといったリノベーションによる新たな付加価値を持つ空港ターミナルビルへと変貌を遂げている（図 5.27）．ここでポイントとなるのは，空港ターミナルビル運営者のサービス提供のクオリティの高さである．空港はもはや移動するためだけのインフラではなく，日常生活でも利用する大型商業施設となったのである．ここでも異業種参入によるサービス水準の大幅な向上が起きており，異業種ノウハウがインフラに新しい付加価値を付けたイノベーションの萌芽事例として位置付けられる．

2）顧客接点と DX を活かした異業種参入

ここでは，顧客接点を活かして，都市・インフラビジネスに参入している事例として，シェアリングビジネス（バイクシェア，カーシェア）を取り上げる．シェアリングビジネスは一般的に所有から利用へのトレンドと理解されているが，それを可能としているのは既にある顧客接点とそれを活用できる DX 技術があってこそという側面がある．そこに焦点を当ててシェアリングビジネスをみるとまた違った風景が浮かび上がる．現在のシェアリングビジネスは，顧客接点の保有とデジタル化による利便性が一定の閾値を超えた水準となることが必要条件であったことに起因していると考えられるためである．

244　第 5 章　人口減少時代の都市・インフラ整備論

図 **5.28**　ドコモ・バイクシェアの利便性
出所）ドコモ・バイクシェア，ホームページ．

　初めに NTT ドコモのバイクシェアへの参入である．現在のバイクシェアサービスは，2011 年に NTT ドコモが横浜市と始めた共同社会実験がベースである．2011 年に年間 4 万回だった利用回数は，2019 年には年間 1,200 万回まで増加している．成長の要因は，行政との連携が進むなど，サービスエリアが広がっていること，バイクシェアのサービス拠点であるポートの設置密度が高まり，数百メートル歩けば必ずポートがあるような状況になってきたことで利用者が急増したこと，などが挙げられる．利用するためにはスマートフォンとクレジットカードが必須となっており，専用アプリで予約やその場で簡単に利用することも可能で保険も完備してある（図 5.28）．大手キャリアがモビリティビジネスへと参入した経緯は，非通信事業の拡大と既存の顧客接点（ドコモ契約数は約 8,900 万回線，2023 年）と GPS 等の既存デジタルインフラの有効活用，CO_2 削減への貢献といった社会性を考慮しサービスインしている．すなわち，NTT ドコモが持つ巨大な顧客接点と既存のデジタルインフラを活用すれば，利便性の高いインフラサービスが提供

可能となったわけである．もし，これらの要素を持たない事業者が参入したとすれば，顧客開拓とデジタルインフラ構築に多大なコストがかかるため，ビジネスとして成長させるには大きな障壁となったはずである．その証左にNTTドコモに次いで参入したのは，ソフトバンクのバイクシェアサービスである「Hello Cycling」で2016年から参入しており，現在はドコモと2強体制となっている．このビジネスでポイントとなるのが利用回数を上げることである．自転車やデジタルインフラは既に投資しているので，利益を上げるには稼働率をいかに高めるかが重要となる．そこで既にある顧客接点を活かし，スマホだけあれば簡単，シンプルにタッチ1つで利用できるよう徹底的に利便性の向上を図り，合わせてサービス拠点の設置密度を高めることで利用者を急激に増加させてきている．また，設備投資が余計にかからない分，利用料金も魅力的な水準に設定している（1回165円/30分，サブスクで月額3,300円）．これらを踏まえると，大手キャリアという異業種がインフラ事業に参入できた要因は，顧客接点の保有とデジタル化による利便性が一定の閾値を超えた水準となったためと考えられる．

　次に，駐車場事業者のパーク24によるカーシェアビジネスへの参入である．パーク24は，Times（タイムズ）という時間貸しコインパーキングを展開している駐車場事業者の大手である．異業種である駐車場事業者がカーシェアに参入したのは，2009年であり，現在はカーシェア事業の名称をタイムズカーとして順調にビジネスを成長させている．カーシェアは2002年にオリックスグループが参入したのを皮切りに日本で20年以上の歴史がある．交通エコロジー・モビリティ財団の調査によれば，パーク24が参入する前年の2008年時点でカーシェア事業者全体の会員数は合わせて，わずか3,000人程度にしかすぎなかった．それが，2023年におけるタイムズカーの会員数は約240万人，タイムズカー台数は6万台を超えている．まさにタイムズカーがこの市場の成長を牽引しているといってもよい．この成長の要因はいくつかあると考えられる．まず，時間貸し駐車場という拠点を保有しており，そこには多くの顧客基盤があったことである．タイムズカーは，この拠点を中心に展開しており，時間貸しであれば利便性の高い場所に立地していることも大きな要因である．また，利用に際して一切，人手を介さずにインターネットのWeb上で予約から決済まで完結する仕組みである

タイムズカー 使い方の流れ

1. 入会

まずは，タイムズカーに入会！

2. 予約

パソコン，スマートフォンのいずれかでカンタン予約．

3. 出発

クルマに会員カードをかざしてドアを解錠し，出発！

4. 運転

タイムズカーのご利用ルールを守り，楽しく安全に運転してください．

5. 給油・洗車

給油・洗車をお手伝いいただくと，それぞれ 30 分相当の料金が割引となります．

6. 返却

出発したステーションにクルマを戻し，会員カードでドアを施錠してください．

7. 精算

当月ご利用分の料金を，ご指定いただいたクレジットカードでお支払いください．

図 5.29　タイムズカーの利便性

出所）タイムズカー，ホームページ．

ことも重要である．利用者は最初に IC カードが送られてきて，利用に際してはこれをドアにかざすだけでドアが開くため手続きに時間を取られることがない．また，ガソリンも給油せず返すことが可能であり，給油をすれば自動で検知され，ポイントで還元される（図 5.29）．レンタカービジネスがこれ以上の成長が期待できない市場のなか，カーシェアビジネスだけが急伸しているポイントがここに隠されている．レンタカーは数時間単位でしか借りられず，拠点でまず手続きから入るため，実際に借りるまで時間を要する．また，満タン返しが原則であるため，利用者は拠点に返す前にガソリンスタンドに立ち寄る必要があった．これらの手間を一切なくし，15 分単位で借りられ，利便性の高い場所で展開できたからこそ，今の成長があると考えられる．すなわち，自社の顧客接点とすべての手続きをネット上で完結できるデジタル化によって，利便性を飛躍的に高め，一定の閾値を超えた水準となったことが，カーシェアビジネスの成長を生んでいると考えられる．

5.2.3 都市・インフラのサービス産業化

　従来の住宅産業は，可能な限り良い立地で，断熱性や遮音性などに優れた住宅というハードの性能を追求してきた．しかし，人口減少による住宅余りとなり，もはやハード性能の優劣だけでは他社と差別化できるほどの大きな競争力が生まれない時代となっている．そこで，住宅を住むためのハコモノからロングライフで住むための住サービス提供といった発想の転換が起きつつある．住むためには，ハコモノとしての住宅だけではなく，電力・ガス・水道といったインフラも必要であるし，近年ではインターネット環境やセキュリティ設備も重要な要素となっている．そこで，住宅にエネルギー，生活サービスを付加した新しい住宅ビジネスが出現している．

　住宅のサービス産業化の事例として，一括受電と生活サービスを付帯した住宅供給を取り上げる．一括受電サービスとは，2004 年 4 月の高圧電力の自由化に伴い開始されたサービスである．高圧電力は，本来は法人需要家向けで標準電圧が 6,000 V のものを指し，低圧とは家庭需要家向けで標準電圧が 110・220 V で供給するものである．電力は電圧が高いほど送電ロス率が低いため，高圧な電力ほど契約単価が安く設定されている．たとえば，東京電力エナジーパートナーでは低圧が約 28 円/kWh，高圧が約 17 円/kWh

（2024年夏季料金ベース）とその価格差は大きい．2016年4月の電力小売りの完全自由化後，電力小売り事業者による電力以外のさまざまな付帯サービス等の提供があるが，一括受電サービスは削減効果という観点では，高圧と低圧の電力の単価差より削減原資を捻出することから，各需要家の電力使用状況に左右されず，一定の割合での削減が可能であり，加入条件等もない．よって，一部の需要家に限定されることなくメリットを享受できるサービスであるとともに，マンションの場合は，一括受電サービスによる削減額を管理費・修繕積立金の不足などの改善に充てることで，マンション資産価値の向上に寄与できる．目安として，マンションでは専有部の電気料金を5%，共用部の電気料金を平均10〜40%削減することが可能である(IPP, 2024)．また，重要な緊急時の対応に関しても，24時間365日，遠隔監視装置にてトラブル監視をしており，保守面の心配もない．このような一括受電サービスを新築や既存のマンションに組み込み，販売するハウスメーカが多くみられるようになってきた．

　たとえば，マンションデベロッパの長谷工グループは，一括受電事業者である長谷工アネシスとISP（インターネット・サービス・プロバイダ）のJ:COMのサービスを組み合わせた「長谷工アネシス ×J:COM プラン」を2013年より開始している（図5.30）．販売当初から，人員体制を3倍に増強し，年間6万戸の導入を目標としているが，このうち4万戸は既存マンションが対象である．その対象も長谷工グループが管理するマンションには限定せず，幅広く需要を開拓していく方針である．このマンション販売は好調であり，購入者からも安く電力を契約でき，インターネットもセットとなったことで，サービス水準を落とすことなく住むことに関わる総費用が下がったことを評価する声が多く寄せられている（長谷工ホームページ）．

　ここで重要なのが，マンションというハコモノ販売という発想から，住むことに関わる電力，インターネット利用までも含めたトータルな住サービス提供へと重点がシフトしていることである．まさにハード事業からサービス事業への転換といってもよい．現在では先行した長谷工グループ以外にも大手マンションデベロッパの多くが一括受電サービスやインターネット，セキュリティ，生活サポートサービスなど，住サービスに関わる範囲を徐々に広げて取り入れている．そう遠くない将来に，マンションとは，住サービスを

買うものという認識が支配的になる可能性もある．これらを踏まえると，ハードよりサービスが付加価値を生む時代へと変化しつつある萌芽事例として位置付けられる．

5.2.4　都市・インフラの収益化

人口減少による少子高齢化によって，医療費や社会福祉費が急増し，財政が逼迫している．また過去に整備した債務残高も莫大な金額となっている．このような背景から，インフラ整備や維持・更新の財源を財政だけに頼るのではなく，できるだけ自立した運営ができるような政策に転換している．ここでは，その事例として，高速道路民営化後のSA・PA事業とPark-PFIを取り上げる．これらはインフラの持つ集客性に着眼している点が共通している．人が集まるインフラであれば収益機会があり，それを活かしてインフ

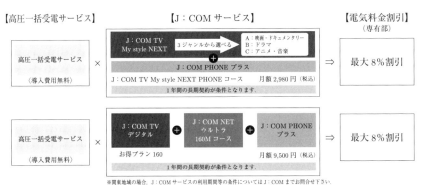

図 5.30　長谷工エアネシス ×J:COM プランの概要
出所）長谷工エアネシス，ホームページ．

250 第5章 人口減少時代の都市・インフラ整備論

表 5.3 高速道路会社の収支状況

高速道路会社	主な路線	高速料金収入（億円）	SA・PA（億円）	高速料金営業利益（億円）	SA・PA営業利益（億円）
東日本高速道路	道央道，東北道，常磐道	7,917	311	−76	23
中日本高速道路	東名道，中央道，関越道，北陸道	6,555	289	−14	39
西日本高速道路	中国道，山陽道，九州道	7,296	269	−28	17
本州四国連絡高速道路	神戸淡路鳴門道，瀬戸中央道	632	4	−1.4	1.1
首都高速道路	中央環状線，湾岸線，横羽線	2,707	158	−19	14
阪神高速道路	環状線，神戸線，湾岸線	1,768	190	14	9

注）2022 年度決算ベース，東日本，中日本，西日本は SA・PA 事業のみの数値．本州四国，
首都高速，阪神高速は関連事業合計の数値．
出所）高速道路各社の 2022 年度決算資料より作成．

ラを「コスト」から「稼ぐインフラ」へと変化させている．

　初めに高速道路の SA・PA 事業についてである．高速道路は，2005 年に当時の小泉内閣の「聖域なき構造改革」の一環として道路公団から民営化を行った．その目的は，約 40 兆円に上る有利子負債を確実に返済，真に必要な道路を会社の自主性を尊重しつつ早期にできるだけ少ない国民負担で建設，民間ノウハウ発揮により多様で弾力的な料金設定や多様なサービスを提供，の 3 つであった．その後，有利子負債の残高は，2022 年時点で約26 兆円までに減少している（日本高速道路保有・債務返済機構，2022）．しかし，高速道路事業は，新東名，ボトルネックポイント解消などの新規整備，老朽化対応などを並行して行ったために収益を上げるというより，それらの費用を捻出するためにほぼ収支が均衡する状態が続いている．一方，SA・PA 事業は経営の自由度が高くなったこともあり，大きく成長している（表 5.3）．この収入は，SA・PA 事業者から受け取る賃貸料がメインであり，SA・PA 事業自体の規模をみると，公表している東日本高速道路で

図 5.31 関越道，三芳サービスエリア（上り）
出所）日本旅行，ホームページ．

は，年間約 1,500 億円規模（2022 年度決算ベース）にまで達している．東日本，中日本，西日本高速を合わせると約 4,000 億円を超える規模になっていることは SA・PA 収入から逆算すれば容易に推測できる．SA・PA 事業は，高速道路収入の約 2 割の規模になると付随的事業というより 1 つの成長セグメントとして見た方が妥当である．しかも，SA・PA のサービス水準は大きく向上しており，魅力ある店舗構成だけでなく，リノベーションによる快適性，利便性の向上，ホテル等の宿泊施設の整備，一般道からのアクセスも可能となるなど，公団時代と比べると大きく進化している（図 5.31）．SA・PA に寄ることが目的となるユーザーも出てきており，インフラの集客性を活かした稼ぐインフラの萌芽事例として位置付けられる．

次に Park-PFI についてである．この制度は，2017 年に改正された都市公園法第 5 条の 2 により，新たに創設されたものである．都市公園において飲食店，売店等の公園施設の設置または管理を行う民間事業者を公募により選定するもので，民間事業者が設置する施設から得られる収益を公園整備に還元することを条件に都市公園法の特例措置がインセンティブとして適用される．インセンティブの内容としては，設置管理許可期間が通常の 10 年から最大 20 年に延長，建蔽率が原則 2% から最大プラス 20% まで緩和，占有物件の特例として，利便増進施設（駐輪場，看板・広告等）の設置が認められる，といったものである．収益施設を設置しやすく，期間も長くなるため民間事業者の採算性が高くなる代わりに，都市公園の整備，維持管理費

図 5.32 Park-PFI の概要
出所）国土交通省 (2020b),「PPP/PFI 推進施策説明資料」.

を民間事業者に負担してもらうというインフラを稼ぐ形にする一方で，公的負担の軽減を図る制度である（図 5.32）．法改正から既に全国で 35 公園以上の適用例があり，これからも約 100 公園で活用が検討されている（2019年時点）．この適用例をみると，そもそも魅力的で集客力のある都市公園がこの制度を活用して，収益化を図っている（図 5.33）．これまではコストであった都市公園も制度設計を変えれば，稼ぐインフラとなる萌芽事例として位置付けられる．

　最後に，インフラにおけるデジタルサイネージ広告について述べる．近年，交通施設を中心にデジタルサイネージ広告の普及が進んでいる（図5.34）．従来の看板，中吊り広告等とは違い，映像に音声も加えたビジュアル媒体となっているのが特徴である．デジタルサイネージのメリットは，短時間だけの広告でも利用できること，より多くの広告を流せること，時間帯，場所などを広告主が選べること等から，広告主にとっては低価格かつピンポイントでターゲット顧客への訴求が可能となった点である．また，従来の看板や中吊り広告では，広告効果が把握しづらかったが，広告接触者数を国際基準の Viewable（視認可能）ベースで計測し，交通広告の効果を

5.2 将来における都市・インフラのトレンド仮説　253

勝山公園（北九州市）
民間事業者がカフェを設置

天神中央公園（福岡市）　出典：福岡県 HP
民間事業者が飲食店等を設置

横浜動物の森公園（横浜市）　出典：横浜市 HP
民間事業者がフォレストアドベンチャーを設置

木伏緑地（盛岡市）　出典：盛岡市 HP
民間事業者が飲食店等を設置

図 5.33　Park-PFI の適用事例
出所）国土交通省 (2020b),「PPP/PFI 推進施策説明資料」.

JR 東日本
トレインチャンネル全線セット
7 日（1 週間）4,800,000 円（税別）

JR 東日本
J・AD ビジョン品川駅自由通路セット
7 日（1 週間）1,000,000 円（税別）

東京メトロ
Tokyo Metro Vision（TMV）
7 日（1 週間）3,400,000 円（税別）

図 5.34　デジタルサイネージ広告のインフラでの活用例
出所）JR 東日本企画，ホームページ．

インプレッションで可視化することができるようになった．これらの利点を活かして，JR 東日本の子会社である JR 東日本企画では，広告効果分析をレポート化したり，マーケティング戦略に助言したりすることも手掛け

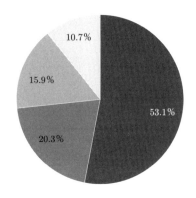

図 5.35 セグメント別デジタルサイネージ広告市場規模
出所) CARTA/デジタルインファクト (2023),デジタルサイネージ広告市場調査.

るようになっている.デジタルサイネージ広告が急速に普及した背景には,電子ディスプレイ（LED パネル）価格が普及とともに低下したこと,従来はスタンドアロン型といわれる USB 等の記憶媒体を現地で差し込んで利用する方式からネットワーク型へと変わり,遠隔でも配信コンテンツ内容の変更・編集が可能となったことなど,ICT 技術の進化が挙げられる.デジタルサイネージ広告は,交通インフラにおいて最も多く導入が進んでおり,鉄道（車両・駅）,タクシー,空港,航空機,バス車両,バス停等ではわずか数年で急速に普及している.次に多いのが商業施設・店舗であり,スーパー,コンビニ,美容院,ショッピングモールなどで導入されている.その他の導入先として,市庁舎や郵便局,公共施設,ホテル,マンションのエレベータなどへも設置が進んでいる（図 5.35）.デジタルサイネージ広告は,成長分野であり,2022 年の 674 億円から 2027 年には 1,400 億円の市場となるという推計もある（CARTA/デジタルインファクト,2023）.しかも交通インフラでの利用が最もウエイトが高いのである.そのため,インフラにおける集客力を活用して,広告効果の高いデジタルサイネージはますます普及していくものと考えられる.都市・インフラにおける広告形態を根底から変えるような大きな流れが起きており,稼ぐインフラの 1 つの柱となる可

能性を秘めている萌芽事例と位置付けられる.

5.2.5 仮説の妥当性についての考察

以上が，筆者らの考える人口減少時代における都市・インフラ整備の将来にわたるトレンド仮説である．ディスカッションで出てきた話題を付加すると，以下のような内容であった.

インフラや不動産もハコモノだけを作って売ればいい時代ではなくなり，職住遊などさまざまなライフスタイルの各場面で必要とするサービスを提供し，不動産だけで収益を賄うのではなく，ロングライフでサービス事業を拡充していくことが重要となっている．特に都市のコンパクト化の進展で都市内人口密度は以前よりも高くなり，しかも共働き世帯が増加している．そうなると都市居住者向けの生活サービスに対する需要が高まり，移動・食事・医療・介護・子育て等といった日常生活に直結したサービスを行うビジネスが台頭するはずである．代表例が e コマースビジネスであり，都市内居住者の買物時間の短縮や定期購入等による生活支援サービスへと進化し続けるであろう．また，地方部では免許返納後に移動が困難となった高齢世帯の新たな生活支援インフラとして機能することも期待される．シェアリングビジネスは，都市内における移動を容易にマッチングするプラットフォームを提供しているカーシェアやサイクルシェアが挙げられる．自動車などは自己所有に拘らない若者層が増加しており，シンプルに移動サービスさえ確保できればよいとする都市居住者のニーズを捉えたものとなっている.

また，これからの財政を考えるとインフラ整備に回す余裕は徐々になくなっていくはずである．そのため，可能な範囲で自立することが求められる流れは止まらないだろう．稼ぐインフラという発想の転換は面白いのではないか．近年，デジタルサイネージの普及が急速であり，鉄道などのインフラ施設での広告も様変わりしてきている．集客性のあるインフラであれば広告ビジネスも伸長する可能性があるのではないか，などである.

議論のすべてを取り上げたわけではないが，この議論は尽きることがないため，どこかでまとめなければならなかった．そのため，抜け漏れも生じていると思うが，現時点における集合知としての最大公約数とご理解いただきたい．無論，これまでに挙げた論点以外にも生起しうる都市・インフラのト

レンドは多々あると思われる．そのなかでもこれら4つのトレンド仮説は，集合知として複数の異分野専門家が同意した内容であること，既に複数の萌芽事例が見られること，政府補助のないビジネスとなっている事例のみを選定しているため持続可能性が高いこと，といった3つの条件をすべて満たしている．そのため，思い付きや個人だけの見解をできるだけ排除し，客観性を高めつつ，複数実在するビジネス事例だけに絞ったことで持続可能性と現実性も担保したつもりである．よって，「抜け漏れの可能性はあるものの，将来の都市・インフラのあり方を微分的に捉えた蓋然性のある仮説ではないか」，と筆者らは考えている．

5.3 これからの都市・インフラ整備における留意点

5.3.1 脱・ハード思想の重要性

　都市・インフラ整備といえば，今でもハード整備の思想を持った人が少なくない．確かに戦後の復興期から高度経済成長といった昭和の時代を知っている人にとっては捨てがたい価値観であることは理解できる．造る時代は終わったというのはほぼ共通の認識になりつつあるものの，SDGs，防災・減災，都市部におけるインフラ整備の非効率な部分が取り残されていることを考えると新規整備がまったく不要になったとまではいえないことも理解できる．しかし，もはや時代は変わったのである．これらを認識しつつも，新規整備をする財源をどのように捻出するのか，その後の維持・更新はどうするのか，人口減少からいずれ人口の定常状態になるが，その期間は長く，それまで何としても持ちこたえなければならない．そのためには，人口の定常状態まで持続可能性をどのように担保するのかといった論点に，明確に答えられないようでは単なる要求にしか過ぎない．やはり，これからの都市・インフラ整備は，ハード思想から脱却し，今から人口安定期までの間，必要なインフラサービスをどのように調達するのか，といった視点で考えていくことが必要である．そうでないと，人口減少によって将来のインフラ需要が減少した際，そこまで整備する必要はなかったということにもなりかねない．そのためにはドラスティックな発想の転換も受け入れることが必要となる．

　たとえば，移動するためのインフラであっても，移動する手段は多様であ

る．移動が多いのでインフラを整備するのではなく，移動サービスを現状のインフラ水準でどのように担保していくのか，そのためにはシェアリングビジネスを本格的にインフラ整備の主軸とすることも考えられるだろう．また，中小のトラック運送会社では，平均的な荷物の積載率が50%を切っているところが多い．要は走行しているトラックの半数は空の状態なのである．そうであればデジタル化やAIを活用した適切なルート設定などで，積載率をもっと高める工夫で対応することも可能である．むしろ，このようなアプローチの方が，即効性があり整備に時間のかかるインフラ整備を選択する必要もなくなっていくだろう．これからの都市・インフラ整備は，サービスとしてのインフラをどのように機能させていくのかといった視点が重要であり，それをハード整備だけに頼る発想から脱却しなければ，持続可能な都市・インフラは生まれないと筆者らは考えている．

5.3.2 人口変動の安定期まで見据えた都市・インフラ整備の必要性

日本の多くの都市は菱型人口ピラミッドから逆三角形型人口ピラミッドにシフトしつつある．逆三角形型人口ピラミッドの都市は，20年から40年経過すると，現在の高齢者層がいなくなる一方で，一定の婚姻率を維持できている限り若年層の人口は一定程度確保できるようになる．この場合，全世代で同じような人口で構成される人口ピラミッドになる．このような状態になると，その都市の人口は定常状態になり，人口面で持続可能な状況になると

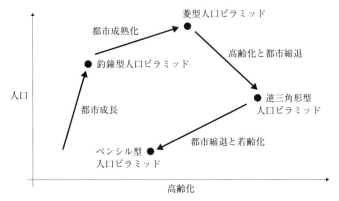

図 5.36　人口変動の変遷とペンシル型人口ピラミッド

258 第5章 人口減少時代の都市・インフラ整備論

考えられる．このような変遷を図示したものが図 5.36 である．人口減少の諸問題は，この定常状態に至るまでに起きるものが大半であり，それが永続するわけではない．そうであれば，人口変動の安定期までを見据えた都市・インフラ整備を行うことが非常に重要となってくる．直面する課題にだけ目を配るのではなく，達観した長期的な視座で現状を見つめ直すことが必要なのである．筆者らが憂慮しているのは，人口変動の安定期までの厳しい道のりを，耐えることが本当にできるのかといった点であり，これを乗り越えられた後になれば，以前より小規模な人口であっても利便性のある先進的な都市・インフラ整備が必要といった方向に考え方が転換するであろう．ただし，現状で必要なのは，人口安定期までを見据えた都市・インフラ整備であり，この視点がなければ単に危機感を煽っているのと同じである．その意味で，筆者らはこのような長期的な視座で今後の都市・インフラ整備を考えることが重要だと考えている．

5.3.3　余剰ストック活用に向けた私権保護の緩和

　人口減少によって，都市・インフラのストックはどうしても余剰が生まれてくる．しかし，今の法制では，財産権が強く保護されており，私権や公物権を安易に侵害することは難しい状況にある．これは明治期の民法制定時に，国民の権利を保護するために作り出されたものであり，公物権も市場に委ねられない施設の存続を担保するためのものである．これらの役割は非常に重要であることに変わりはないが，制定時には想定していない現象が起き始めている．たとえば，高齢化によって，認知症になったり，相続を放棄したりする人が出てきたため，所有者不明の専有部があり，その意思を確認する手段がなくなってきた．現行法は所有者全員の 5 分の 4 の賛成が必要で，所在不明者は反対票に数えるため合意が難しいという課題を抱えていた．そこで，マンションの建て替え決議の要件を「所在不明者を除く 4 分の 3 の賛成」に引き下げるマンション建替法の改正が審議中である（執筆時点）．財産保護は基本原則としては重要であるが，少子高齢化社会に対応するためには，時代の変化を取り入れた私権保護の緩和が必要となってきている．マンションはその一例であり，他にも空家への対策など同様な課題を抱えているところは多い．また，長期的なトレンドでストック余剰が確実視される

現状においては，法改正を待っていては対応が追いつかないことも想定される．そのためには私権保護を緩和する際の基本的な方針をまずは掲げることが必要と考える．個別法を改正するにはかなりの時間を要する．それを個別に議論するよりも人口減少時代における私権保護緩和の大きな方針を出した方が，法改正もスムーズに進むはずである．日本では私権保護がかなり手厚い仕組みとなっている現状に鑑み，適切な緩和政策が必要となってきていると筆者らは考えている．

おわりに

　前著『人口減少下のインフラ整備』（宇都ら，2013）は，2007 年ごろから着手し，2013 年に漸く出版に至った．初版は，人口減少時代のインフラ整備について，特定の分野からだけでなく，複数の専門家によるディスカッションを基にした集合知として取りまとめられたものであり，2013 年当時，同種の書籍は少なかった．そのため，インフラ整備における計画，法制（主体論，リスク分担論），ファイナンス，技術といった諸論点を公平性，効率性，持続可能性の 3 軸で整理した前著は，構成の斬新さと学際性が際立っていたこともあり，日本不動産学会，資産評価政策学会，日本地域学会から著作賞をいただいた．学会のみならず，政策官庁や業界の方からも多くの講演依頼やメディアからの取材・出演依頼を頂くなど，一定の評価を得たものと考えている．

　その出版から 11 年が経過し，改訂版の依頼が東京大学出版会の担当者から知らされたのが 2018 年である．それから，著者一同で改訂に関する会議を定期的に開催し，改訂の方針と中身の議論を行った．議論のなかで，前著で提示した「効率性」，「公平性」，「持続可能性」（以上，3 側面）や「計画論」，「主体論」，「リスク分担論」，「ファイナンス論」，「技術論」などの各論（以上，5 つの視点）というインフラ整備を議論する大きな枠組みは，11 年たっても引き続き有効であることを確認した．一方で，11 年間で変わったことも多々ある．よって，大きな枠組みは維持しながらも，この 11 年間の環境変化や時間が経過することで見えてきた将来の動向について大幅に変更するという方針で改訂することとなった．また，インフラのみで議論をするのではなく，より幅広く都市との関わりを見据えたものとした．このように大幅な変更を行うこととなったため，本書は改訂版ではなく新刊本として出版していただくこととなった．今回は COVID-19 の影響もあり，対面での

262　おわりに

議論が制約されたこともあり，時間を要したが，再び結集できたことは著者
一同の大きな喜びとなった．今回も前著の制作過程と同様に主に著者らのディ
スカッションをベースとしている．やはり異分野間の専門家が会すると，
多面的に風景を見るような感じになる．今回もその楽しさが故に6年もの
歳月を費やしてしまったが，学際領域の重要性を改めて認識させられる良い
場ともなった．今回も読後の書評や著者らへのフィードバックを期待してい
る．それが次なる議論の出発点となり，より深い洞察を与えてくれると信じ
ている．

　2024年3月27日

宇都正哲

参考文献

[1] Audirac, I. (2018), Shrinking cities: An unfit term for American urban policy? *Cities*, **75**, pp.12-19., doi:10.1016/j.cities.2017.05.001.

[2] Baba, H. and Asami, Y. (2017), Regional differences in the socio-economic and built-environment factors of vacant house ratio as a key indicator for spatial shrinking city. *Urban Reg Planning Review*, **4**, pp.251-267.

[3] Boardman, A. E., Greenberg, D. H., Vining, A. and Weimer, D. L. (2018), *Cost-Benefit Analysis: Concepts and Practice, Cambridge*: Cambridge University Press, 5th edition., ISBN 978-1-108-40129-6.

[4] Beauregard, R. A. (2009), Urban population loss in historical perspective: United states, 1820-2000. *Environment and Planning A*, **41**(3), pp.514-528., doi:10.1068/a40139a.

[5] Bernt, M. (2016), The limits of shrinkage: Conceptual pitfalls and alternatives in the discussion of urban population loss. *International Journal of Urban and Regional Research*, **40**(2), pp.441-450., doi:10.1111/1468-2427.12289.

[6] Buhr, W. (2007), General considerations on infrastructure: Essence of the term, role of the state, impacts of population decline and ageing, Feng, X. and Popescu, A.M. ed, *Infrastruktur probleme bei Bevöl kerung srückgang*, Berliner Wissen schafts Verlag, Berlin, German.

[7] Choate P. and Walter, S. (1981), *America in Ruins: The Decaying Infrastructure*: Duke Press Policy Studies Paperbacks, Duke University Press., ISBN 978-0822305545.

[8] Elkington, J. (1997), *Cannibals with forks: the triple bottom line of twenty-first century business*. Capstone, Wiley., ISBN 978-1841120843.

[9] European Court of Auditors(2018), Public Private Partnerships in the EU: Widespread Shortcomings and Limited Benefits, *European courtofau-ditors*, Vol.287, No.09, pp.1-92., https://www.eca.europa.eu/lists/ecadocuments/sr18_09/sr_ppp_en.pdf

[10] Feser, E. J. and Sweeney, S. H. (1999), *Out-Migration, Depopulation, And the Geography of U.S. Economic Distress*, Washington, DC: Economic Development Administration, US Department of Commerce., doi.org/10.1177/0160017602238985.

[11] Fol, S. (2012), Shrinking city and socio-spatial disparities: Are the remedies worse than the disease? *Built Environment*, **38**(2), pp.259-275., doi:10.2148/

benv.38.2.259.

[12] Franklin, R. S. (2021), The demographic burden of population loss in US cities, 2000-2010, *Journal of Geographical Systems*, **23**(2), pp.209-230., doi:10.1007/s10109-019-00303-4.

[13] Glaeser, E. L. and Gyourko, J. (2005), Urban decline and durable housing, *Journal of Political Economy*, **113**(2), pp.345-375., doi.org/10.1086/427465.

[14] Galster, G. (2019), Why shrinking cities are not mirror images of growing cities: A research agenda of six testable propositions. *Urban Affairs Review*, **55**(1), pp.355-372., doi:10.1177/1078087417720543.

[15] Ganning, J. P. and Tighe, J. R. (2021), Moving toward a shared understanding of the U.S. shrinking city. *Journal of Planning Education and Research*, **41**(2), pp.188-201., doi:10.1177/0739456X18772074.

[16] Hackworth, J. (2016), Why there is no detroit in Canada. *Urban Geography*, **37**(2), pp.272-295., doi:10.1080/02723638.2015.1101249.

[17] Haase, A., Rink, D., Grossmann, K., Bernt, M. and Mykhnenko, V. (2014), Conceptualizing shrinking city. *Environment and Planning* A, **46**(7), pp. 1519-1534., doi:10.1068/a46269.

[18] Haase, A., Nelle, A. and Mallach, A. (2017), Representing shrinking city—The importance of discourse as a frame for understanding conditions and policy. *Cities*, **69**, pp.95-101., doi:10.1016/j.cities.2016.09.007.

[19] Haase, A., Bontje, M., Couch, C., Marcinczak, S., Rink, D., Rumpel, P. and Wolff, M. (2021), Factors driving the regrowth of European cities and the role of local and contextual impacts: A contrasting analysis of regrowing and shrinking cities. *Cities*, **108**., doi:10.1016/j.cities.2020.102942.

[20] Hartt, M. (2018a), The diversity of North American shrinking cities. *Urban Studies*, **55**(13), pp.2946-2959., doi:10.1177/0042098017730013.

[21] Hartt, M. D. (2018b), How cities shrink: Complex pathways to population decline. *Cities*, **75**, pp.38-49., doi:10.1016/j.cities.2016.12.005.

[22] Hartt, M. and Hackworth, J. (2020), Shrinking cities, shrinking households, or both? *International Journal of Urban and Regional Research*, **44**(6), pp.1083-1095., doi:10.1111/1468-2427.12713.

[23] Hartt, M. (2020), Shifting perceptions in shrinking cities: The influence of governance, time and geography on local (in)action. *International Planning Studies*, **25**(2), pp.150-165., doi:10.1080/13563475.2018.1540296.

[24] Hashimoto, Y., Hong, G.H. and Zhang, X. (2020), Disappearing cities: Demographic headwinds and their impact on Japan's housing market, *IMF country report*, No. 20/40, pp.5-15., ISBN 9781513557700/1018-5941.

[25] Hirayama, Y. and Izuhara, M. (2018), *Housing in Post-Growth Society. Japan on the Edge of Social Transition.* London and New York: Routledge., ISBN-

10: 9781138085008.

[26] Hoekveld, J. J. (2014), Understanding spatial differentiation in urban decline levels. *European Planning Studies*, **22**(2), pp.362–382., doi:10.1080/09654313. 2012.744382.

[27] Hollander, J. B. (2011), Can a city successfully shrink? evidence from survey data on neighborhood quality. *Urban Affairs Review*, **47**(1), pp.129-141., doi:10.1177/1078087410379099.

[28] Hoornbeek, J. and Schwarz, T. (2009), *Sustainable Infrastructure in Shrinking Cities*, Kent State University., `https://www-s3-live.kent.edu/` `s3fs-root/s3fs-public/file/Sustainable%20Infrastructure%20in%` `20Shrinking%20Cities%20-%202009.pdf?` `VersionId=3MfLdR7yYGZwOrK1r9wbEPJ9FGtuH5MU`

[29] Hollander, J. B. (2018), A research agenda for shrinking cities. A research agenda for shrinking cities (pp. 1-144)., doi:10.4337/9781785366338.

[30] Hummel, D. and Lux, A. (2007), Population declines and infrastructure: The case of the German water supply system, *Vienna Yearbook of Population Research*, Vol.5, pp.167-191., `https://www.jstor.org/stable/23025603`

[31] Jones, R. and Tonts, M. (1995), Rural restructuring and social sustainability:some reflections the Western Australian wheatbelt, *The Australian Geographer*, Vol.26, No.2, pp.133-140., doi.org/10.1080/00049189508703142.

[32] Just, T. (2004), Demographic developments will not spare the public infrastructure, *Deutsche Bank Research*, Vol. June, pp.1-24.

[33] Kelton, S. (2001), The role of the state and the hierarchy of money, *Cambridge Journal of Economics*, Vol. 25, pp. 149-163., `https://www.jstor.org/` `stable/23599602`

[34] Kim, S. and Uto, M.(2021), A Study on the Regional Impact of Deflation of Housing Assets, *Journal of Property Assessment Policy*, No.43, pp.76-87., `http://www.japap.org/magazine/magazine_43.html`

[35] Kotlikoff, L.J.(1992), *International Accounting Knowing Who Pays, and When, for What We Spend*, New York: The Free Press., ISBN 978-0029175859.

[36] Koziol, M. (2004), The consequences of demographic change for municipal infrastructure, *German Journal of Urban Studies*, Vol.44, No.1, pp.69-83.

[37] Kubo, T. (2020), *Divided Tokyo: disparities in living conditions in the city center and the shrinking suburbs. Singapore*: Springer,. ISBN-10: 9811542015.

[38] Liu, J., Daily, G. C., Ehrlich, P. R. and Luck, G. W. (2003), Effects of household dynamics on resource consumption and biodiversity, *Nature*, Vol.421, No.6922, p.530., `https://www.nature.com/articles/nature01359`

266　参考文献

[39] Martinez-Fernandez, C., Audirac, I., Fol, S. and Cunningham-Sabot, E. (2012), Shrinking cities: Urban challenges of globalization. *International Journal of Urban and Regional Research*, **36**(2), pp.213-225., doi:10.1111/j.1468-2427.2011.01092.x.

[40] McKenzie, F. H. (1999), *Impact of Declining Rural Infrastructure*, Edith Cowan University., ISBN 0 642 58022 7.

[41] Moss, T. (2008), Coldspots of urban infrastructure: Shrinking processes in eastern Germany and the modern infrastructural ideal, *International journal of urban and regional research*, Vol.32, No.2, pp.436-451., doi.org/10.1111/j.1468-2427.2008.00790.x.

[42] Mouratidis, K. (2019), *Compact city, urban sprawl, and subjective well-being.* Cities, **92**, pp.261-272., doi:10.1016/j.cities.2019.04.013.

[43] Miyauchi, T., Setoguchi, T. and Ito, T. (2021), Quantitative estimation method for urban areas to develop compact cities in view of unprecedented population decline. *Cities*, **114**., doi:10.1016/j.cities.2021.103151.

[44] Murgante, B. and Rotondo, F. (2012), A geostatistical approach to measure shrinking cities: The case of taranto. *Statistical Methods for Spatial Planning and Monitoring*, **158**, pp.119-142.

[45] National Audit Office(2018), PFI and PF2, *Report by the Comptroller and Auditor General*, No. January, pp.0-17.

[46] Ohtake, F. and Shintani, M. (1996), The effect of demographics on the Japanese housing market, *Regional Science and Urban Economics*, **26**, pp.189-201., doi.org/10.1016/0166-0462(95)02113-2.

[47] Olsen, A. (2013), Shrinking cities: Fuzzy concept or useful framework? *Berkeley Planning Journal*, **26**(1), pp.107-132., doi:10.5070/bp326115821.

[48] Pallagst, K., Fleschurz, Rene., Nothof, S. and Uemura, T. (2018), Trajectories of planning cultures in shrinking cities: the cases Cleveland/USA, Bochum/ Germany, and Nagasaki/Japan., doi.org/10.13140/RG.2.2.14528.02563.

[49] Park, Y. and Heim LaFrombois, M. E. (2019), Planning for growth in depopulating cities: An analysis of population projections and population change in depopulating and populating US cities. *Cities*, **90**, pp.237-248., doi:10.1016/j.cities.2019.02.016.

[50] Putnum, R. (1995), Bowling alone: America's declining social capital, *Journal of Democracy*, Vol.6, No.1, pp.65-78., `https://muse.jhu.edu/article/16643`

[51] Saita, Y., Shimizu, C. and Watanabe, T. (2016), Aging and real estate prices: evidence from Japanese and US regional data, *International Journal of Housing Markets and Analysis*, **9**(1), pp.66-87., `https://www.ier.hit-u.ac.jp/hit-refined/wp-content/uploads/2013/12/wp002.pdf`

[52] Sahely, H. R., Kennedy, C. and Adams, B. (2005), Developing sustainability

criteria for urban infrastructure systems, *Canadian Journal of Civil Engineering*, Vol.32, No.1, pp.72-85., doi.org/10.1139/l04-072.

[53] Schiller, G. and Siedentop, S. (2006), Preserving cost efficient infrastructure supply in shrinking cities, in 2nd International Conference on Smart and Sustainable Built Environment, Shanghai.

[54] Schilling, J. and Logan, J. (2008), Greening the rust belt: A green infrastructure model for right sizing America's shrinking cities. *Journal of the American Planning Association*, **74**(4), pp.451-466., doi:10.1080/01944360802354956.

[55] Tamai Y., Shimizu, C. and Nishimura, K. (2017), Aging and Property Prices: A Theory of Very-Long-Run Portfolio Choice and its Predictions on Japanese Municipalities in the 2040s, *Asian Economic Papers*, **16**(3), pp.48-74., doi.org/10.1162/asep_a_00548.

[56] Ulf, A. and Alexia, P. (2002), Can Regional Variations in Demographic Structure Explain Regional Differences in Car Use? A Case Study in Austria, *Population and Environment*, Vol.23, No.3, pp.315-345., `https://www.jstor.org/stable/27503794`

[57] Uto, M., Nakagawa, M. and Buhnik, S.(2023), Effects of housing asset deflation on shrinking cities: A case of the Tokyo metropolitan area, *Cities*, Vol.132, pp.1-16., doi.org/10.1016/j.cities.2022.104062

[58] WCED (1987), Our Common Future, Technical report, *World Commission on Environment and Development*, Oslo, pp.1-300., ISBN 978-0192820808.

[59] World Economic Forum (2020), *The Global Competitiveness Index Historical Dataset 2007-2017.*, `https://www.weforum.org/publications/the-global-competitiveness-report-2020/`

[60] IPP (2024), 一括受電サービス, `https://www.ipps.co.jp/ikkatsu/ikkatsu01/`

[61] 浅見泰司 (2016a), 「縮小社会の都市計画システム (特集縮小社会の都市計画：計画的用途混合と性能規定の可能性)」, 都市住宅学, 第 95 号, pp.4-7, `https://ci.nii.ac.jp/naid/40020994017/`

[62] 浅見泰司 (2016b), 『基調講演「皆のためのコンパクトシティ」へ (第 43 回「都市問題」公開講座誰がためのコンパクトシティ)」, 都市問題, 第 107 巻, 第 11 号, pp.4-14, 11 月, `https://ci.nii.ac.jp/naid/40021005569/`

[63] 浅見泰司・中川雅之編 (2018), 「人口減少時代の都市政策：コンパクトシティ化」, 『コンパクトシティを考える』, プログレス, pp.2-14, ISBN 978-4905366812.

[64] 浅見泰司 (2019), 「縮小を前提とした都市計画試論 (特集これからの都市：機能の集約と居住の誘導)」, 都市住宅学, 第 107 号, pp.3-8, `https://ci.nii.ac.jp/naid/40022070746/`

[65] 明石達生 (2016), 「用途規制の性能規定化に関する試論 (特集縮小社会の都市計画：計画的用途混合と性能規定の可能性)」, 都市住宅学, 第 95 号, pp.28-33, `https://ci.nii.ac.jp/naid/40020994027/`

268 参考文献

[66] 荒川匡史 (2003),「高齢者保有資産の現状と相続」, 第一生命経済研究所, https://www.dlri.co.jp/pdf/ld/01-14/notes0305.pdf

[67] 猪熊明・志村満・小泉力 (2014),「リーン・コンストラクションの日本での適用性」,『土木学会論文集 F4（建設マネジメント）』, 第 70 巻, 第 3 号, pp.119-125, https://ci.nii.ac.jp/naid/130004962278/

[68] 井堀利弘・福島隆司 (1999),「費用便益分析における割引率」,『費用便益分析に係る経済学的基本問題』, 社会資本整備の費用効果分析に係る経済学の問題研究会編, 国土交通政策研究所, https://www.mlit.go.jp/pri/houkoku/gaiyou/H11_1.html

[69] インフラ再生研究会 (2019),「荒廃する日本：これでいいのかジャパン・インフラ」, 日経 BP, pp.1-192, http://id.ndl.go.jp/bib/030070201

[70] 一般社団法人 土地情報センター (2018),「土地情報提供サービス（都道府県地価調査）」, https://www.lic.or.jp/landinfo/research.html

[71] 植草益 (2000),『公的規制の経済学』, NTT 出版, pp.1-332, http://id.ndl.go.jp/bib/000002907499

[72] 植村哲士 (2003),「英国非営利水道会社 (Glas Cymru) のコーポレート・ガバナンス・プライスキャップ制（K 項）の活用と日本への示唆」,『公益事業研究』, 第 55 巻, 第 2 号, pp.71-82, https://ci.nii.ac.jp/naid/40006066058/

[73] 植村哲士 (2006),「道路特別会計のグリーン化にむけた一考察——道路特定財源と環境税」,『公会計研究：国際公会計学会学会誌／国際公会計学会編集委員会編』, 第 7 巻, 第 2 号, pp.1-24, http://id.ndl.go.jp/bib/7966948

[74] 植村哲士・宇都正哲・福地学 (2007a),「2040 年の日本の水問題（上）：人口減少下における水道事業の存立基盤確保の必要性」, 知的資産創造, 第 15 巻, 第 10 号, pp.80-89, http://id.ndl.go.jp/digimeta/8199767

[75] 植村哲士・宇都正哲・福地学・中川宏之・神尾文彦 (2007b),「2040 年の日本の水問題（下）水道事業の存立基盤確保のための 3 つのシナリオ」, 知的資産創造, 第 15 巻, 第 11 号, pp.84-99, http://id.ndl.go.jp/bib/8985600

[76] 植村哲士 (2010a),「人口減少時代のインフラ構造物の不易・流行」, NRI パブリックマネジメントレビュー, 第 89 巻, pp.7-12, http://id.ndl.go.jp/bib/10935894

[77] 植村哲士 (2010b),「低炭素社会の実現に向けた使用時間と空間効率のマネジメントの必要性——持続可能社会における低炭素社会の推進に向けて (特集動き始めた低炭素社会・インフラへの変革 (2))」, 知的資産創造, 第 18 巻, 第 6 号, pp.38-51, https://ci.nii.ac.jp/naid/40017142683/

[78] 植村哲士 (2011),「人口減少時代の社会資本の維持管理・更新のための技術継承と技術者確保に向けて——伊勢神宮の式年遷宮からの示唆」, NRI パブリックマネジメントレビュー, 第 93 巻, pp.8-13, https://ci.nii.ac.jp/naid/40018811231/

[79] 植村哲士 (2019),「縮退都市におけるインフラのダウンサイズに関する留意点（特

集都市が縮退する時代における土木の役割)」，土木学会誌，第 104 巻，第 2 号，pp.16-17，http://id.ndl.go.jp/bib/029482114

[80] 植村哲士 (2021)，「RMeCab と igraph を用いた社会資本整備に関係する計画の根拠法の参照関係の可視化」，計画行政，pp.1-8

[81] 植村哲士・蓮池勝人 (2021)，「2050 年カーボンニュートラルで生じるエネルギー需給のパラダイムシフト（特集 2050 年カーボンニュートラルのインパクト)」，知的資産創造，第 29 巻，第 6 号,pp.12-27，https://ci.nii.ac.jp/naid/40022605662/

[82] 植村哲士・沼田悠佑・小林庸至・原田遼 (2021)，「2050 年カーボンニュートラルの実現で生じる地域の課題と対応の方向性（特集 2050 年カーボンニュートラルのインパクト)」，知的資産創造，第 29 巻，第 6 号，pp.38-51，https://ci.nii.ac.jp/naid/40022604712/

[83] 宇沢弘文 (2000)，『社会的共通資本』，岩波新書，岩波書店，ISBN 978-4004306962

[84] 氏原岳人・谷口守・松中亮治 (2007)，「エコロジカル・フットプリント指標を用いた都市整備手法が都市撤退に及ぼす環境影響評価——都市インフラネットワークの維持・管理に着目して」，都市計画論文集，日本都市計画学会，第 42 号，pp.637-642，http://id.ndl.go.jp/bib/8969345

[85] 内田晃，出口敦 (2006)，「旧産炭地域における地域振興政策の評価と住環境改善方策：福岡県筑豊地域と北海道空知地域の比較を通じて」，日本建築学会計画系論文集，日本建築学会，71 巻，604 号，pp.101-108，https://doi.org/10.3130/aija.71.101_1

[86] 内田聖子 (2019)，「周回遅れで進む日本の水道民営化：世界の再公営化の流れを見る」，『前衛：日本共産党中央委員会理論政治誌』，第 974 号，pp.97-110，http://id.ndl.go.jp/bib/029618929

[87] 宇都正哲・植村哲士・神尾文彦 (2009)，「人口減少時代におけるインフラ整備の問題と対応策」，知的資産創造，第 17 巻，第 10 号，pp.78-95，https://ci.nii.ac.jp/naid/40016749015/

[88] 宇都正哲・木村淳・高橋睦 (2010a)，『「スマートシティ」実現に向けた国内外の取り組み』，日経 BP，IT pro Magazine 2010 年秋号，Vol.15，https://xtech.nikkei.com/it/article/COLUMN/20101024/353361/

[89] 宇都正哲・木村淳・高橋睦 (2010b)，「スマートシティ実現に欠かせない IT，都市マネジメントのための 3 ステップ」，日経 BP，IT pro Magazine 2010 年秋号，Vol.15，https://xtech.nikkei.com/it/article/COLUMN/20101024/353357/

[90] 宇都正哲 (2012)，『インフラ荒廃を救え 投資需給がミスマッチ 「時間軸」で管理を』週刊エコノミスト 毎日新聞社 5 月 15 日号，p.78，https://drive.google.com/file/d/1ZyjmyDYe1OOmoRAxc1QqLXWyiJEUWGI2/view

[91] 宇都正哲 (2012)，「人口減少下におけるインフラ整備を考える視点」日本不動産学会誌 Vol.25，No.4，pp.43-49 https://doi.org/10.5736/jares.25.4_43

270　参考文献

[92] 宇都正哲 (2013),「社会資本の効果的な整備」(特集 人口減少下における社会資本
を考える) 全国地方銀行協会, 地銀協月報 (640), pp.11-21, https://www.kkc.
or.jp/plaza/kohoshi-G/?mode=show&id=1204

[93] 宇都正哲・植村哲士・北詰恵一・浅見泰司編 (2013),『人口減少下のインフラ整
備』, 東京大学出版会, ISBN 978-4-13-062834-1

[94] 宇都正哲 (2014a),「ASEAN におけるインフラビジネスの潮流」(特集 台頭す
る ASEAN におけるインフラビジネスの拡大), 野村総合研究所 知的資産創
造 Vol.22, No.10, pp. 4-7, https://www.nri.com/-/media/Corporate/jp/
Files/PDF/knowledge/publication/chitekishisan/2014/10/cs201410.pdf

[95] 宇都正哲 (2014b),「インフラ老朽化の観点から東京に関して」, 都市住宅学, 第
87 号, pp.14-17, https://doi.org/10.11531/uhs.2014.87_14

[96] 宇都正哲 (2015a),「人口減少下におけるインフラ整備」月刊経団連, 日本経済団
体連合会 pp.30-31, https://www.keidanren.or.jp/journal/monthly/2015/
09/

[97] 宇都正哲 (2015b),「次世代社会インフラの動向」OKI テクニカルレビュー,
第 226 号, Vol.82, No.2 沖電気工業, pp.4-7, https://www.oki.com/jp/otr/
2015/n226/pdf/otr226_r02.pdf

[98] 宇都正哲 (2018),「人口減少とインフラの課題から環境リスクを考える」, 保健医
療科学, 第 67 巻, 第 3 号 pp.306-312, https://doi.org/10.20683/jniph.67.
3_306

[99] 宇都正哲 (2019a),「日本の都市輸出戦略」, 国際開発ジャーナル 7 月号,
pp.24-25, https://www.idj.co.jp/?p=7330

[100] 宇都正哲 (2019b),「世界の都市開発事業の動向と日本企業の課題」, 新都市,
第 73 巻, 第 8 号, pp.64-68, https://www.tokeikyou.or.jp/books/pdf/
mokuroku2019.pdf

[101] 宇都正哲 (2019c),「日本企業のグローバル展開における課題と展望-都市輸出≒ス
マートシティビジネスを例として-」, 日本都市計画学会全国大会ワークショップ.

[102] 宇都正哲 (2021),「都市開発事業の海外展開における課題-ビジネスの現場で何が
起きているのか-」, 日本都市計画学会 海外都市分科会.

[103] 宇都正哲 (2022),「海外現場から伝える日本の都市計画のノウハウとは」, 日本都
市計画学会全国大会ワークショップ

[104] 宇野二朗 (2016a),「ドイツにおける地方公営企業の経営形態と再公営化」,『公営
企業／地方財務協会編』, 第 48 巻, 第 7 号, pp.4-16, http://id.ndl.go.jp/
bib/027749138

[105] 宇野二郎 (2016b),「再公営化の動向からみる地方公営企業の展望：ドイツの
事例から」,『都市とガバナンス／日本都市センター編』, 第 25 号, pp.16-34,
http://id.ndl.go.jp/bib/027498109

[106] 宇野二郎 (2017),「再公営化の動向と議論の内容」, 地方自治職員研修／公職研
[編], 第 50 巻, 第 5 号, pp.15-17, http://id.ndl.go.jp/bib/028172315

[107] 漆戸勇貴 (2014),「都市経営コストに着目した都市構造の分析と撤退・集約戦略の費用便益評価」, 卒業論文, 東京大学

[108] 太田充 (2014),「宇都正哲・植村哲士・北詰恵一・浅見泰司編『人口減少下のインフラ整備』東京大学出版会 2013 年 1 月 23 日」, 地域学研究, 第 44 巻, 第 3 号, https://www.jstage.jst.go.jp/article/srs/44/3/44_391/_pdf

[109] 門野圭司 (2019),『生活を支える社会のしくみを考える：現代日本のナショナル・ミニマム保障』, 日本経済評論社, http://ci.nii.ac.jp/ncid/BB27872870

[110] 梶文秋 (2016),「ふるさと納税を活用したガバメント・クラウド・ファンディング」, 市政／全国市長会 [編], 第 65 巻, 第 5 号, pp.23-25, http://id.ndl.go.jp/bib/027350351

[111] 金子勝 (2019),「財政赤字は持続可能か」, 財政研究, 第 15 巻, 日本財政学会, pp.84-97, http://id.ndl.go.jp/bib/029976902

[112] CARTA/デジタルインファクト (2023), デジタルサイネージ広告市場調査, https://cartaholdings.co.jp/news/20231221_1/

[113] 河野広隆 (2015),「ISO55001:2014：アセットマネジメントシステム要求事項の解説」, Management system ISO series, 日本規格協会, http://ci.nii.ac.jp/ncid/BB19441840

[114] 環境省 (2023),「企業の脱炭素経営の取組状況」, https://www.env.go.jp/earth/datsutansokeiei.html

[115] 観光庁 (2023a),「訪日外国人旅行者数・出国日本人数の推移」, https://www.mlit.go.jp/kankocho/siryou/toukei/in_out.html

[116] 観光庁 (2023b),「宿泊旅行統計」, https://www.mlit.go.jp/kankocho/siryou/toukei/shukuhakutoukei.html

[117] 関西エアポート (2023),「プレスリリース（2023 年 3 月）」, http://www.Kansai-airports.co.jp/news/2022/3115/J_230317_PressRelease_T1newshops.pdf

[118] 木内登英 (2023),「日銀新体制の課題②：財政規律低下への対応」, 野村総合研究所, https://www.nri.com/jp/knowledge/blog/lst/2023/fis/kiuchi/0210_3

[119] 鬼頭宏 (2000),『人口から読む日本の歴史』, 講談社学術文庫, 講談社, http://id.ndl.go.jp/bib/000002894095

[120] 金森久雄・荒憲治郎・森口親司 (2013),『有斐閣経済辞典』, 有斐閣, 第 5 版, http://id.ndl.go.jp/bib/025052907.

[121] 川本明 (2004),「社会インフラ整備の経済政策」, https://www.iatss.or.jp/common/pdf/publication/iatss-review/30-1-10.pdf

[122] グリーンインフラ研究会・三菱 UFJ リサーチ＆コンサルティング編 (2017),『決定版！グリーンインフラ』, 日経 BP 社, ISBN 978-4822235222

[123] 経済産業省 (2021),「2050 年カーボンニュートラルに伴うグリーン成長戦略」, https://www.meti.go.jp/press/2021/06/20210618005/20210618005-4.pdf

272　参考文献

[124] 経済産業省 (2022),「電子商取引に関する市場調査」, https://www.meti.go.jp/press/2022/08/20220812005/20220812005.html

[125] 経済産業省 (2023),「大店立地法届出の概要表」, https://www.meti.go.jp/policy/economy/distribution/daikibo/todokede.html

[126] 小池淳司・岩上一騎・上田孝行 (2003),「社会資本整備の世代間厚生分析：世代重複型応用一般均衡モデルの開発と応用」, 土木計画学研究・論文集, 第 20 巻, pp.155-162, https://ci.nii.ac.jp/naid/130004039189/

[127] 小林潔司・田村敬一・大島都江・河野広隆・江尻良・貝戸清之・湯山茂徳・坂井康人・青木一也・藤木修・大津宏康 (2015),『実践インフラ資産のアセットマネジメントの方法』, 理工図書, http://ci.nii.ac.jp/ncid/BB2043228X

[128] 小林潔司・菊地身智雄・大島匡博 (2019),「座談会インフラの維持管理・運営における官と民のあり方」, 土木学会誌, 第 104 巻, 第 5 号, pp.8-13, http://id.ndl.go.jp/bib/029655317

[129] 小林浩史・栗山直之 (2016),「建設技能労働者の現状と人材確保に向けた課題」, 経済調査研究レビュー／経済調査会経済調査研究所編, 第 19 号, pp.42-52, http://id.ndl.go.jp/bib/027629893

[130] 小柳春一郎 (2015),「空間リサイクルに向けた法的課題」（人口減少時代の住宅・土地のリユース・リサイクル—空家・空き地問題のその先—), 東京大学工学部講演資料

[131] 国土交通省 (2007),「国土形成計画策定のための集落の状況に関する現況把握調査（図表編）」, Technical report, pp.1-22, http://www.mlit.go.jp/kisha/kisha07/02/020817/02.pdf

[132] 国土交通省 (2016),「国土交通白書」, https://www.mlit.go.jp/hakusyo/mlit/h27/hakusho/h28/html/n1121000.htm

[133] 国土交通省 (2018a),「国土数値情報 500 m メッシュ別将来推計人口（H30 国政局推計）」, https://nlftp.mlit.go.jp/ksj/gml/datalist/KsjTmplt-mesh500h30.html

[134] 国土交通省 (2018b),「国土交通省所管分野における社会資本の将来の維持管理・更新費の推計（2018 年度）」, https://www.mlit.go.jp/sogoseisaku/maintenance/_pdf/research01_02_pdf02.pdf

[135] 国土交通省 (2019),「国土数値情報行政区域データ」, https://nlftp.mlit.go.jp/ksj/gml/datalist/KsjTmplt-N03-v2_3.html

[136] 国土交通省 (2020a),「社会資本の老朽化の現状」, https://www.mlit.go.jp/sogoseisaku/maintenance/_pdf/roukyuukanogenjou.pdf

[137] 国土交通省 (2020b), PPP/PFI 推進施策説明資料, https://www.mlit.go.jp/sogoseisaku/kanminrenkei/content/001329492.pdf

[138] 国土交通省 (2020c),「住宅市場動向調査」, p.36, https://www.mlit.go.jp/report/press/house02_hh_000168.html

[139] 国土交通省 (2021a),「物流センサス」, https://www.mlit.go.jp/sogoseisaku/

transport/butsuryu06100.html

[140] 国土交通省 (2021b),「グリーン社会の実現に向けた国土交通グリーンチャレンジ」, https://www.mlit.go.jp/report/press/content/001412433.pdf

[141] 国土交通省 (2022a),「令和 4 年度「不動産証券化の実態調査」の結果」, https://www.mlit.go.jp/totikensangyo/content/001410173.pdf

[142] 国土交通省 (2022b),「宅配便・メール便取扱実績について」, https://www.mlit.go.jp/report/press/content/001625915.pdf

[143] 国土交通省 (2023),「立地適正化計画の手引き」, https://www.mlit.go.jp/toshi/city_plan/content/001598867.pdf

[144] 国土交通省 (2024),「道路構造令」, https://elaws.e-gov.go.jp/document?lawid=345CO0000000320

[145] 国立社会保障・人口問題研究所 (2017a),「2015 年社会保障・人口問題基本調査」, https://www.ipss.go.jp/site-ad/index_japanese/cyousa.html

[146] 国立社会保障・人口問題研究所 (2017b),「日本の将来推計人口平成 29 年推計-平成 28(2016)〜77(2065)——附：参考推計平成 78(2066)〜127(2115) 年」, 第 336 号, pp.1-402, http://www.ipss.go.jp/pp-zenkoku/j/zenkoku2017/pp29_ReportALL.pdf

[147] 国立社会保障・人口問題研究所 (2018a),「日本の世帯数の将来推計（全国推計）：2015（平成 27）年 〜2040（平成 52）年 2018（平成 30 年）年推計」, 第 339 号, pp.1-117, http://www.ipss.go.jp/ppjsetai/j/HPRJ2018/oukoku/hprj2018_houkoku.pdf

[148] 国立社会保障・人口問題研究所 (2018b),「日本の地域別将来推計人口—平成 27(2015)〜57(2045) 年—（平成 30 年推計）」, 第 340 号, pp.1-256, http://www.ipss.go.jp/pp-shicyoson/j/shicyoson18/6houkoku/houkoku.pdf

[149] 国立社会保障・人口問題研究所 (2021),「結婚と出産に関する全国調査（結婚と出産に関する全国調査）：現代日本の結婚と出産—第 15 回出生動向基本調査（独身者調査ならびに夫婦調査）報告書—」, 第 35 号, pp.1-452, http://www.ipss.go.jp/ps-doukou/j/doukou15/NFS15_reportALL.pdf

[150] 国立社会保障・人口問題研究所 (2023),「日本の将来推計人口（令和 5 年推計）」, https://www.ipss.go.jp/pp-zenkoku/j/zenkoku2023/pp_zenkoku2023.asp

[151] 小幡績 (2019),「MMT 理論の致命的な理論的破綻と日本がもっとも MMT 理論にふさわしくない理由」, Newsweek, https://www.newsweekjapan.jp/obata/2019/07/mmt-1.php

[152] 財務省 (2022),「公共事業費をめぐる現状」, https://www.mof.go.jp/about_mof/councils/fiscal_system_council/sub-of_fiscal_system/report/zaiseia20221129/06.pdf

[153] 財務省 (2023a),「財政関係基礎データ」, https://www.mof.go.jp/policy/budget/fiscal_condition/basic_data/202304/index.html

[154] 財務省 (2023b),「日本の財政関係資料」, https://www.mof.go.jp/policy/

274 参考文献

budget/fiscal_condition/related_data/index.html

[155] 財務省 (2024a),「国債金利情報」, https://www.mof.go.jp/jgbs/reference/interest_rate/index.htm

[156] 財務省 (2024b),「財政統計（予算決算等データ）」, https://www.mof.go.jp/budget/reference/statistics/data.htm

[157] 産経新聞 (2019),「検証エコノミー」, https://www.sankei.com/article/20190514-6YK3MJOVHFNIVHARMGJ46TKE6E/2/

[158] Scheidel, W. (2019),『暴力と不平等の人類史：戦争・革命・崩壊・疫病』, 東洋経済新報社, ISBN 978-4492315163.

[159] JETRO(2021),「ベトナムの地方大学と日本企業等との連携可能性に関する調査」, https://www.jetro.go.jp/ext_images/_Reports/02/2021/71a1c846e3490ba1/vnm_repo202103.pdf

[160] 塩野七生 (2001),「すべての道はローマに通ず」, 第 10 号, 新潮社, http://id.ndl.go.jp/bib/000003060952

[161] 塩野宏 (2015),『行政法 I（第六版）』, 有斐閣, ISBN 978-4-641-13186-6.

[162] 社会資本整備の費用便益分析に係る経済学的基本問題研究会 (1999),「費用便益分析に係る経済学的基本問題」, 建設省建設政策研究センター,（財）建設経済研究所, 全宅連不動産総合研究所, https://www.mlit.go.jp/pri/houkoku/gaiyou/pdf/H11_1_pre.pdf

[163] 首相官邸 (2020),「第二百三回国会における菅内閣総理大臣所信表明演説」, https://www.kantei.go.jp/jp/99_suga/statement/2020/1026shoshinhyomei.html

[164] 首都高速道路 (2023),「決算の概要」, https://www.shutoko.co.jp/-/media/pdf/responsive/corporate/company/press/2023/06/09_kessan_gaiyou.pdf

[165] 新日本有限責任監査法人および水の安全保障戦略機構事務局 (2018),「人口減少時代の水道料金はどうなるのか？（改訂版）」, https://www.shinnihon.or.jp/about-us/news-releases/2018/pdf/2018-03-29-01.pdf

[166] 杉田憲道 (2010),『民間委託が公共サービスを壊す：ドイツ地方自治体の反民営化・再公営化の闘いから学ぶ』, 同時代社, pp.1-144. http://id.ndl.go.jp/bib/000010895465

[167] 総務省 (2018),「住宅・土地統計調査」, https://www.stat.go.jp/data/jyutaku/2018/tyousake.html\#1

[168] 総務省 (2021),「市町村別決算状況調」, https://www.soumu.go.jp/iken/kessan_jokyo_2.html

[169] 総務省 (2022),「労働力調査」, https://www.e-stat.go.jp/stat-search/files?page=1\&toukei=00200531\&tstat=000000110001

[170] 総務省 (2024),「消費者物価指数」, https://www.e-stat.go.jp/stat-search/files?page=1&layout=datalist&toukei=00200573&tstat=000001150147&

cycle=1&year=20240&month=11010301&tclass1=000001150149

[171] 平修久 (2005),『地域に求められる人口減少対策：発生する地域問題と迫られる対応』, 聖学院大学研究叢書；5, 聖学院大学出版会, http://id.ndl.go.jp/bib/000007681127.

[172] 玉真俊彦 (2009),「パリ市水道事業再公営化の原因を探る」, 水道公論, https://jglobal.jst.go.jp/detail?JGLOBAL_ID=200902244746368338

[173] 武田裕之・柴田基宏・有馬隆文 (2011),「コンパクトシティ指標の開発と都市間ランキング評価——39 人口集中地区の相互比較分析——」, 日本建築学会計画系論文集, 第 661 号, 601, https://ci.nii.ac.jp/naid/200000356674/

[174] 田中智泰 (2017),「道路特定財源の一般財源化と道路支出：建設事業と維持補修に注目して」, 公益事業研究, 第 69 巻, 第 2・3 号, pp.11-18, http://id.ndl.go.jp/bib/028953647

[175] 田中智泰 (2018),「上下水道料金が急激に上昇！」, 環境管理／産業環境管理協会編, 第 54 巻, 第 10 号, pp.23-26, http://id.ndl.go.jp/bib/029310675

[176] 谷口守 (2014),「『人口減少下のインフラ整備』宇都正哲・植村哲士・北詰恵一・浅見泰司著」, 応用地域学研究, 第 18 号, pp.57-59, https://ci.nii.ac.jp/naid/40020618945/

[177] 丹保憲仁 (2002),「人口減少下の社会資本整備：拡大から縮小への処方箋」, 土木学会, 丸善（発売）, http://ci.nii.ac.jp/ncid/BA60033555

[178] 千野雅人 (2009),「人口減少社会「元年」は、いつか？」, 統計 Today, 第 9 号, http://www.stat.go.jp/info/today/009.html

[179] ツィーコー，ヤン (2014),「再公営化地方自治体サービスの民営化からの転換？：ドイツにおける議論状況について」, 立教法務研究／立教大学大学院法務研究科編, 第 7 号, pp.43-64, http://id.ndl.go.jp/bib/025459526

[180] 堤洋樹・小松幸夫 (2019),『公共施設のしまいかた：まちづくりのための自治体資産戦略』, 学芸出版社, ISBN 978-4761527266

[181] 土木学会 (2019),「インフラ維持管理への AI 技術適用のための調査研究報告書」, SIP インフラ連携委員会報告, ISBN 978-4-8106-1009-3

[182] 内閣府 (2007),「日本の社会資本」, http://id.ndl.go.jp/bib/000008544656

[183] 内閣府 (2018a),「PFI 法の改正（平成 30 年）」, https://www8.cao.go.jp/pfi/hourei/kaisei/h30_pfihoukaisei.html

[184] 内閣府 (2018b),「高齢社会白書」, 平成 29 年度号, https://www8.cao.go.jp/kourei/whitepaper/index-w.html

[185] 内閣府 (2010),「結婚・家族形成に関する調査報告書」, Technical report, pp.1-306, https://www8.cao.go.jp/shoushi/shoushika/research/cyousa22/marriage_family/mokuji_pdf.html

[186] 内閣府 (2014a),「選択する未来」, https://www5.cao.go.jp/keizai-shimon/kaigi/special/future/shiryou.html

[187] 内閣府 (2014b),「結婚・家族形成に関する意識調査報告書」, Technical report,

276 　参考文献

pp.1-223, https://www8.cao.go.jp/shoushi/shoushika/research/h26/
zentai-pdf/

[188] 内閣府 (2021a),「人生 100 年時代における結婚・仕事・収入に関する調査」,
https://www.gender.go.jp/research/kenkyu/hyakunen_r03.html

[189] 内閣府 (2021b),「PFI 事業におけるリスク分担等に関するガイドライン」,
https://www8.cao.go.jp/pfi/hourei/guideline/pdf/risk_guideline.pdf

[190] 内閣府 (2022),「社会資本ストック推計」, https://www5.cao.go.jp/keizai2/
ioj/index.html

[191] 内閣府 (2023a),「PFI 事業の実施状況」, https://www8.cao.go.jp/pfi/pfi_
jouhou/pfi_joukyou/pdf/jigyoukensuu_kr4b02.pdf

[192] 内閣府 (2023b),「公共施設等運営権及び公共施設等運営事業に関するガイ
ドライン」, https://www8.cao.go.jp/pfi/hourei/guideline/pdf/uneiken_
guideline.pdf

[193] 内閣府 (2024),「過去 5 年の激震災害の指定状況」, https://www.bousai.go.
jp/taisaku/gekijinhukko/list.html

[194] 中井検裕 (2013),「書評宇都正哲・上村哲士・北詰恵一・浅見泰司編『人口減
少下のインフラ整備』」, 日本不動産学会誌, 第 27 巻, 第 1 号, pp.118-118,
https://www.jstage.jst.go.jp/article/jares/27/1/27_118/_article/
-char/ja/

[195] 中川良隆 (2005),「リーン・コンストラクションと標準作業書・視える化」, 建
設マネジメント研究論文集, 第 12 巻, 71-80, https://ci.nii.ac.jp/naid/
130003821481/

[196] 中西泰之 (2015),「戦後日本の静止人口論」, 福井県立大学論集, 第 45 号,
pp.27-46, http://id.ndl.go.jp/bib/026803601

[197] 中日高速道路 (2023),「決算の概要」, https://www.c-nexco.co.jp/
corporate/ir/financial/pdf/23gaiyou.pdf

[198] 中村亨 (2017),「立地適正化計画とむつ市の下水道整備」, 月刊下水道/「月刊
下水道」編集部編, 第 40 巻, 第 12 号, pp.18-21, http://id.ndl.go.jp/bib/
028573091

[199] 中村裕昭・濱田正則・本山寛・沼田淳紀 (2009),「80 年前に施工された木杭の健
全性調査」, 地盤工学研究発表会発表講演集, 第 44 巻, pp.1791-1792

[200] 西日本高速道路 (2023),「決算の概要」, https://corp.w-nexco.co.jp/ir/
settlement/r4_03/pdfs/r5_0609b.pdf

[201] 日経 BP(2015),「オリックス, ヴァンシ・エアポート資料」, https://project.
nikkeibp.co.jp/atclppp/15/433782/111100154/

[202] 日本不動産研究所 (2023a),「全国オフィスビル調査」, https://www.reinet.
or.jp/wp-content/uploads/2023/10/a44c25fe4221c029c67cc54cf64c2518.
pdf

[203] 日本不動産研究所 (2023b),「店舗賃料トレンド」, https://www.reinet.or.jp/

?page_id=4435

[204] 日本高速道路保有・債務返済機構 (2022),「決算の概要」, https://www.jehdra.go.jp/ir/jisseki_saimu_zandaka.html

[205] 沼田淳紀・久保光 (2010),「丸太打設による軟弱地盤対策——地中カーボンストック」, 基礎工／「基礎工」編集委員会編, 第 38 巻, 第 1 号, pp.79-82, http://id.ndl.go.jp/bib/10542482

[206] 野口悠紀雄 (2022),『日本が先進国から脱落する日』, プレジデント社, ISBN 978-4833424516

[207] 野村総合研究所 (2018),「不動産投資市場の動向 2018」, https://www.nri.com/-/media/Corporate/jp/Files/PDF/knowledge/report/cc/industry_trends/japanreport2018_jp.pdf

[208] 野村総合研究所 (2019),「スマートシティ報告書」, https://www.nri.com/-/media/Corporate/jp/Files/PDF/knowledge/report/cc/industry_trends/smart_city_report_2019.pdf?la=ja-JP&hash=735A430A3F0D473C116B495F1AA68C987780F033

[209] 長谷川啓一 (2017),「建設業就業者数及び建設技能労働者数の将来推計（仮試算による暫定値）／［建設経済研究所］［編］」, 研究所だより：建設経済の最新情報ファイル, 第 342 号, pp.11-18, http://id.ndl.go.jp/bib/028620050

[210] 阪神高速道路 (2023),「決算の概要」, https://www.hanshin-exp.co.jp/company/files/2023-3gaiyo.pdf

[211] 東日本高速道路 (2023),「決算の概要」, https://www.e-nexco.co.jp/pressroom/cms_assets/pressroom/2023/06/09a/pdf.pdf

[212] 藤井多希子・大江守之 (2005),「世代間バランスからみた東京大都市圏の人口構造分析」, 日本建築学会計画系論文集, 70 巻, 593 号, pp.123-130, doi.org/10.3130/aija.70.123_3

[213] 藤井多希子・大江守之 (2006),「東京大都市圏郊外地域における世代交代に関する研究——GBI を用いたコーホート間比較分析（1980 年～2020 年）」, 日本建築学会計画系論文集, 71 巻 605 号, pp.101-108, doi.org/10.3130/aija.71.101_2

[214] 福田健一郎 (2019),「フランスの上下水道事業の再公営化・コンセッション化の状況について——フランス公的機関報告書から見る実情」, https://www.eyjapan.jp/industries/government-public/infrastructure/column/2019-02-15.html

[215] 不動産証券化協会 (2024),「ARES Japan Property Index」, https://index.ares.or.jp/ja/ajpi/download.php

[216] 古山幹雄 (2007),「特集広がる限界集落、森林・農地の荒廃加速——水資源など都市への影響懸念」, 日経グローカル／日本経済新聞社産業地域研究所編, 第 86 号, pp.10-19, http://id.ndl.go.jp/bib/8938649

[217] 馬場康郎・本橋直樹 (2019),「国際経済 PFI, 本家英国の廃止を考える：「先進手法」と仰いだ日本の選択肢」, 金融財政 business：時事トップ・コンフィデンシャ

ル，第 10831 号，pp.12-16，http://id.ndl.go.jp/bib/029726168

[218] 本州四国連絡高速道路 (2023)，「決算の概要」，https://www.jb-honshi.co.jp/corp_index/ir/zaimu/pdf/r4kessan.pdf

[219] 本多龍雄 (1951)，「日本人口の現状分析：『日本人口白書』の発表によせて」，人口問題研究，第 7(3) 巻，http://id.ndl.go.jp/digimeta/9279254.

[220] 松野栄明・吉田純土 (2008a)，「人口減少地域における社会資本の再構築に関する研究——都市の再構築に関するドイツ自治体ヒアリング報告」，PRI review，第 28 号，pp.14-29，http://id.ndl.go.jp/bib/9525244

[221] 松野栄明・吉田純土 (2008b)，「人口減少地域における社会資本の再構築に関する研究（自治体ヒアリング報告）」，PRI review，第 27 号，pp.22-29，http://id.ndl.go.jp/bib/9388836

[222] McKinsey, & Company (2021)，「2030 日本デジタル改革」，https://www.digitaljapan2030.com/_files/ugd/c01657_fcaed21f58bb4c429cb460ce788b82c4.pdf

[223] 三鬼商事 (2023)，「MIKI OFFICE REPORT」，https://www.e-miki.com/rent/

[224] 宮川公男・大守隆 (2004)，『ソーシャル・キャピタル：現代経済社会のガバナンスの基礎』，東洋経済新報社，http://id.ndl.go.jp/bib/000007492359

[225] モス，デービッド (2003)，「民の試みが失敗に帰したとき：究極のリスクマネジャーとしての政府」，野村総合研究所広報部，pp.1-617，http://id.ndl.go.jp/bib/000004309712.

[226] 三田妃路佳 (2012)，「政策終了における制度の相互連関の影響：道路特定財源制度廃止を事例として」，公共政策研究／日本公共政策学会年報委員会編，第 12 巻，pp.32-47，http://id.ndl.go.jp/bib/024249180

[227] 森田優三 (1944)，『人口増加の分析』，日本評論社，https://ndlsearch.ndl.go.jp/books/R100000039-I1459595

[228] 守屋俊晴 (2018)，『インフラの老朽化と財政危機：日の出ずる国より，日の没する国への没落』，創成社新書，p.59，創成社，http://id.ndl.go.jp/bib/028994123

[229] 諸富徹 (2018)，『人口減少時代の都市：成熟型のまちづくりへ』，中公新書，中央公論新社，ISBN 978-4121024732.

[230] 文部科学省 (2024a)，「小学校設置基準」（平成十四年三月二十九日文部科学省令第十四号），https://www.mext.go.jp/a_menu/shotou/koukijyun/1290242.htm

[231] 文部科学省 (2024b)，「中学校設置基準」（平成十四年三月二十九日文部科学省令第十五号），https://www.mext.go.jp/a_menu/shotou/koukijyun/1290243.htm

[232] 矢島正之 (2016)，「ドイツにおける電気事業の再公営化の動向と評価」，公益事業研究，第 68 巻，第 3 号，pp.11-18，http://id.ndl.go.jp/bib/028408796

[233] 山越伸浩 (2018)，「道路法等の一部を改正する法律案：道路財特法の特例措置の継

続と安定的な道路網の確保」，立法と調査，第 (398) 巻．http://id.ndl.go.jp/digimeta/11382572

[234] 柳沢樹里・駒村和彦 (2007)，「中山間地域の地域活性化を目指した林業分野の新たな取り組み——企業を巻き込んだ国産材の利用促進に向けた取り組み」，NRI パブリックマネジメントレビュー，第 52 巻，pp.1-6．http://id.ndl.go.jp/bib/9261340

[235] 吉村和就 (2019)，「水道法改正と海外水道事業の再公営化事例：海外の再公営化率は一 % 以下である」，月刊カレント，第 56 巻，第 4 号，pp.22-27．http://id.ndl.go.jp/bib/029618855

[236] リクルート (2020)，「首都圏新築マンション契約者調査」，2020 年 3 月 19 日，リクルート住まいカンパニー．https://www.recruit.co.jp/newsroom/pressrelease/2023/0315_12132.html

※ Web site の最終アクセスは、2024 年 3 月 10 日

索引

［あ行］

アウトソーシング　80, 81

空家　238, 258

　　——対策特別措置法改正　41

　　——特措法　42

足による投票　100

アズ・ア・サービス（XaaS）　51

アフェルマージュ　47

異業種参入　239, 243

維持管理・更新費　35

一括受電サービス　247-249

一般財源　139-141

イールドギャップ　6

インフラクライシス　37, 38

インフラファイナンス　163,
　　166-168

インフラファンド　153, 155-157,
　　166, 167

インフラプロジェクト　139, 140,
　　142, 150, 152, 153, 157-159, 161,
　　164-166, 202

運営コスト見積リスク　194

応能者負担　95, 97

オフィス市場　7

オルタナティブ　157

［か行］

外為法　ii

開発利益　110

　　——還元　120

外部不経済性　61, 63, 68

カーシェア　255

　　——ビジネス　245, 247

ガバメント・クラウド・ファンディン
　　グ　159, 160, 167

株式市場　139

カーボンニュートラル　55, 121

完結出生児数　26

間接金融　139

カントリーリスク／発注者リスク
　　204

カンバン　134

関連する各当事者の不履行リスク（業
　　務不履行や倒産）　194

機会の公平性　93, 94

技術革新リスク　194, 208

技術論　i, iv, vi, 130, 135

既存不適格不動産　67

希望者負担　95, 97

キャッシュフロー下振れリスク（需
　　要・マーケットリスク）　205

ギャップマネジメント　128

キャップレート　6

競合性　21

行政作用　180

行政処分　188

競争の導入による公共サービスの改革

282 索引

に関する法律 187
許認可取得リスク 207
均等比重 103
金融緩和 215
クラウド・ファンディング 159
クラブ財 22, 23, 141
グリーンインフラ 41, 71
——ストラクチャ 55
計画論 i, iv, vi, 123, 130
経済効果 116, 117
警察権力 180
契約終了と施設の引継ぎ 208
激甚災害 48
結果の公平性 93, 94
原因者負担 95, 96
限界費用 21
原価法 114
現在価値 112-114
建設国債 136, 137
建設コスト見積リスク 193
建設遅延リスク 193
現代貨幣理論 (MMT：Modern
　Monetary Theory) 28
原単位法 114
行為の公権力性 179
公営原則 174, 176-178, 180, 184,
　186-191, 200
公共サービス 188
公共事業費 31, 32
公共施設等運営権 188, 189
公共施設等運営事業 198
公共調達制度 192
合計特殊出生率 26, 217
公権力性 179, 180

公権力の行使 177-181, 186-190
公所有権説 181
公の施設 187
公物 181, 182, 187
　——管理権 178, 181, 182, 186,
　　188-190
　——権 258
公平性 i, iv, vi, 2, 41, 45, 72, 91,
　92-109, 113, 123, 126, 130, 133,
　152, 160, 162, 163, 170, 182, 184,
　186, 193, 198, 199, 201, 202, 234
効率性 i, iv, vi, 62, 63, 96, 105,
　109, 113, 117, 120, 123, 126, 130,
　164, 170, 182, 184, 185, 193, 199,
　201, 202, 234
国際競争力指標 (GCI：Global
　Competitive. Index) 39
国土強靱化計画 29
国土総合開発法 121, 122
国家作用 172
コーポレート・ファイナンス 146
コモンプール財 22, 23, 141
コンセッション 21, 45, 47, 71, 139,
　152, 170, 198, 207, 241
コンパクトシティ 1-3, 58, 59, 62,
　64, 66, 121, 136, 220, 228, 229,
　234
コンバージョン 238, 239

[さ行]

債券市場 139
再公営化 46, 47, 191
財政権 258
財政投融資 137, 166

最低収入保障制度 (MRG：Minimum Revenue Guarantee)　199

財投機関債　138

債務残高　28

サービスクライシス　37, 38

サービス水準　72-82, 86, 94, 112, 130, 248

サブスクリプション契約　52

サラリーマン川柳　220

産業革命　70

参入主体規制　174-176, 185, 186

シェアリングビジネス　243, 255

市街化区域　66

市街化調整区域　66

時価総額　213, 215

事業運営に関するモニタリング　208

事業性リスク　193

事業用地・既存施設の暇疵等のリスク　207

資金利用効率性　164

私経済作用　180

私権保護　258, 259

私的財　22

自己責任　41, 43

事実行為　177, 178, 180, 188-190, 193, 197

施設系インフラ　61, 62

施設の引渡しまたは運営開始の遅延リスク　206

自然災害など不可抗力リスク　203

持続可能性　i, iv, vi, 2, 37, 45, 72, 85, 86, 123, 126, 127, 130, 132, 136, 152, 160-163, 165, 170, 182, 183, 190, 193, 199, 200, 202, 234, 256

持続性　186

質の高いインフラ投資（QII）の原則　121

指定管理者制度　178

シニアローン　148

ジニ係数　102

資本投入　216

社会合意　116, 117

社会資本　20, 23, 32, 37, 71, 87, 88, 90

　　──ストック　32-34

社債　148

ジャストインタイム　134

住宅資産価値　219, 220, 222, 224, 225, 228

住宅資産デフレ　219-221, 223, 228, 229

住宅市場　9

主体論　i, iv, vi, 168, 171, 182

純粋公共財　22

純ストック　33

純便益　61-63, 77, 113, 118-120

仕様規定　68

商業施設　11, 242

城塞都市　57

情報の非対称性　185

人口安定期　256

人口オーナス　211, 212

人口減少　i, iii-vi, 1, 2, 6, 14, 15, 24, 28, 29, 45, 53, 62, 66, 80, 82, 83, 85-91, 96, 101, 102, 106-108, 111, 117, 119, 121, 126-129, 133-136, 158, 160-162, 164-166,

168, 184, 190, 192, 193, 199, 200,
203, 206, 211, 216, 218, 219, 222,
223, 228, 229, 234-236, 238, 239,
247, 249, 255, 256, 258, 259
人口ボーナス　211
数理計画法　77
スマートインフラ　132
スマートシティ　229-232
生産的ストック　33
性能規定　68
政府固定資本ストック　31
政府調達規制　197, 198
セカンダリー市場　167
世代会計　104, 106
世代間公平性　93, 94, 103, 126,
133, 184, 190
ゼロカーボンシティ　54
全国総合開発計画　122, 123
全要素生産性　216
総括原価主義　196
装置型産業　232
属性間不均等比重（高所得者/受益確
定者）　103
粗ストック　33

［た行］

大航海時代　69
大都市圏整備計画　123
脱炭素　37, 53, 54, 121, 127
地域間公平性　94, 133, 184, 190
地方開発促進計画　123
地方公営企業法　176
調達効率性　164
低炭素都市　57, 59

デジタル化　37, 53, 83, 217, 229,
232, 234, 247, 257
デジタルサイネージ　252, 254, 255
デジタルネイティブ　230
デットファイナンス　160
田園都市　57
道州制　127
動的計画法　77
動的な用途地域　67
独占禁止法　196
特定技能　ii, 48, 51
特定財源　139, 140
独立行政法人　187
特例国債　29
都市　231
　　——OS　231
　　——計画法　66, 121
　　——サービス　60
　　——縮退　1-4, 17, 37, 41
都市・インフラ　i, iv, vi, 1, 2, 4, 6,
20, 57, 85, 121, 211, 234, 235,
255-257
ドローン　233

［な行］

ナスダック市場　215
日本取引所グループ　215
ネットワーク系インフラ　62, 129
年金基金　157
ノンリコース・プロジェクトファイナ
ンス　143

［は行］

バイクシェア　244, 245

排除可能性　22
排除説　172
パレート効率性　112
パレート最適　113
バローの中立命題　100
非市街化事業　69
ビッグデータ　230, 232
費用便益比（B/C）　109, 112, 113, 115, 185
費用便益分析　115
ファイナンス論　i, iv, vi, 160
フィジカルクライシス　37, 39
不可抗力リスク　194
不均等比重　108
物価変動リスク　194
物流施設　13
不動産担保ローン　227
不動産投資市場　4, 6
プライマリーバランス　29
プレミアム　155
プロジェクトファイナンス　154, 162, 164
プロフィット・ロスシェアリング　203
紛争処理制度　209
平均寿命　225
便益者負担　95, 96
包括的長期委託　139
法律変動リスク　194
ホテル施設　14
ポートフォリオ　164, 167

［ま行］

マーケット（需要）リスク等　194

マスグレイブ主義　99
マネーゲーム　156
民営化　47, 48, 139, 191, 196
民間の能力を活用した国管理空港等の運営時に関する法律　189
無羨望　105

［や・ら・わ行］

ゆでガエル現象　220
用地・既存施設リスク　193
ライドシェア　236
楽観主義　98
リカードの中立命題　100
リージョナルリスク　167
リスクプレミアム　194, 195, 202
リスク分担　192-203
　　──論　i, iv, vi, 192, 199
立地適正化計画　iii, 18, 41, 67, 126, 127, 236
リニア新幹線　133
リノベーション　243, 251
リバースモーゲージ　227
リーン・コンストラクション　134
レジリエント　53
劣後ローン　148
レンダーガバナンス　165
労働資本　216
労働集約型産業　217
ロールアップ　150
ロールズ主義　103
割引率（世代間）　103

［欧文］

5S　134

索引

AI　232, 236, 257

BEMS　229

BOT/BOO　169

COVID-19　3, 5, 8, 14

DBFO　169

DX（デジタル・トランスフォーメーション）　83, 243

e コマース　5, 13, 14, 16, 17, 255

FIT　229

──制度　157

G7　52, 218

GAFAM　215, 230

GCI (Global Competitive. Index)　→ 国際競争力指標

GIS　221, 233

GPIF　167

HEMS　229

IPP 事業（Independent Power Producer：発電事業者）　150

MaaS (Mobility as a Service)　51, 83

MMT (Modern Monetary Theory)　→ 現代貨幣理論

MRG (Minimum Revenue Guarantee)　→ 最低収入保障制度

NY 証券取引所　215

Park-PFI　249, 251

PFI　21, 41, 45-48, 71, 139, 143, 152-154, 169, 178, 188, 189, 191, 192, 197, 198, 203, 240

PPP　47, 48, 152, 154, 155, 191

RE100 (Renewable Energy 100)　55

RIET　3, 6, 11

SA・PA 事業　249, 250

SBT (Science Based Targets)　55

SDGs　37, 53, 71, 121, 127, 256

TCFD (Task Force on Climate-related Financial Disclosure)　55

TDM (Traffic Demand Management)　58

TFP　216

TOD (Transit Oriented Development：公共交通指向型開発)　58

XaaS　51

著書紹介

編者

宇都正哲（うと・まさあき，はじめに，第 1 章，第 5 章，おわりに）
1969 年生まれ．東京大学大学院工学系研究科都市工学専攻博士課程修了，博士（工学）
東京都市大学 都市生活学部長，大学院環境情報学研究科都市生活学専攻 教授

浅見泰司（あさみ・やすし，第 2 章，3.3 節）
1960 年生まれ．ペンシルヴァニア大学地域科学学科博士課程修了，Ph.D.
東京大学 執行役・副学長，大学総合教育研究センター長，大学院工学系研究科都市工学
専攻 教授

北詰恵一（きたづめ・けいいち，3.2 節，4.2 節）
1965 年生まれ．東京大学大学院工学系研究科土木工学専攻修士課程修了，博士（工学）
関西大学 先端科学技術推進機構地域再生センター長，環境都市工学部都市システム工学
科 教授

執筆者（生年順）

赤羽　貴（あかはね・たかし，4.4 節，4.5 節）
1963 年生まれ．東京大学法学部卒業，ジョージタウン大学ローセンター（LL.M.）修了
アンダーソン・毛利・友常法律事務所外国法共同事業 マネジング・パートナー弁護士

高橋玲路（たかはし・れいじ，4.4 節，4.5 節）
1972 年生まれ．東京大学法学部卒業，バージニア大学ロースクール（LL.M.）修了
アンダーソン・毛利・友常法律事務所外国法共同事業 パートナー弁護士

植村哲士（うえむら・てつじ，3.1 節，4.1 節，4.2 節）
1975 年生まれ．Department of Geography and Environment, London School of Economics and Political Science, Ph.D.
野村総合研究所 サスティナビリティ事業コンサルティング部 上級研究員

木村耕平（きむら・こうへい，4.3 節）
1976 年生まれ．東京大学大学院工学系研究科社会基盤工学専攻修士課程修了
SUEZ (Singapore) Services Pte. Ltd., Director, PPP/BOT Development

謝辞

　この書籍のうち，宇都正哲が執筆した内容は，科研費（22K04500，研究代表者：宇都正哲）の助成を受けた成果の一部である．

　東京大学出版会編集部の岸 純青氏には，遅々として進まない原稿を辛抱強く待っていただいた．また，編集についても諸事ご苦労をおかけした．ここに記して謝意を表したい．

編者紹介

宇都正哲（うと・まさあき）
東京都市大学 都市生活学部長
大学院環境情報学研究科都市生活学専攻 教授．博士（工学）．

浅見泰司（あさみ・やすし）
東京大学 執行役・副学長，大学総合教育研究センター長
大学院工学系研究科都市工学専攻 教授．Ph.D.

北詰恵一（きたづめ・けいいち）
関西大学 先端科学技術推進機構地域再生センター長
環境都市工学部都市システム工学科 教授．博士（工学）．

人口減少時代の都市・インフラ整備論

2024 年 9 月 13 日　初　版

［検印廃止］

編　者　　宇都正哲・浅見泰司

北詰恵一

発行所　　一般財団法人　東京大学出版会

代表者　吉見俊哉

153-0041 東京都目黒区駒場 4-5-29
電話 03-6407-1069　Fax 03-6407-1991
振替 00160-6-59964

印刷所　大日本法令印刷株式会社
製本所　牧製本印刷株式会社

ⓒ2024 Masaaki Uto, *et al.*
ISBN 978-4-13-062847-1　Printed in Japan

JCOPY〈出版者著作権管理機構 委託出版物〉
本書の無断複写は著作権法上での例外を除き禁じられています．複写され
る場合は，そのつど事前に，出版者著作権管理機構（電話 03-5244-5088，
FAX 03-5244-5089，e-mail: info@jcopy.or.jp）の許諾を得てください．

ファイバーシティ 縮小の時代の都市像	大野秀敏＋MPF 渡辺　洋・波形理世訳	B5 判/192 頁/2,900 円
建築意匠講義 増補新装版	香山壽夫	B5 判/280 頁/4,800 円
建築を語る	安藤忠雄	菊判/264 頁/2,800 円
都市の少子社会 世代共生をめざして	金子　勇	A5 判/256 頁/3,500 円
これからの建築理論 T_ADS TEXTS 01	東京大学建築学専攻ADS編	B6 判/224 頁/1,400 円
もがく建築家、理論を考える T_ADS TEXTS 02	東京大学建築学専攻ADS編	新書判/304 頁/1,500 円
都市計画の思想と場所 日本近現代都市計画史ノート	中島直人	A5 判/408 頁/4,400 円
都市の戦後 増補新装版 雑踏のなかの都市計画と建築	初田香成	A5 判/464 頁/7,400 円

ここに表示された価格は本体価格です．御購入の
際には消費税が加算されますのでご了承ください．